碳酸盐风化碳汇研究

刘再华 曾庆睿 陈 波 贺海波 著

科学出版社
北 京

内 容 简 介

碳酸盐风化通过溶解捕获大气和土壤中的CO_2形成溶解无机碳,然后通过生物碳泵形成有机碳沉积产生碳汇。本书基于大型模拟实验场和云南抚仙湖,对关联的两个过程进行了系统阐述,揭示了其对气候和土地利用变化的高度敏感性。碳酸盐风化碳汇研究不仅解决了碳酸盐风化有无碳汇的科学问题,而且为寻找全球"遗失碳汇"和未来通过土地利用调控碳汇提供了重要的思路和方法。

本书可供从事全球变化,特别是碳循环及碳中和研究的师生、科研工作者和相关的工程师参考。

图书在版编目(CIP)数据

碳酸盐风化碳汇研究/刘再华等著. —北京:科学出版社,2021.12
ISBN 978-7-03-070630-0

Ⅰ.①碳… Ⅱ.①刘… Ⅲ.①碳酸盐-风化(化学)-关系-二氧化碳-储量-研究 Ⅳ.①P512.1

中国版本图书馆 CIP 数据核字(2021)第 229539 号

责任编辑:王 运 张梦雪/责任校对:张小霞
责任印制:吴兆东/封面设计:北京图阅盛世

科学出版社 出版
北京东黄城根北街16号
邮政编码:100717
http://www.sciencep.com

北京建宏印刷有限公司 印刷
科学出版社发行 各地新华书店经销

*

2021年12月第 一 版 开本:787×1092 1/16
2021年12月第一次印刷 印张:16 1/4
字数:400 000

定价:**218.00元**
(如有印装质量问题,我社负责调换)

前　言

　　全球碳循环的源汇不平衡是当前世界碳循环研究的焦点。然而，关于全球碳汇的位置、大小、变化和机制目前仍不确定，还存有很大争议。目前的研究主要集中在有机碳循环（如土壤和森林碳汇等），而对无机部分，特别是对与全球水循环（包括大气降水、地表径流、土壤入渗和地下径流等）有关的碳循环关注不够。虽然已经研究了碳酸盐岩地区（占全球陆地面积的15%）岩溶作用无机碳循环，但未考虑世界上更大面积的非碳酸盐岩地区土壤碳酸盐溶解以及降水对全球大气碳汇的贡献。此外，目前的研究还未充分考虑水生生物，特别是淡水生物光合作用对溶解无机碳利用的贡献。

　　为此，我们在广西、贵州、陕西、辽宁等地的十余个观测站多年野外观测数据证明的基础上，经过理论计算探讨了所有碳酸盐溶解无机碳（DIC）对全球碳循环的贡献，并给出了框架性可能的重要碳汇效应。研究发现，存在一种由全球水循环产生的、重要的，但先前被低估了的大气碳汇，它是由碳酸盐溶解、全球水循环和海洋及陆地上的水生光合生物的光合作用共同产生的。这个碳汇达到8.24×10^8 t/a，约占全球"遗失碳汇"的29%，或占人类活动排放碳总量的10%。这部分碳汇中有4.72×10^8 t/a通过海上降水（2.28×10^8 t/a）和陆地河流（2.44×10^8 t/a）进入海洋，有1.19×10^8 t/a再次释放进入大气，还有2.33×10^8 t/a以有机碳的形式储存在陆地水生生态系统中。因此，净碳汇是7.05×10^8 t/a（如2007年发表在《科学通报》的成果入选"2007年度中国基础研究十大新闻"）。全球变暖引发了全球水循环的加强、人类活动排放CO_2和大气圈中碳酸盐粉尘的增加，还有造林地区的增多（会引起土壤CO_2的增加进而导致碳酸盐的溶解增加），这部分碳汇也将增加。同时，C、N、P、Fe、Zn和Si等元素的施肥效应可能增加由水生光合生物产生的有机碳的储存和掩埋，进而减少返回大气的CO_2通量。据IPCC（政府间气候变化专门委员会）评估报告对全球变暖的预估，我们预测到2100年全球变暖将会导致全球水生大气碳汇增加21%，或1.8×10^8 t/a。然而，对这个碳汇估计的不确定性仍需进一步的研究。总之，全球水循环、碳酸盐（岩）的风化溶解和水生生物的光合作用，三者共同构成了对大气CO_2的调节。这些物理、化学和生物作用过程共同提供了一个负的气候反馈机制，降低了大气CO_2增加对气候变暖的影响。

　　另外，自气候变化的岩石风化控制学说提出至今，人们普遍认为，是硅酸盐的风化碳汇作用在控制着长时间尺度的气候变化，而传统的碳酸盐的风化作用不具有这一功能，因为碳酸盐溶解过程中消耗的所有CO_2又通过海洋中相对快速的碳酸盐沉积而返回大气。而研究发现，碳酸盐溶解的快速动力学特性（是硅酸盐的100倍以上），以及硅酸盐流域中微量碳酸盐矿物的风化在控制该流域DIC浓度上的重要性，使得碳酸盐风化碳汇占整个岩石风化碳汇的90%以上，而硅酸盐风化碳汇可能不足10%。再加上水生光合生物对DIC的利用及其形成的有机碳的埋藏，使得由碳酸盐风化形成的大气碳汇以往被严重地低估至实际值的1/3左右，达到每年近5×10^8 t碳。因此，碳酸盐风化碳汇不仅影响了人类社会目前普遍关注的短时间尺度的气候变化，而且在自水生光合生物出现以来的长时间尺度气候变化的控制上可能也是主要的（相对于硅酸盐风化碳汇）。这无疑对传统的观点，即"只有钙硅酸盐风化才能形成长久的碳汇并控制长时间尺度的气候变化"提出了挑战。

上述观点以《耦联的碳酸盐风化形成巨大且活跃的CO_2汇》（Large and active CO_2 uptake by coupled carbonate weathering）为题发表在《地球科学评论》（*Earth-Science Reviews*）上，这是我们联合美国堪萨斯大学、佛罗里达州大学和西肯塔基大学等学者首次系统提出耦联水生光合作用的碳酸盐风化碳汇理论，文章从"碳酸盐矿物风化在硅酸盐岩流域 DIC 产生的重要性"、"碳酸盐风化对气候和土地利用变化的高度敏感性"、"水生光合生物对 DIC 的利用"、"耦联水生光合作用的碳酸盐风化产生巨大的碳汇"、"风化碳汇随气候和土地利用变化增加"、"耦联的碳酸盐风化碳汇概念模型的应用"等方面进行了系统全面的阐述。同行专家认为我们的研究成果为全球碳收支计算提供了一个新视野，即将碳酸盐矿物风化和水生光合作用耦联作为 CO_2 捕获的重要机制，其中提出的概念模型是这一机制的令人信服的理论基础，因而是一个重要和不断演变的议题，值得充分考虑。还有专家认为我们的研究对碳汇的理论计算做了一个示范，为寻找遗失的碳汇提出了一个新的方向和新的估算方法，将会影响到全球变化研究依据的数据，因而具有重要的理论意义和实用价值。

为了进一步系统验证我们提出的碳酸盐风化碳汇概念模型，在国家重大科学研究计划项目"基于水－岩－土－气－生相互作用的喀斯特地区碳循环模式及调控机理"（2013CB956700）的支持下，本研究于 2014 年在贵州省安顺市普定县建成了世界首个大型喀斯特水－碳通量模拟实验场——沙湾实验场，并在国家自然科学基金重点项目"基于$H_2O-CaCO_3-CO_2$－水生光合生物相互作用的碳酸盐岩风化碳汇研究"（41430753）的资助下，系统研究了土壤－地下水系统碳酸盐风化形成的无机碳汇和相连的地表水系统溶解无机碳向有机碳转换形成有机碳汇的过程和机制，并试图揭示碳汇的气候和土地利用调控规律，以服务于气候变化应对的人类调控策略（碳酸盐风化碳中和）。本书的第 1 章和第 2 章分别是上述两个碳汇过程研究的系统总结，分别由曾庆睿博士和陈波博士执笔。此外，为进一步拓展对模拟实验场的认识，我们选取云南抚仙湖对"近百年来云南抚仙湖生物碳泵效应的沉积记录"进行了系统研究，结果发现，1950 年之后，抚仙湖生物泵形成的内源有机碳通量是 1910~1950 年的 6.9 倍，反映其随全球变暖和土地利用变化显著增加，从 1910 年的 1.1 t/($km^2 \cdot a$) 上升到 2017 年的 21.7 t/($km^2 \cdot a$)。如果全球湖泊都保持这种趋势，那么增加的碳汇可能对全球变暖起到负反馈作用。这是本书第 3 章重点展示的内容，由贺海波博士执笔。刘再华撰写了本书的前言和绪论，并对全书进行了统稿。

目 录

前言
绪论 ··· 1
    0.1 研究意义 ·· 1
    0.2 国内外研究现状及发展动态分析 ··· 3
    0.3 岩石风化碳汇研究存在的问题 ·· 11
    参考文献 ·· 11

第1章 碳酸盐风化无机碳汇的土地利用调控机制 ·· 18
    1.1 本章摘要 ··· 18
    1.2 研究概述 ··· 19
    1.3 研究区概况 ·· 22
    1.4 分析测试与方法 ·· 26
    1.5 不同土地利用类型下喀斯特水文、水化学动态变化 ···························· 32
    1.6 土地利用类型调控喀斯特碳汇通量 ·· 46
    1.7 模型的建立与检验 ··· 58
    1.8 模型的程序化及可视化 ·· 76
    1.9 结论与展望 ·· 82
    参考文献 ·· 85

第2章 生物碳泵效应的土地利用调控模拟试验研究 ·· 94
    2.1 本章摘要 ··· 94
    2.2 研究概述 ··· 95
    2.3 模拟试验场概况 ·· 97
    2.4 研究方法及样品采集 ··· 100
    2.5 沙湾喀斯特水化学及$\delta^{13}C_{DIC}$的昼夜动态变化及影响因素 ····················· 104
    2.6 水-气界面碳交换通量及生物碳泵碳汇效应估算 ································ 134
    2.7 结论与展望 ··· 159
    参考文献 ··· 161

第3章 近百年来云南抚仙湖生物碳泵效应的沉积记录 ···································· 171
    3.1 本章摘要 ·· 171
    3.2 研究概述 ·· 172

3.3 研究区概况 …………………………………………………………………… 177
3.4 研究方法及样品采集 …………………………………………………………… 181
3.5 抚仙湖水化学和碳同位素变化特征及影响机制 ……………………………… 188
3.6 抚仙湖水化学和 $\delta^{13}C_{DIC}$ 昼夜变化及其影响机制 …………………………… 202
3.7 抚仙湖捕获器沉积物有机碳的来源及影响机制 ……………………………… 215
3.8 近百年来云南抚仙湖生物碳泵效应的沉积记录 ……………………………… 223
3.9 结论与展望 …………………………………………………………………… 235
参考文献 ………………………………………………………………………… 237

附录 A 碳酸盐风化碳汇研究期间（2007 年至今）相关的资助项目 ………… 249
A.1 国家级项目 …………………………………………………………………… 249
A.2 省部级项目 …………………………………………………………………… 249

附录 B 碳酸盐风化碳汇研究期间（2007 年至今）发表的系列代表性论文 ……… 250
B.1 中文期刊论文 ………………………………………………………………… 250
B.2 英文期刊论文 ………………………………………………………………… 250

绪　　论

0.1　研 究 意 义

1. 瞄准全球变化减缓、规避与适应对策中的关键科学问题

全球大气中 CO_2 的浓度已由工业革命前的 $280×10^{-6}$ 升高到 2020 年的 $412×10^{-6}$，并继续以每年约 $2×10^{-6}$ 的速度增加（www.esrl.noaa.gov/gmd/ccgg/trends/[2021-08-18]），到 21 世纪末，CO_2 浓度可能达到 $700×10^{-6}$，由此引起的全球变暖已成为学界和各国政府关注的焦点。

我国已是世界能源消费和 CO_2 排放大国，2011 年，化石燃料燃烧排放 CO_2 高达 $23.77×10^8$ t C（http://www.eia.gov/cfapps/ipdbproject/IEDIndex3.cfm?tid=90&pid=44&aid=8 [2021-08-18]），超过了美国的 $14.97×10^8$ t C。作为一个负责任的大国，我国已郑重向世界承诺：二氧化碳排放力争在 2030 年前达到峰值，努力争取 2060 年前实现碳中和。碳减排任务艰巨，责任重大。我国作为喀斯特（碳酸盐岩）大国（分布面积约占世界的 1/6，达到 $346.3×10^4$ km^2）（袁道先，1993，1997；蒋忠诚等，2010），喀斯特作用碳汇能力和潜力巨大（袁道先等，1993；袁道先，1997；袁道先和蒋忠诚，2000；Liu and Zhao，2000；袁道先和刘再华，2003）。开展我国碳酸盐风化碳汇机制及对土地利用调控潜力研究，对于应对全球变化、履行国际承诺、树立负责任的大国形象、使我国在国际科技竞争及未来气候谈判中处于主动地位具有重大现实意义。

初步研究表明，我国碳酸盐岩喀斯特作用（一种主要的碳酸盐风化作用）净回收大气 CO_2 的量（以 C 计）初步估算可达 $1.8×10^7$ t/a，而全球为 $1.1×10^8$ t/a（Liu and Zhao，2000）。而且，在常年的监测研究中，人们还发现，不仅气候变化能显著影响喀斯特作用碳汇（Macpherson et al.，2008），而且人类活动对喀斯特作用碳汇自然过程的干扰作用也非常明显。例如，喀斯特地区土地利用方式发生变化，则喀斯特作用碳汇的强度也会受到影响。桂林喀斯特试验场二十余年的监测研究表明，原有喀斯特石漠化严重的地方，如今植被恢复，土地利用方式改善，喀斯特作用碳汇增加（Liu and Zhao，2000；刘再华等，2007；Liu Z et al.，2010）。2007 年开始，国家启动了喀斯特区石漠化综合治理工程，覆盖南方 $100×10^4$ km^2，可以预见，经过综合治理后的喀斯特地区将为全球 CO_2 增汇减排做出重要贡献。

2. 促进我国在全球变化条件下的岩石风化碳汇潜力研究工作

未来数十年，与温室气体增加有关的全球气候变暖既是重要的科学问题，也是敏感的外交和政治话题，但其本质是环境和发展问题。在全球气候变化中，关键是化石燃料燃烧造成的 CO_2 排放破坏了自然界相对平衡的碳源汇过程。为应对气候变化，一方面可通过节能减排降低 CO_2 对气候的影响，另一方面可通过碳捕集与封存（carbon capture and storage，

CCS）技术增加碳捕获和储存能力，从而达到控制气候变暖的目的。除了人工 CCS 技术，自然界某些物理、化学和生物过程，如岩石风化作用和生物光合作用也可实现对大气 CO_2 的捕获和储存，可称作自然过程 CCS。

20 世纪 90 年代，美国地质调查局启动了密西西比河流域的碳计划，耗资 10 亿美元，在这个占据美国国土 40% 的大流域中，以小流域分期、分批推进的方式持续进行监测研究，取得了许多重要的成果（Raymond and Cole, 2003; Raymond et al., 2008）。

我国以前虽然有部分地质工作者一直致力于地质作用与碳循环，特别是喀斯特作用与碳循环的研究，并且取得了重要成果，但我国还没有开展系统深入的岩石风化碳汇能力和潜力研究，特别是在全球变暖和生态修复条件下的岩石风化碳增汇潜力研究方面严重不足。

2021 年 10 月 24 日国务院发布《2030 年前碳达峰行动方案》，进一步将"岩溶碳汇"列入其中的"碳汇能力巩固提升行动"。因此，我国地质环境碳汇（包括岩石风化碳汇）研究是重要的国家需求，不仅十分必要，而且很紧迫！

为此，喀斯特作用与碳循环研究方面的首席科学家袁道先院士表示（2010 年 3 月 1 日《科学时报》），在碳减排的巨大国际压力面前，中国科学家不能人云亦云，必须自主开展研究，取得相关数据和研究结论，做好国家层面战略决策的基础支撑工作，为国家固碳增汇的碳中和工程提供科学依据。

3. 破解全球变化国际前沿两个科学难题

1）气候变化究竟是硅酸盐风化控制还是碳酸盐风化控制

自气候变化的风化控制学说提出至今，人们普遍认为，是硅酸盐的化学风化碳汇作用（$CO_2+CaSiO_3 \longrightarrow CaCO_3+SiO_2$）控制着长时间尺度的气候变化，而碳酸盐的化学风化作用（$CaCO_3+CO_2+H_2O \rightleftharpoons Ca^{2+}+2HCO_3^-$）不具有这一功能，因为碳酸盐溶解过程中消耗的所有 CO_2 又通过海洋中相对快速的碳酸盐沉积而返回大气（Berner et al., 1983）。

而近十余年的研究（刘再华等, 2007; Liu Z et al., 2010, 2011; Liu, 2013, 2014, 2018）发现，碳酸盐溶解的快速动力学特性（是硅酸盐的 100 倍以上，Plummer et al., 1978; Dreybrodt, 1988; Liu and Dreybrodt, 1997; Kump et al., 2000）以及硅酸盐岩流域中微量碳酸盐矿物的风化在控制该流域溶解无机碳浓度和碳汇上具有重要作用（Blum et al., 1998; White et al., 1999, 2005; Jacobson et al., 2002a,b; Das et al., 2005），使得碳酸盐风化碳汇占整个岩石风化碳汇达到 94%，而硅酸盐风化碳汇仅为 6% 左右（Liu et al., 2011）。再加上水生生物光合作用对 DIC 的利用（$Ca^{2+}+2HCO_3^- \longrightarrow CaCO_3+CH_2O+O_2$）（McConnaughey and Whelan, 1997; Lerman and Mackenzie, 2005; Smith and Gattuso, 2011; Sun et al., 2010; 陈波等, 2014; Yang et al., 2016; Chen et al., 2017; He et al., 2020）及其形成的有机质的埋藏（Mulholland and Elwood, 1982; Dean and Gorham, 1998; Einsele et al., 2001; Cole et al., 2007; Liu, 2013; He et al., 2020），使得由碳酸盐风化形成的大气碳汇以往被严重地低估至实际值的 1/3 左右，达到每年 4.77×10^8 t 碳（Liu et al., 2011）。因此，Liu 等（2011）认为碳酸盐风化碳汇不仅影响了人类社会目前普遍关注的短时间尺度的气候变化，而且在自水生光合生物出现以来的长时间尺度气候变化的控制上可能也是主要的（相对于硅酸盐风化碳汇）。这无疑对传统的观点，即"只有钙硅酸盐风化才能形成长久的碳汇并控制长时间尺度的气候变化"提出了质疑。然而，为

了更精确的定量评价,对流域碳酸盐风化所消耗的CO_2量、地表水生生态系统内源有机质的产生/掩埋和呼吸/氧化之间的平衡,以及自水生生态系统中释放的CO_2通量(即水生光合生物利用DIC的效率及其形成的有机质埋藏的通量)等都必须进行更加系统深入的研究(Liu et al., 2011;刘再华, 2012;Liu, 2013;Liu et al., 2018)。

2)全球遗失碳汇问题

全球变化科学的另一个重要问题是全球大气CO_2的收支不平衡(Broecker et al., 1979;Sundquist, 1993;Joos, 1994;Schindler, 1999;Melnikov and O'Neill, 2006)。虽然人类活动显著改变了全球碳循环,但在理解这一循环时仍存在重大分歧。化石燃料燃烧排入大气的CO_2约有一半留在大气圈,另一半被海洋和陆地生物圈所吸收(Melnikov and O'Neill, 2006)。这两部分汇的区分是争论的焦点。由于缺少对离开大气的CO_2去向的充分考虑,不同排放情况对未来CO_2变化的预测也不能确定(Siegenthaler and Oeschger, 1978)。这又反过来削弱了能源政策和气候变化之间的联系。

围绕碳循环的主要问题之一是碳的不明遗失。目前的碳循环模型没能考虑这个问题,因此也难以解释当排放量增加时大气CO_2如何变化。

据Melnikov和O'Neill(2006)的研究,全球CO_2的平衡关系如下:

大气中增加的CO_2量=从化石燃料燃烧中排放的CO_2量+由土地利用的变化引起的CO_2净排放量-海洋吸收的CO_2量-遗失的碳汇

即$3.2=6.3+1.6-1.9-2.8$(单位:Pg/a,$1Pg=10^{15}g$)

遗失碳汇(missing carbon sink)(约每年28×10^8 t C)究竟到了何处?过去国际关注的焦点在陆地植被的CO_2和氮的施肥效应(Hudson et al., 1994;Friedlingstein et al., 1995;Kheshgi et al., 1996)。尽管如此,仍难以解决国际关注的遗失碳汇问题。最近的观测研究发现(刘再华等, 2007;Liu Z et al., 2010, 2011, 2018),基于H_2O-$CaCO_3$-CO_2-水生光合生物相互作用的碳酸盐风化碳汇(与海洋、森林碳汇在一个数量级)(Probst et al., 1994;Yan et al., 2011;Liu et al., 2018)研究可能是解决全球遗失碳汇问题的一个重要方向,但急需在有关过程、机制和评价精度上继续深入。

0.2 国内外研究现状及发展动态分析

1. 岩石风化碳汇的研究现状

1)硅酸盐风化还是碳酸盐风化碳汇问题

在十万年的时间尺度上,人们从天文因素上寻找气候变化的答案,认为地球轨道参数的周期性变动造成了全球的冰期-间冰期旋回(Milankovitch, 1930)。而在百万年以上的长时间尺度上,"构造隆升驱动气候变化"的假说是当前解释新生代以来全球气候变冷的主流观点(Raymo and Ruddiman, 1992)。该假说把新生代以来发生的几个主要现象,即全球气候总体上趋冷、大气CO_2浓度下降、大陆风化速率上升、海洋$^{87}Sr/^{86}Sr$值上升,以及构造作用引起的大面积隆升等加以联系,给予了比较合理的解释,即构造作用引起的大面积隆升造成大陆风化(包括物理风化和化学风化)速率上升和大气CO_2浓度下降。由于大气中的CO_2浓度长期减少,从而导致大气截留的热量减少,引起全球温度的下降。虽然全球气候不仅取决于大气 CO_2 的浓度,还取决于其他温室气体的浓度、地面反射率、海洋环流方式、植物量等,然而,从一阶近似而言,可以用大气 CO_2 浓度来表征大气温度的变化(Berner et al., 1983)。

近些年,围绕大陆风化和全球气候变化问题取得了一些新的进展,主要是对发源于喜马拉雅地区的河流进行研究,探讨青藏高原隆起对于大陆风化速率和碳汇的影响。争论主要是硅酸盐风化还是碳酸盐风化形成碳汇、有机碳的风化与埋藏、大陆风化与大气温度和降水关系等问题(陈骏等, 2001; Huh, 2010; Liu et al., 2011, 2018)。

2)岩石风化碳汇控制的主要环境因素:气候和土地利用

传统的岩石风化碳汇的计算可简单表示如下:

$$CSF = n \times Q \times [DIC]/A$$

式中,CSF 为岩石风化碳汇强度(或喀斯特碳汇通量);A 为流域面积;Q 为流域径流排泄量;[DIC] 为水中溶解无机碳的浓度;n 为岩石矿物风化系数,对于碳酸盐风化,$n=0.5$,表示碳酸盐溶解形成的 HCO_3^- 中只有一半是大气成因的碳;对于硅酸盐风化,$n=1$,表示硅酸盐风化形成的 HCO_3^- 的碳全部来自大气成因的碳(包括土壤 CO_2)(Liu Z et al., 2010, 2018)。

由此可见,在流域面积和岩性固定的情况下,岩石风化碳汇的强度将取决于气候(如温度 T、降水量 P 等)(White and Blum, 1995; Kump et al., 2000; Riebe et al., 2004; West et al., 2005; Tipper et al., 2006; Cai et al., 2008; Macpherson et al., 2008; Gislason et al., 2009; Hagedorn and Cartwright, 2009; Wolff-Boenisch et al., 2009; Zeng et al., 2012)、土地利用和覆被的变化(影响土壤 CO_2 浓度、有机酸等)(Cawley et al., 1968; Berner, 1992, 1997; Drever, 1994; Gislason et al., 1996; Liu and Zhao, 2000; Andrews and Schlesinger, 2001; Williams et al., 2003; Kardjilov et al., 2006; Baars et al., 2008; Raymond et al., 2008; Barnes and Raymond, 2009; Pagani et al., 2009; Zhao et al., 2010; 刘长礼等, 2011; Moosdorf et al., 2011; 曾成等, 2012)等环境因素。这些环境因素主要是通过控制径流排泄量 Q(Zhang and Schilling, 2006)和溶解无机碳浓度[DIC](Kardjilov et al., 2006)来影响岩石风化碳汇强度的(Zeng et al., 2017),如 Cochran 和 Berner(1996)、Berner(1997)的研究发现,植被的出现可使岩石风化速度增加 3~10 倍。而 Raymond 等(2008)发现在过去的 50 年中,美国密西西比河流域土地利用变化和管理对河流碳、水输出增加的影响甚至比气候变化和 CO_2 施肥效应更重要。

此外,Probst 等(1994)的研究发现流域风化碳汇的高低主要由碳酸盐岩面积占比决定,同时与流域径流变化有关。碳酸盐岩占相当比例的亚马孙流域风化碳汇在 1900~1985 年的这 85 年中增加了 10%,而以硅酸盐岩为主的刚果河流域风化碳汇在同一时期仅增加了 0.7%(同期亚马孙流域径流量只增加了 13%,而刚果河流域径流量增加了 24%)。反映出碳酸盐风化碳汇对气候变化的敏感性远高于硅酸盐风化碳汇(26 倍)。这可能是由碳酸盐溶解速率远高于硅酸盐溶解速率决定的。

2. 岩石风化碳汇研究的发展动态

1)从强调硅酸盐风化到关注基于水-岩(土)-气-生相互作用的碳酸盐风化碳汇的重要性

众所周知,陆地上岩石的风化(常用 $^{87}Sr/^{86}Sr$ 值作为代用指标)主要分为碳酸盐风化和硅酸盐风化。传统观点认为水中高的$^{87}Sr/^{86}Sr$值主要反映了硅酸盐风化的贡献，如Edmond（1992）发现喜马拉雅河流（主要指甘地河-布拉马普特拉河系与印度河系）既具有高Sr通量又具有高$^{87}Sr/^{86}Sr$值，这与一般河流的特征是不同的。他认为这是喜马拉雅河流的变质作用使得富Rb的硅酸盐矿物中的高$^{87}Sr/^{86}Sr$值的Sr通过再分配进入更容易风化的硅酸盐矿物中，如钙长石。喜马拉雅河流中的高放射Sr的主要来源是在高喜马拉雅结晶岩系中硅酸盐岩的风化。

Quade等（1997）通过对喜马拉雅山前盆地古土壤的研究表明，土壤碳酸盐的$^{87}Sr/^{86}Sr$值（因而也代表了河流的组成）主要是由碎屑碳酸盐的风化引起的。从土壤碳酸盐和碎屑碳酸盐$^{87}Sr/^{86}Sr$值在空间上与时间上的强相关性可以得出，自晚中新世开始的变质碳酸盐的去顶作用是喜马拉雅河流$^{87}Sr/^{86}Sr$值升高的主要原因。这一观点被Blum等（1998）的研究进一步证实，Blum等（1998）研究了巴基斯坦北部属于高喜马拉雅结晶岩系（HHCS）的Raikhot流域的地表水、基岩和河流砂的主要元素及Sr元素的同位素地球化学特征。通过矿物风化对流域中溶解离子通量贡献的物质平衡计算发现，虽然在流域的基岩中，长英质片麻岩和花岗岩占主导地位，而碳酸盐矿物只占大约1%，但是流域HCO_3^-通量的82%源自溶解速率很快的碳酸盐矿物的风化，而只有18%的通量源自慢速的硅酸盐风化（不及碳酸盐风化速率的1/100）（Plummer et al., 1978；Dreybrodt, 1988；Liu and Dreybrodt, 1997；Kump et al., 2000）。

这些研究证明了微量碳酸盐矿物风化在控制硅酸盐岩流域水化学特征中的重要作用，即硅酸盐岩地区消耗的CO_2并不一定源自硅酸盐的风化，它可能源自硅酸盐岩中微量方解石矿物的快速溶解（Drever and Hurcomb, 1986）。

由此可得出一个极其重要的结论：岩石风化碳汇的能力不仅仅取决于其分布的面积（Amiotte-Suchet et al., 2003），更重要的是其中是否含有碳酸盐矿物及其比例，这是因为碳酸盐风化速率极快。Amiotte-Suchet等（2003）在研究中发现页岩具有异常高的碳汇能力（是砂岩的8倍），这是否与页岩含有碳酸盐矿物有关，而非仅仅将其归结为硅酸盐的风化？

Blum等（1998）的研究还认为喜马拉雅地区主要河流中具有高$^{87}Sr/^{86}Sr$值的Sr通量可能主要源自具有大量硅酸盐的高喜马拉雅结晶岩系（HHCS）中少量方解石的风化，与Palmer和Edmond（1992）、Harris等（1998）、Galy等（1999）、English等（2000）、Oliver等（2003）、Quade等（2003）得出的结论一致。因此，以源自喜马拉雅地区的放射性Sr通量作为参数计算硅酸盐风化速率的模型（Edmond, 1992），无疑高估了硅酸盐风化引起的CO_2消耗量。

Jacobson等（2002a，2002b）的研究也得出了相似的结论，他们发现，传统的Ca/Sr和$^{87}Sr/^{86}Sr$两端元混合方程高估了喜马拉雅地区的硅酸盐风化来源的Sr^{2+}通量和HCO_3^-通量。研究还发现，虽然在新鲜的冰碛物中碳酸盐重量只占1.0%左右，但在岩石表面初次暴露后的至少55 ka内，超过90%风化来源的Ca^{2+}、HCO_3^-和Sr源自碳酸盐的溶解。这造成了所谓的"硅酸盐端元库"中Ca^{2+}/Na^+和HCO_3^-/Na^+值的明显升高。同时，河流中方解石过饱和产生碳酸钙沉积，造成水中Ca^{2+}和HCO_3^-的非保存性（non-conservative），这又使得河水的Ca^{2+}/Na^+和HCO_3^-/Na^+降低。这样，根据碳酸盐岩和硅酸盐岩两端元混合计算获得的碳酸盐风化的贡献被低估，相反，硅酸盐风化的贡献被夸大（Amiotte-Suchet and

Probst, 1995; Gaillardet et al., 1999; Amiotte-Suchet et al., 2003)。

这可以解释尽管硅酸盐的风化速率是碳酸盐的风化速率的1/100以下，而Gaillardet等（1999）估算的硅酸盐风化所消耗的CO_2量却如此巨大。因为在Gaillardet等（1999）的研究中，利用大江大河的总体化学成分中的Ca^{2+}/Na^+和HCO_3^-/Na^+的值及端元混合法（反演模型）计算由硅酸盐风化消耗的CO_2量，这无疑低估了在硅酸盐岩占主导地区少量碳酸盐风化对CO_2消耗的主要贡献（Liu et al., 2011）。

若将Jacobson等（2002a）的结果（约10%的HCO_3^-源自硅酸盐的溶解）应用于Gaillardet等（1999）的研究中，则硅酸盐风化碳汇由原来的$1.4×10^8$ t/a减少为$0.14×10^8$ t/a，相应地碳酸盐风化碳汇由原来的$1.48×10^8$ t/a增加为$2.11×10^8$ t/a [1.48+(1.4-0.14)/2=2.11，碳酸盐风化形成的HCO_3^-只有一半是大气成因的碳]。可见，碳酸盐风化碳汇是硅酸盐风化的15倍，或碳酸盐风化碳汇占整个岩石风化碳汇的94%，而硅酸盐风化碳汇仅占6%左右（Liu et al., 2011）。关于"碳酸盐风化碳汇远高于硅酸盐风化碳汇"的重要认识得到了Tipper等（2010）对世界上大江大河钙同位素比值（$\delta^{44}Ca/^{42}Ca$，能直接示踪钙的风化来源，是区分硅酸盐风化和碳酸盐风化的最新和最有力的指标）研究结论的有力支持。这些研究者发现，不管是硅酸盐岩流域的河流，还是碳酸盐岩流域的河流，河水的钙同位素比值（$\delta^{44}Ca/^{42}Ca$）都与碳酸钙的基本一致，而远离硅酸盐（岩），这说明所有河水的钙（碳酸钙的溶解形式为Ca^{2+}和HCO_3^-）主要是碳酸钙风化的结果。

更有意思的是，Jacobson等（2003）在研究中发现，与以往普遍认为的构造抬升增加了硅酸盐风化碳汇的观点不同，构造抬升造成机械风化加强，从而使溶解速率快得多（达350倍）的微量方解石矿物暴露，反而使碳酸盐风化碳汇的贡献增加更多。

总之，碳酸盐风化对大气碳汇的贡献在前期的一些研究中，特别是使用端元混合法（端元组分比值选取代表性问题、水中相应组分可保存性问题等）（Liu et al., 2011; 刘再华, 2012）计算的研究中被大大地低估了（Amiotte-Suchet and Probst, 1995; Ludwig et al., 1998; Gaillardet et al., 1999; Amiotte-Suchet et al., 2003; 邱冬生等, 2004; Hren et al., 2007; 吴卫华等, 2007; Chetelat et al., 2008; Hartmann et al., 2009; Xu and Liu, 2010; Gupta et al., 2011）。

在最新一次估算大气碳汇的尝试中，刘再华等（2007）综合考虑了碳酸盐溶解、全球水循环和水生生物光合利用溶解无机碳（$DIC=CO_2(aq)+HCO_3^-+CO_3^{2-}$）对大气碳汇的作用[这里统称为耦联水生光合生物的碳酸盐风化碳汇作用：$H_2O+CaCO_3+CO_2 \longrightarrow Ca^{2+} + 2HCO_3^- \xrightarrow{\text{水生光合作用}} CaCO_3\downarrow + x(CO_2\uparrow+H_2O)+(1-x)(CH_2O\downarrow+O_2)$ （McConnaughey and Whelan, 1997; Lerman and Mackenzie, 2005; Liu Z et al., 2010, 2018; Smith and Gattuso, 2011。图0.1，图0.2)，以区别于传统的未考虑有机过程（或$H_2O-CaCO_3-CO_2$相互作用）的碳酸盐风化碳循环作用：$CaCO_3+CO_2+H_2O \rightleftharpoons Ca^{2+}+2HCO_3^-$]，发现陆地碳酸盐风化形成的大气$CO_2$净汇是$4.77×10^8$ t/a（图0.2中的陆地水系统生物碳泵效应（BCP效应）产生的有机碳汇+河流入海溶解无机碳汇），这大约是Gaillardet等（1999）估算结果$1.48×10^8$ t/a的3倍。

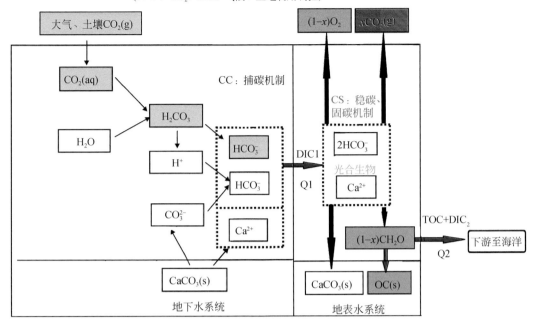

$$H_2O + CaCO_3 + CO_2 \longrightarrow Ca^{2+} + 2HCO_3^- \xrightarrow{\text{水生光合作用}} CaCO_3 \downarrow + x(CO_2 \uparrow + H_2O) + (1-x)(CH_2O \downarrow + O_2)$$

图 0.1 基于流域（地下水系统+地表水系统）$H_2O-CaCO_3-CO_2-$ 水生光合生物相互作用的碳酸盐风化碳汇 [$CSF = Q2 \times (0.5DIC2+TOC)/A + F_{OC(S)}$] 模式图（据 Liu et al., 2018）

与传统的水-岩（土）-气相互作用碳酸盐风化碳循环（或喀斯特作用碳循环）模式不考虑有机过程（水生生物光合利用 DIC 形成有机质沉积-生物碳泵）不同，本模式将有助于回答"碳酸盐风化能否形成长久的碳汇（内源有机碳埋藏），因而能否控制长时间尺度的气候变化"的重要科学问题

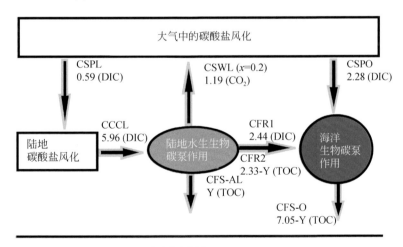

$$H_2O + CaCO_3 + CO_2 \longrightarrow Ca^{2+} + 2HCO_3^- \xrightarrow{\text{水生光合作用}} CaCO_3 \downarrow + x(CO_2 \uparrow + H_2O) + (1-x)(CH_2O \downarrow + O_2)$$

图 0.2 基于 $H_2O-CaCO_3-CO_2-$水生光合生物相互作用的碳酸盐风化形成的大气 CO_2 源汇（10^8 t/a）（据 Liu et al., 2018）

CSPL. 陆地降水形成的碳汇；CSPO. 海洋降水形成的碳汇；CCCL. 陆地碳酸盐风化碳捕获通量；CSWL. 陆地水体碳排放通量；CFR1. 河流入海 DIC 通量；CFR2. 河流入海内源 TOC 通量；CFS-AL. 陆地水体中内源有机碳沉积通量（Y. 待确定）；CFS-O. 海洋中陆源内源有机质沉积通量；DIC. 溶解无机碳；TOC. 内源总有机碳。传统的水-岩（土）-气相互作用碳酸盐风化碳循环（或喀斯特作用碳循环）模式不考虑有机过程，所以 $x=1$，即碳酸钙沉积时，CO_2 气体全部返回大气，因此，在地质长时间尺度上，碳酸盐风化不产生碳汇，因而也就不会影响长时间尺度的气候变化（Berner et al., 1983）

出现这一重要差异是因为 Gaillardet 等（1999）的反演模型计算不仅低估了硅酸盐地区少量碳酸盐风化对大气碳汇的重要作用，而且也未考虑陆地水生生态系统光合生物对 DIC 的利用（这里称生物碳泵效应），以及由此形成的有机碳汇（2.33×10^8 t/a；图 0.2）。这种内源有机碳汇，已经分别由 Mulholland 和 Elwood（1982）、Dean 和 Gorham（1998）、Einsele 等（2001）和 Cole 等（2007）的研究发现和确认。这些研究者估算在陆地水体（湖泊、水库和河流）中由沉积作用埋藏的有机碳是 $2\times10^8 \sim 3\times10^8$ t/a，且这些埋藏的有机碳主要是内源有机碳，即水体生物碳泵效应产生的有机碳，这与陶贞等（2004）在我国的增江流域、Tao 等（2009）在我国的元江流域发现的水中颗粒有机碳（POC）主要是内源有机碳的观测结论类似。如陶贞等（2004）的研究结果表明，增江悬移质中的有机碳以水生藻类的贡献为主（>70%），外源的土壤颗粒有机碳通量仅占增江流域颗粒有机碳总输出通量的 26.5%。

Waterson 和 Canuel（2008）也发现在美国的密西西比河流域沉积物的总有机碳（TOC）有高达约 50% 是内源有机碳。这也进一步表明，传统的利用大江大河入海的 DIC（以 HCO_3^- 为主）通量来估算岩石风化碳汇的方法（Meybeck，1993）是值得商榷的，因为这些河流入海的总有机碳（TOC=POC+DOC）有相当一部分是内源有机碳，即是水生生物对岩石风化形成的 DIC 的光合利用转变而来的，应当归属于岩石风化对碳汇的贡献，而这一部分以往被认为是土壤或岩石侵蚀而来的外源有机碳（Meybeck，1993）。可见，仅利用大江大河入海口的 DIC 数据而不考虑内源有机碳（包括入海的和在陆地水生生态系统中沉积的），会严重低估岩石风化作用对碳汇的贡献。

总之，岩石风化碳汇有待于结合流域地表水系统内源有机碳的比例进行重新评估（刘再华，2012）。

上述关于碳酸盐风化碳汇的新认识的重要性，主要体现在五个方面。

第一，我们必须重新认识自水生光合生物出现（约 34 亿年前；Hofmann et al.，1999；Allwood et al.，2007）以来的海洋和湖泊中碳酸盐的来源，即它们主要源自硅酸盐的风化：

$$CaSiO_3 + CO_2 \longrightarrow CaCO_3 + SiO_2 \tag{0.1}$$

还是主要源自碳酸盐的风化：

$$H_2O + CaCO_3 + CO_2 \longrightarrow Ca^{2+} + 2HCO_3^- \xrightarrow{\text{水生光合作用}} CaCO_3\downarrow + x(CO_2\uparrow + H_2O) + (1-x)(CH_2O\downarrow + O_2) \tag{0.2}$$

碳酸盐风化较硅酸盐风化要快得多，因此，自水生光合生物出现以来，海洋和湖泊中的碳酸盐沉积很可能主要源自化学反应［式（0.2）］，即碳酸盐风化。

第二，我们必须重新评估自水生光合生物出现以来由岩石风化形成的大气碳汇。由上述研究发现可以推测，岩石化学风化形成的碳汇可能主要源自碳酸盐溶解形成的无机碳以及随后水生生物光合作用利用 DIC 形成有机碳的掩埋状况。然而，为了更精确地定量，对碳酸盐风化所消耗的 CO_2 量、有机物的产生/掩埋和呼吸/氧化之间的平衡，以及自水生生态系统中释放的 CO_2 通量（即内源有机质产生和埋藏的效率）等都有待进行更加系统深入的研究。

第三，在自然水生生态系统中，通过光合作用产生有机碳（生物碳泵效应，biological pump）（Maier-Reimer，1993），而后通过沉积和掩埋使其进入岩石圈，暗示由碳酸盐风化引起的碳汇不仅对人类社会目前普遍关注的短时间尺度（百年）气候变化有控制作用，而且对地质长时间尺度（百万年）的气候变化同样具有控制作用，这无疑对传统的观点，即"只有钙硅酸盐风化才能形成长久的碳汇并控制长时间尺度的气候变化"（Berner et al.，1983）提出了质疑。因为传统观点只考虑了岩石风化中的无机过程，而忽视了与其耦联的有机过程重要的甚至可能是决定性的影响（Boucot and Gray，2001）。

第四，需要特别说明的是，即使没有所谓的水生生物碳泵效应，碳酸盐溶解的快速动力学特性也可以使得碳酸盐溶解过程能快速捕获大量大气/土壤中的 CO_2，并以溶解无机碳的形式储存在水体（特别是大的地下水和海洋水体）中，从而在影响人类的短时间尺度上起到对大气 CO_2 的调节作用。这一作用在地下水和海洋水循环周期（分别为百年、千年时间尺度）（Oki，1999）的短时间尺度内提供了重要的气候负反馈控制机制，即很大程度上抵消了人类活动导致的大气 CO_2 增加造成的增温影响。由此可见，在未来的全球碳循环和气候变化模型中必须考虑碳酸盐风化碳汇的影响（Zeng et al.，2019）。

第五，气候变化的硅酸盐风化控制学说向碳酸盐风化控制学说的转变，将对现行 CCS 技术实施的理论基础产生重要影响，即由硅酸盐风化碳汇理论转变为碳酸盐风化碳汇理论。此项转变将大大提高人工 CCS 技术的效率，并降低碳汇的成本和对环境影响（Rau and Caldeira，1999；Rau et al.，2007）。可喜的是，早在 1999 年就已有有识之士在践行这一转变了。如美国原劳伦斯·利弗莫尔实验室海洋碳汇国家研究中心的 Rau 博士和加利福尼亚大学海洋科学研究所的 Caldeira 博士，于 1999 年在 *Energy Conversion & Management* 杂志发文强调加速的碳酸盐溶解并以 HCO_3^- 的形式排入海洋是捕获 CO_2 废气的有效方法（Rau and Caldeira，1999）。2007 年，通过近 8 年的继续研究和实验，他们又在 *Energy* 杂志介绍了这一技术及其实施效果（Rau et al.，2007）。遗憾的是，这些工作可能由于硅酸盐风化碳汇研究的过于强大，至今仍未得到广泛的关注！

2）喀斯特作用碳汇研究向碳酸盐风化碳汇研究的延伸和突破

全球陆地碳酸盐岩体碳库容量高达 $6×10^{16}$ t，占全球碳总量的 99.5%，裸露面积为 $2030×10^4$ km^2（Goldscheider et al.，2020）。我国碳酸盐岩裸露面积达 $255×10^4$ km^2，约占全球整个碳酸盐岩裸露面积的 12.5%（Goldscheider et al.，2020）。水热同季的季风气候条件和强烈的新构造运动使得我国的喀斯特作用十分强烈，在全球具有独特的地域优势和典型性。

喀斯特作用是喀斯特水系内碳酸盐可溶岩、水、CO_2、生物界面之间的地球化学场能量、物质交换的表现及结果，在喀斯特区存在 CO_2-H_2O-碳酸盐岩三相动态平衡过程；碳酸盐岩的溶蚀过程是从大气中快速捕获碳的过程；沉积碳酸钙的过程，若不考虑水生光合生物对溶解无机碳的利用和埋藏，则是碳向大气的排放过程，在地质的长时间尺度上两者是平衡的（Berner et al.，1983）。但在地下水和海洋水循环周期（分别为 200 年、3000 年）（Oki，1999）以内的短时间尺度内，喀斯特系统对大气 CO_2 的调节作用以碳汇为主。

20 世纪末，以袁道先院士作为项目主席的国际地质对比计划 IGCP379 项目"喀斯特作用与碳循环"（Karst processes and the carbon cycle）率先在我国开展了 18 个站点的喀斯特动力系统监测，本书第一作者作为研究骨干积极参与其中，并进行了碳酸盐岩溶蚀试片试验、水化学-径流观测和扩散边界层理论模型研究，获得了全球和我国碳酸盐风化碳汇的贡献，分别为 1.1×10^8 t/a 和 1.8×10^7 t/a（Liu and Zhao, 2000）。而 Jiang 和 Yuan（1999）通过利用 GIS 综合叠加分析碳酸盐岩、降水量、气温和植被分布图，将全国划分为 18 个区进行喀斯特作用产生的大气碳汇的估算，建立了喀斯特地区碳循环源汇通量的评价模型，初步揭示了喀斯特动力系统中碳循环的运行机制。

21 世纪初，刘再华等（2007）基于广西和贵州十余年的野外观测数据，经过理论计算探讨了全球水循环中溶解无机碳形式对全球碳循环的贡献。结果发现，全球水循环产生的碳汇每年高达约 6.4×10^8 t C，约占人类活动排放 CO_2 源的 8%，占所谓遗失碳汇的 23%。该碳汇是由水对 CO_2 的溶解吸收形成的，并随着碳酸盐（碳酸盐岩+非碳酸盐岩地区的土壤碳酸盐）的溶解及水生生物光合作用对溶解 CO_2 消耗的增加而显著增加（Maberly and Madsen, 2002; Kahara and Vermaat, 2003; Pierini and Thomaz, 2004; Iglesias-Rodriguez et al., 2008; Liu Y et al., 2010）。这部分碳汇中每年有 5.2×10^8 t 通过海上降水和陆地河流进入海洋，还有约 1.2×10^8 t 储存在陆地水生生态系统中。随着全球变暖导致的全球水循环的加强、大气中 CO_2 和碳酸盐粉尘的增加以及陆地植被的增加，未来由全球水循环形成的碳汇也可能增加。总之，全球水循环、碳酸盐（岩）的风化溶解和水生生物的光合作用，三者共同构成了对大气 CO_2 的调节。这些物理、化学和生物作用过程共同提供了一个负的气候反馈机制，降低了大气 CO_2 增加对气候的影响。

该研究的发现被认为对碳酸盐风化碳汇的理论计算做出了示范，为寻找遗失的碳汇提出了新的方向。相关研究结果以《一种由全球水循环产生的可能重要的 CO_2 汇》为题发表在 2007 年 10 月的《科学通报》上，并于 2008 年元月入选"2007 年度中国基础研究十大新闻"。2011 年又被科技部基础研究管理中心推荐参加了 2011 年 3 月 7~14 日在北京国家会议中心举办的"十一五"国家重大科技成就展。这是喀斯特作用碳汇研究（仅考虑碳酸盐岩地区）向碳酸盐风化碳汇研究（考虑所有碳酸盐分布，包括碳酸盐岩、含碳酸盐土壤等）的延伸和取得的新突破。

对这一成果继续深化研究后（主要是提高了计算的精度和对未来全球变化条件下的碳酸盐风化碳汇进行了定量预测），Liu Z 等（2010）以《大气 CO_2 源汇估算的新方向：综合考虑碳酸盐溶解、全球水循环和水生生物光合作用的共同影响》为题，在 *Earth-Science Reviews*（《地球科学评论》）上全面系统阐述了新观点。重新计算的碳酸盐风化碳汇达到 7.05×10^8 t/a。这部分碳汇中有 4.72×10^8 t/a 通过海上降水（2.28×10^8 t/a）和陆地河流（2.44×10^8 t/a）进入海洋，还有 2.33×10^8 t/a 以内源有机碳的形式产生于陆地水生生态系统中（最终这些内源有机碳一部分沉积在陆地水生生态系统内，另一部分则被河流以 TOC 的形式带入海洋）。同时，据 IPCC 评估报告中对全球变暖的预估，我们预测，到 2100 年全球气候变暖将会导致全球碳酸盐风化碳汇增加 21%，或 1.8×10^8 t/a，这还不包括土地利用变化，如植被恢复可能造成的风化碳汇增加（Berner, 1997; Liu and Zhao, 2000; Raymond et al., 2008）。

然而，这一碳汇强度估计的不确定性仍有必要做进一步系统深入的研究（Liu Z et al., 2010, 2018; 刘再华, 2012）。

0.3 岩石风化碳汇研究存在的问题

从国内外研究现状和发展动态分析可以清楚地看出，岩石风化碳汇中的硅酸盐风化碳汇被显著高估了，而碳酸盐风化对碳汇的贡献则被大大地低估。一方面原因是碳酸盐溶解的快速动力学特性造成硅酸盐岩地区即使只存在少量的碳酸盐矿物，其风化对碳汇的贡献也是决定性的；另一方面原因是与前期相关研究未考虑陆地水生生态系统光合生物对风化产物 DIC 的利用以及由此形成的有机碳（OC）迁移和埋藏而产生的碳汇有关（Liu et al., 2011, 2018；刘再华，2012）。

我们于 2010~2018 年发表在 *Earth-Science Reviews*、*Applied Geochemistry* 和《科学通报》上的系列论文（Liu Z et al., 2010, 2011, 2018；刘再华，2012），虽然关注到了上述问题，但目前主要是提出了一个针对全球的机理性框架和模式（图 0.1，图 0.2），急需在我国进行系统深入的观测和研究工作，取得相关数据和研究结论，以推广到全球。同时做好国家层面战略决策的基础支撑工作，为国家固碳增汇（碳中和）工程提供科学依据。为了实现这一目标，本书重点展示以下三个方面的内容：

（1）模拟喀斯特流域土壤−地下水系统溶解无机碳（碳捕获）通量变化与气候和土地利用的关系（图 0.1 左侧），将在第 1 章介绍；

（2）模拟喀斯特流域地表水系统水生光合生物利用 DIC 形成 TOC（生物碳泵稳碳/固碳）的机制和效率（图 0.1 右侧），将在第 2 章介绍；

（3）近百年来云南抚仙湖生物碳泵效应的沉积记录（图 0.1），将在第 3 章介绍。

参 考 文 献

陈波，杨睿，刘再华，等. 2014. 水生光合生物对茂兰拉桥泉及其下游水化学和 $\delta^{13}C_{DIC}$ 昼夜变化的影响. 地球化学，43（4）：375-385.

陈骏，杨杰东，李春雷. 2001. 大陆风化与全球气候变化. 地球科学进展，16：399-405.

蒋忠诚，裴建国，夏日元，等. 2010. 我国"十一五"期间的岩溶研究进展与重要活动. 中国岩溶，29：349-354.

刘长礼，林良俊，宋超，等. 2011. 土地利用变化对典型碳酸盐岩流域风化碳汇的影响——以云南小江岩溶流域研究为例. 中国地质，（2）：479-488.

刘再华. 2012. 岩石风化碳汇研究的最新进展和展望. 科学通报，57：95-102.

刘再华，Dreybrodt W，王海静. 2007. 一种由全球水循环产生的可能重要的 CO_2 汇. 科学通报，52：2418-2422.

邱冬生，庄大方，胡云锋，等. 2004. 中国岩石风化作用所致的碳汇能力估算. 地球科学，29：177-190.

陶贞，高全洲，姚冠荣. 2004. 增江流域河流颗粒有机碳的来源、含量变化及输出通量. 环境科学学报，24：789-795.

吴卫华，杨杰东，徐士进. 2007. 青藏高原化学风化和对大气 CO_2 的消耗通量. 地质论评，53：515-528.

袁道先. 1993. 碳循环与全球岩溶. 第四纪研究，（1）：1-6.

袁道先. 1997. 现代岩溶学和全球变化研究. 地学前缘，4：17-25.

袁道先，蒋忠诚. 2000. IGCP 379 "岩溶作用与碳循环"在中国的研究进展. 水文地质工程地质，（1）：49-51.

袁道先，刘再华，等. 2003. 碳循环与岩溶地质环境. 北京：科学出版社.

曾成，赵敏，杨睿，等. 2012. 缺土的板寨原始森林区岩溶地下河系统的水-碳动态特征. 地球科学，37（2）：253-262.

Allwood A C, Walter M R, Burch I W, et al. 2007. 3.43 billion-year-old stromatolite reef from the Pilbara Craton of Western Australia: Ecosystem-scale insights to early life on Earth. Precambrian Research, 158: 198-227.

Amiotte-Suchet P, Probst J L. 1995. A global model for present-day atmospheric/soil CO_2 consumption by chemical erosion of continental rocks GEM-CO_2. Tellus, 47B: 273-280.

Amiotte-Suchet P, Probst J L, Ludwig W. 2003. Worldwide distribution of continental rock lithology: Implications for the atmospheric/soil CO_2 uptake by continental weathering and alkalinity river transport to the oceans. Global Biogeochemical Cycles, 17: 1038.

Andrews J A, Schlesinger W H. 2001. Soil CO_2 dynamics, acidification, and chemical weathering in a temperate forest with experimental CO_2 enrichment. Global Biogeochemical Cycles, 15: 149-162.

Baars C, Jones T H, Edwards D. 2008. Microcosm studies of the role of land plants in elevating soil carbon dioxide and chemical weathering. Global Biogeochemical Cycles, 22: GB3019.

Barnes R T, Raymond P A. 2009. The contribution of agricultural and urban activities to inorganic carbon fluxes within temperate watersheds. Chemical Geology, 266: 318-327.

Berner R A. 1992. Weathering, plants, and the long-term carbon cycle. Geochimica et Cosmochimica Acta, 56: 3225-3231.

Berner R A. 1997. The rise of plants and their effect on weathering and atmospheric CO_2. Science, 276: 544-546.

Berner R A, Lasaga A C, Garrels R M. 1983. The carbonate-silicate geochemical cycle and its effect on atmospheric carbon-dioxide over the past 100 million years. America Journal of Science, 283: 641-683.

Blum J D, Gazis C A, Jacobson A D, et al. 1998. Carbonate versus silicate weathering in the Raikhot watershed within the High Himalayan Crystalline Series. Geology, 26: 411-414.

Boucot A J, Gray J A. 2001. A critique of Phanerozoic climatic models involving changes in the CO_2 content of the atmosphere. Earth-Science Reviews, 56: 1-159.

Broecker W S, Takahashi T, Simpson H J, et al. 1979. Fate of fossil fuel carbon dioxide and the global carbon budget. Science, 206: 409-418.

Cai W J, Guo X H, Chen C T A, et al. 2008. A comparative overview of weathering intensity and HCO_3^- flux in the world's major rivers with emphasis on the Changjiang, Huanghe, Zhujiang (Pearl) and Mississippi Rivers. Continental Shelf Research, 28: 1538-1549.

Cawley J L, Burruss R C, Holland H D. 1968. Chemical weathering in central Iceland: An analog of pre-silurian weathering. Science, 165: 391-392.

Chen B, Yang R, Liu Z, et al. 2017. Coupled control of land uses and aquatic biological processes on the diurnal hydrochemical variations in five ponds at the Shawan Karst Test Site: Implications for the carbonate weathering-related carbon sink. Chemical Geology, 456: 58-71.

Chetelat B, Liu C Q, Zhao Z Q, et al. 2008. Geochemistry of the dissolved load of the Changjiang Basin rivers: Anthropogenic impacts and chemical weathering. Geochimica et Cosmochimica Acta, 72: 4254-4277.

Cochran M F, Berner R A. 1996. Promotion of chemical weathering by higher plants: Field observations on Hawaiian basalts. Chemical Geology, 132: 71-77.

Cole J J, Prairie Y T, Caraco N F, et al. 2007. Plumbing the global carbon cycle: Integrating inland waters into the terrestrial carbon budget. Ecosystems, 10: 171-184.

Das A, Krishnaswami S, Bhattacharya S K. 2005. Carbon isotope ratio of dissolved inorganic carbon (DIC) in rivers draining the Deccan traps, India: Sources of DIC and their magnitudes. Earth and Planetary Science Letters, 236: 419-429.

Dean W E, Gorham E. 1998. Magnitude and significance of carbon burial in lakes, reservoirs, and peatlands. Geology, 26: 535-538.

Drever J I. 1994. The effect of land plants on weathering rates of silicate minerals. Geochimica et Cosmochimica Acta, 58: 2325-2332.

Drever J I, Hurcomb D R. 1986. Neutralization of atmospheric acidity by chemical weathering in an alpine drainage basin in the North Cascade Mountains. Geology, 14: 221-224.

Dreybrodt W. 1988. Processes in karst systems. Heidelberg: Springer.

Edmond J M. 1992. Himalayan tectonics, weathering processes, and the strontium isotope record in marine limestones. Science, 258: 1594-1597.

Einsele G, Yan J, Hinderer M. 2001. Atmospheric carbon burial in modern lake basins and its significance for the global carbon budget. Global and Planetary Change, 30: 167-195.

English N B, Quade J, DeCelles P G, et al. 2000. Geologic control of Sr and major element chemistry in Himalayan Rivers, Nepal. Geochimica et Cosmochimica Acta, 64: 2549-2566.

Friedlingstein P, Fung I, Holland E, et al. 1995. On the contribution of CO_2 fertilization to the missing biospheric sink. Global Biogeochemical Cycles, 9: 541-556.

Gaillardet J, Dupre B, Louvat P, et al. 1999. Global silicate weathering and CO_2 consumption rates deduced from the chemistry of large rivers. Chemical Geology, 159: 3-30.

Galy A, France-Lanord C, Derry L A. 1999. The strontium isotopic budget of Himalayan Rivers in Nepal and Bangladesh. Geochimica et Cosmochimica Acta, 63: 1905-1925.

Gislason S R, Arnorsson S, Armannsson H. 1996. Chemical weathering of basalt in southwest Iceland: Effects of runoff, age of rocks and vegetative/glacial cover. American Journal of Science, 296: 837-907.

Gislason S R, Oelkers E H, Eiriksdottir E S, et al. 2009. Direct evidence of the feedback between climate and weathering. Earth and Planetary Science Letters, 277: 213-222.

Goldscheider N, Chen Z, Auler A S, et al. 2020. Global distribution of carbonate rocks and karst water resources. Hydrogeology Journal, 28: 1661-1677.

Gupta H, Chakrapani G J, Selvaraj K, et al. 2011. The fluvial geochemistry, contributions of silicate, carbonate and saline-alkaline components to chemical weathering flux and controlling parameters: Narmada River (Deccan Traps), India. Geochimica et Cosmochimica Acta, 75: 800-824.

Hagedorn B, Cartwright I. 2009. Climatic and lithologic controls on the temporal and spatial variability of CO_2 consumption via chemical weathering: An example from the Australian Victorian Alps. Chemical Geology, 260: 234-253.

Harris N, Bickle M, Chapman H, et al. 1998. The significance of Himalayan rivers for silicate weathering rates: Evidence from the Bhote Kosi tributary. Chemical Geology, 144: 205-220.

Hartmann J, Jansen N, Durr H H, et al. 2009. Global CO_2-consumption by chemical weathering: What is the contribution of highly active weathering regions? Global and Planetary Change, 69: 185-194.

He H, Liu Z, Chen C, et al. 2020. Sediment records of biological carbon pump effect in Fuxian Lake, Yunnan, China during the past century: Implication for the sensitivity of carbon sink by the coupled carbonate weathering to climate and land-use changes. Science of the Total Environment, 720: 137539.

Hofmann H J, Grey A H, Hickman A H, et al. 1999. Origin of 3.45 Ga coniform stromatolites in Warrawoona Group, Western Australia. Geological Society of America Bulletin, 111: 1256-1262.

Hren M T, Chamberlain C P, Hilley G E, et al. 2007. Major ion chemistry of the Yarlung Tsangpo-Brahmaputra river: Chemical weathering, erosion, and CO_2 consumption in the southern Tibetan plateau and eastern syntaxis of the Himalaya. Geochimica et Cosmochimica Acta, 71: 2907-2935.

Hudson R J M, Gherini S A, Goldstein R A. 1994. Modeling the global carbon-cycle-nitrogen-fertilization of the terrestrial biosphere and the missing CO_2 sink. Global Biogeochemical Cycles, 8: 307-333.

Huh Y. 2010. Estimation of atmospheric CO_2 uptake by silicate weathering in the Himalayas and the Tibetan Plateau: A review of existing fluvial geochemical data. Geological Society, London, Special Publications, 342: 129-151.

Iglesias-Rodriguez M D, Halloran P R, Rickaby R E M, et al. 2008. Phytoplankton calcification in a high-CO_2 world. Science, 320: 336-340.

Jacobson A D, Blum J D, Chamberlain C P, et al. 2002a. Ca/Sr and Sr isotope systematics of a Himalayan glacial chronosequence: Carbonate versus silicate weathering rates as a function of landscape surface age. Geochimica et Cosmochimica Acta, 66: 13-27.

Jacobson A D, Blum J D, Walter L M. 2002b. Reconciling the elemental and Sr isotope composition of Himalayan weathering fluxes: Insights from the carbonate geochemistry of stream waters. Geochimica et Cosmochimica Acta, 66: 3417-3429.

Jacobson A D, Blum J D, Chamberlain C P, et al. 2003. Climatic and tectonic controls on chemical weathering in the New Zealand Southern Alps. Geochimica et Cosmochimica Acta, 67: 29-46.

Jiang Z, Yuan D. 1999. CO_2 source-sink in karst processes in karst areas of China. Episodes, 11: 33-35.

Joos F. 1994. Imbalance in the budget. Nature, 370: 181-182.

Kahara S N, Vermaat J E. 2003. The effect of alkalinity on photosynthesis-light curves and inorganic carbon extraction capacity of freshwater macrophytes. Aquatic Botany, 75: 217-227.

Kardjilov M I, Gislason S R, Gisladottir G. 2006. The effect of gross primary production, net primary production and net ecosystem exchange on the carbon fixation by chemical weathering of basalt in northeastern Iceland. Journal of Geochemical Exploration, 88: 292-295.

Kheshgi H S, Jain A K, Wuebbles D J. 1996. Accounting for the missing carbon-sink with the CO_2-fertilization effect. Climate Change, 33: 31-62.

Kump L R, Brantley S L, Arthur M A. 2000. Chemical weathering, atmospheric CO_2, and climate. Annual Review of Earth and Planetary Science Letters, 28: 611-667.

Lerman A, Mackenzie T. 2005. CO_2 air-sea exchange due to calcium carbonate and organic matter storage, and its implications for the global carbon cycle. Aquatic Geochemistry, 11: 345-390.

Liu Y, Liu Z, Zhang J, et al. 2010. Experimental study on the utilization of DIC by Oocystis solitaria Wittr and its influence on the precipitation of calcium carbonate in karst and non-karst waters. Carbonates and Evaporites, 25: 21-26.

Liu Z. 2013. Review on the role of terrestrial aquatic photosynthesis in the global carbon cycle. Procedia Earth and Planetary Science, 7: 513-516.

Liu Z, Dreybrodt W. 1997. Dissolution kinetics of calcium carbonate minerals in H_2O-CO_2 solutions in turbulent flow: the role of the diffusion boundary layer and the slow reaction $H_2O+CO_2 \leftrightarrow H^+ + HCO_3^-$. Geochimica et Cosmochimica Acta, 61: 2879-2889.

Liu Z, Dreybrodt W. 2015. Significance of the carbon sink produced by H_2O-carbonate-CO_2-aquatic phototroph interaction on land. Science Bulletin, 60 (2): 182-191.

Liu Z, Zhao J. 2000. Contribution of carbonate rock weathering to the atmospheric CO_2 sink. Environmental

Geology, 39: 1053-1058.

Liu Z, Dreybrodt W, Wang H. 2010. A new direction in effective accounting for the atmospheric CO_2 budget: Considering the combined action of carbonate dissolution, the global water cycle and photosynthetic uptake of DIC by aquatic organisms. Earth-Science Reviews, 99: 162-172.

Liu Z, Dreybrodt W, Liu H. 2011. Atmospheric CO_2 sink: silicate weathering or carbonate weathering? Applied Geochemistry, 26: s292-s294.

Liu Z, Macpherson G L, Groves G, et al. 2018. Large and active CO_2 uptake by coupled carbonate weathering. Earth-Science Reviews, 182: 42-49.

Ludwig W, Amiotte-Suchet P, Munhoven G, et al. 1998. Atmospheric CO_2 consumption by continental erosion: present-day controls and implications for the last glacial maximum. Global and Planetary Change, 17: 107-120.

Maberly S C, Madsen T V. 2002. Use of bicarbonate ions as a source of carbon in photosynthesis by Callitriche hermaphroditica. Aquatic Botany, 73: 1-7.

Macpherson G L, Roberts J A, Blair J M. 2008. Increasing shallow groundwater CO_2 and limestone weathering, Konza Prairie, USA. Geochimica et Cosmochimica Acta, 72: 5581-5599.

Maier-Reimer E. 1993. The biological pump in the greenhouse. Global and Planetary Change, 8: 13-15.

McConnaughey T A, Whelan J F. 1997. Calcification generates protons for nutrient and bicarbonate uptake. Earth-Science Reviews, 42: 95-117.

Melnikov N B, O'Neill B C. 2006. Learning about the carbon cycle from global budget data. Geophysical Research Letters, 33: L02705.

Meybeck M. 1993. Riverine transport of atmospheric carbon: Sources, global typology and budget. Water, Air, and Soil Pollution, 70: 443-463.

Milankovitch M. 1930. Mathematische klimalehre und astronomische theorie der Klimaschwankungen//Koppen I W, Geiger R. Handbuch der Klimalogie. Berlin: Gebruder Bontraeger.

Moosdorf N, Hartmann J, Lauerwald R, et al. 2011. Atmospheric CO_2 consumption by chemical weathering in North America. Geochimica et Cosmochimica Acta, 75: 7829-7854.

Mulholland P J, Elwood J W. 1982. The role of lake and reservoir sediments as sinks in the perturbed global carbon cycle. Tellus, 34 (5): 490-499.

Oki T. 1999. The global water cycle//Browning K, Gurney R. Global Energy and Water Cycles. London: Cambridge University Press.

Oliver L, Harris N, Bickle M, et al. 2003. Silicate weathering rates decoupled from the $^{87}Sr/^{86}Sr$ ratio of the dissolved load during Himalayan erosion. Chemical Geology, 201: 119-139.

Pagani M, Caldeira K, Berner R, et al. 2009. The role of terrestrial plants in limiting atmospheric CO_2 decline over the past 24 million years. Nature, 460: 85-89.

Pierini S A, Thomaz S M. 2004. Effects of inorganic carbon source on photosynthetic rates of Egeria najas Planchon and Egeria densa Planchon (Hydrocharitaceae). Aquatic Botany, 78: 135-146.

Plummer L N, Wigley T M L, Parkhurst D L. 1978. The kinetics of calcite dissolution in CO_2-water systems at 5℃ to 60℃ and 0.0 to 1.0 atm CO_2. America Journal of Science, 278 (2): 179-216.

Probst J L, Mortatti J, Tardy Y, et al. 1994. Carbon river fluxes and weathering CO_2 consumption in the Congo and Amazon river basins. Applied Geochemistry, 9: 1-13.

Quade J, Roe L, DeCelles P G, et al. 1997. The late Neogene $^{87}Sr/^{86}Sr$ record of lowland Himalayan rivers. Science, 276: 1828-1831.

Quade J, English N, DeCelles P G. 2003. Silicate versus carbonate weathering in the Himalaya: a comparison of the Arun and Seti River watersheds. Chemical Geology, 202: 275-296.

Rau G H, Caldeira K. 1999. Enhanced carbonate dissolution: A means of sequestering waste CO_2 as ocean bicarbonate. Energy Conversion & Management, 40: 1803-1813.

Rau G H, Knauss K G, Langer W H, et al. 2007. Reducing energy-related CO_2 emissions using accelerated weathering of limestone. Energy, 32: 1471-1477.

Raymo M E, Ruddiman W F. 1992. Tectonic forcing of late Cenozoic climate. Nature, 359: 117-122.

Raymond P A, Cole J J. 2003. Increase in the Export of Alkalinity from North America's Largest River. Science, 301: 88-91.

Raymond P A, Oh N H, Turner R E, et al. 2008. Anthropogenically enhanced fluxes of water and carbon from the Mississippi River. Nature, 451: 449-452.

Riebe C S, Kirchner J W, Finkel R C. 2004. Erosional and climatic effects on long-term chemical weathering rates in granitic landscapes spanning diverse climate regimes. Earth and Planetary Science Letters, 224: 547-562.

Schindler D W. 1999. The mysterious missing sink. Nature, 398: 105-107.

Siegenthaler U, Oeschger H. 1978. Predicting future atmospheric carbon-dioxide levels. Science, 199: 388-395.

Smith S V, Gattuso J. 2011. Balancing the oceanic calcium carbonate cycle: consequences of variable water column Ψ. Aquatic Geochemistry, 17: 327-337.

Sun H G, Han J, Li D, et al. 2010. Chemical weathering inferred from riverine water chemistry in the lower Xijiang basin, South China. Science of the Total Environment, 408: 4749-4760.

Sundquist E T. 1993. The global carbon dioxide budget. Science, 259: 934-941.

Tao F, Liu C, Li S. 2009. Source and flux of POC in two subtropical karstic tributaries with contrasting land use practice in the Yangtze River Basin. Applied Geochemistry, 24: 2102-2112.

Tipper E T, Bickle M J, Galy A, et al. 2006. The short term climatic sensitivity of carbonate and silicate weathering fluxes: Insight from seasonal variations in river chemistry. Geochimica et Cosmochimica Acta, 70: 2737-2754.

Waterson E J, Canuel E A. 2008. Sources of sedimentary organic matter in the Mississippi River and adjacent Gulf of Mexico as revealed by lipid biomarker and $\delta^{13}C_{TOC}$ analyses. Organic Geochemistry, 39: 422-439.

West A J, Galy A, Bickle M. 2005. Tectonic and climatic controls on silicate weathering. Earth and Planetary Science Letters, 235: 211-228.

White A F, Blum A E. 1995. Effects of climate on chemical-weathering in watersheds. Geochimica et Cosmochimica Acta, 59: 1729-1747.

White A F, Bullen T D, Vivit D V, et al. 1999. The role of disseminated calcite in the chemical weathering of granitoid rocks. Geochimica et Cosmochimica Acta, 63: 1939-1953.

White A F, Schulz M S, Lowenstern J B, et al. 2005. The ubiquitous nature of accessory calcite in granitoid rocks: Implications for weathering, solute evolution, and petrogenesis. Geochimica et Cosmochimica Acta, 69: 1455-1471.

Williams E L, Walter L M, Ku T C W, et al. 2003. Effects of CO_2 and nutrient availability on mineral weathering in controlled tree growth experiments. Global Biogeochemical Cycles, 17: 1041.

Wolff-Boenisch D, Gabet E J, Burbank D W, et al. 2009. Spatial variations in chemical weathering and CO_2 consumption in Nepalese High Himalayan catchments during the monsoon season. Geochimica et Cosmochimica Acta, 73: 3148-3170.

Xu Z, Liu C. 2010. Water geochemistry of the Xijiang basin rivers, South China: Chemical weathering and CO_2 consumption. Applied Geochemistry, 25: 1603-1614.

Yan J, Wang Y, Zhou G, et al. 2011. Carbon uptake by karsts in the Houzhai Basin, southwest China. Journal of Geophysical Research, 116: G04012.

Yang M, Liu Z, Sun H, et al. 2016. Organic carbon source tracing and DIC fertilization effect in the Pearl River: Insights from lipid biomarker and geochemical analysis. Applied Geochemistry, 73: 132-141.

Zeng C, Gremaud V, Zeng H, et al. 2012. Temperature-driven meltwater production and hydrochemical variations at a glaciated alpine karst aquifer: Implication for the atmospheric CO_2 sink under global warming. Environmental Earth Sciences, 65: 2285-2297.

Zeng Q, Liu Z, Chen B, et al. 2017. Carbonate weathering-related carbon sink fluxes under different land uses: A case study from the Shawan Simulation Test Site, Puding, Southwest China. Chemical Geology, 474: 58-71.

Zeng S, Liu Z, Kaufmann G. 2019. Sensitivity of global carbonate weathering carbon-sink flux to climate and land-use changes. Nature Communications, 10: 5749.

Zhang Y, Schilling K E. 2006. Effects of land cover on water table, soil moisture, evapotranspiration, and groundwater recharge: A field observation and analysis. Journal of Hydrology, 319: 328-338.

Zhao M, Zeng C, Liu Z, et al. 2010. Effect of different land use/land cover on karst hydrogeochemistry: A paired catchment study of Chenqi and Dengzhanhe, Puding, Guizhou, SW China. Journal of Hydrology, 388: 121-130.

第1章 碳酸盐风化无机碳汇的土地利用调控机制

1.1 本章摘要

在全球碳循环中,探明遗失碳汇的去向是科学家关注的热点内容。目前,关于陆地残余碳汇的研究主要集中在土壤、植被碳库,而碳酸盐作为陆地最大碳库,应该在全球碳循环的研究中得到更多的关注和重视。然而,以往的研究多认为碳酸盐风化无法形成地质时间尺度(百万年以上)的长期碳汇,从而导致其在当代消耗大气 CO_2、调节气候变化中的重要意义被忽视。从岩石风化碳汇研究的现实意义及其最新研究进展来看,碳酸盐风化不仅速率较快,而且由于水生碳泵效应的发现,碳酸盐风化碳汇(喀斯特碳汇)也可以在地质长时间尺度下储存。

研究碳酸盐风化碳汇的现实意义在于揭示其现代过程及控制机理,进而达到人为增汇、调控气候的目的。影响碳酸盐风化碳汇的因素主要有岩性、气候和土地利用,而岩性较为固定,因此,阐释清楚在气候变化背景下碳酸盐风化碳汇的土地利用调控机制可为喀斯特石漠化治理过程中如何增加喀斯特碳汇从而选择最佳土地利用类型提供科学依据。为避免天然喀斯特流域边界模糊、流量难以测定以及土地利用混杂等问题,本研究选择在贵州省安顺市普定县沙湾水-碳通量模拟试验场开展观测研究。

喀斯特碳汇通量计算公式为

$$CSF = 0.5 \times [DIC] \times RD$$

式中,[DIC] 为溶解无机碳浓度(方括号代表浓度);RD 为流域的径流深。系数为 0.5 是因为水体中只有一半的 HCO_3^- 来自大气/土壤 CO_2。

通过对模拟试验场 5 种不同土地利用类型(1#裸岩地、2#裸土地、3#农耕地、4#草地、5#灌丛地)下水文水化学参数(流量、入渗系数、主要离子浓度等)及土壤 CO_2 浓度进行连续两个水文年度(2015 年 9 月至 2017 年 8 月)的高分辨率监测,结合室内实验测试数据及相关模型计算,对气候变化背景下喀斯特碳汇的土地利用调控机制取得了创新性认识,具体如下:

(1) 对于有植被覆盖的土地利用类型(3#农耕地、4#草地、5#灌丛地),在夏秋季节植被根呼吸作用和土壤微生物活动增强,促进了土壤 CO_2 的产生,导致水体 DIC 浓度([DIC])升高;对于无植被覆盖的土地利用类型(1#裸岩地、2#裸土地),在夏秋季节土壤/岩石孔隙中的有机质分解,也促进了土壤 CO_2 的产生,并导致水体 [DIC] 升高。受土壤 CO_2 浓度控制,年均 [DIC] 由高至低排列,依次为 4#草地、5#灌丛地、3#农耕地、2#裸土地、1#裸岩地。

(2) 对于年均径流深(runoff depth,RD),由高至低排列顺序则正好与年均 [DIC]

相反，依次为 1#裸岩地、2#裸土地、3#农耕地、5#灌丛地、4#草地。这是由于植被和土壤的覆盖增加了对降水的截留以及对水分的利用，从而蒸散发量提高，后者导致了 RD 的下降。

（3）根据前述喀斯特碳汇通量计算公式，土地利用通过调控［DIC］和 RD 来综合调控喀斯特碳汇通量，新定义的"土地利用变化影响喀斯特碳汇判别参数（LCIC）"可以被用来评价二者的综合影响。以 1#裸岩地为基准，如果｜LCIC｜>1，则说明土地利用类型变化造成的下伏喀斯特水系统［DIC］升高起主导作用，会导致喀斯特碳汇通量升高；如果｜LCIC｜<1，则说明土地利用类型变化造成的下伏喀斯特水系统 RD 降低起主导作用，会导致喀斯特碳汇通量降低。

（4）降水是控制喀斯特碳汇产生的瓶颈，当降水不充足时，有植被覆盖的土地利用类型会造成 RD 大幅下降，抑制喀斯特碳汇的产生；而当降水丰沛时，有植被覆盖的土地利用类型，植被生长状态越好，越能够提高水体［DIC］，促进喀斯特碳汇的产生。同时喀斯特作用对于调节气候变化，形成了一个重要的负反馈机制，即全球变暖带来温度升高、降水增多的同时，会促进喀斯特碳汇的形成，增加大气 CO_2 消耗，从而抑制全球变暖进程。

（5）基于上述调控机制，本研究构建了通过气温和降水估算不同土地利用类型下喀斯特碳汇通量的数学模型。根据实际观测和模型计算结果，在丰水年，石漠化治理过程中的植被恢复有利于喀斯特碳汇的增加，其中以草地为代表；在枯水年，植被恢复不利于喀斯特碳汇的增加。

本研究在方法层面有如下三点启示：

（1）在类似沙湾水-碳通量模拟试验场开展此类控制性试验十分有助于喀斯特碳汇的调控机制研究。

（2）LCIC 可以成为判断、预测土地利用变更造成喀斯特碳汇通量改变方向的有效参数。

（3）通过本研究构建的简化数学模型，可便捷估算在未来气候条件下不同土地利用的喀斯特碳汇通量变率。据预测，到 21 世纪末，随着气温升高、降水增加，如果对我国西南喀斯特石漠化地进行植被恢复，使其变更为草地，则最高可增加喀斯特碳汇约 94%，达到 810 kt 左右。

1.2 研究概述

现阶段，国内外对于喀斯特碳汇的土地利用调控机制研究大多只考虑土地利用对水体 DIC 浓度或对径流深影响中的一个方面，而综合评价土地利用在这两方面的调控效果，以及比较二者在影响喀斯特碳汇通量中贡献的研究相对较少。如果能够对土地利用调控水文、水化学的方式进行定量刻画的话，则可进一步支撑石漠化治理所带来的喀斯特碳汇效应研究。因此，这也是土地利用对喀斯特碳汇调控研究中可能取得突破的研究方向之一。

1.2.1 研究目标及拟解决的科学问题

我国西南地区喀斯特石漠化问题十分严重，开展石漠化生态环境修复的本质是喀斯特地区土地利用类型的变更，而在不同的土地利用类型下喀斯特碳汇通量情况如何？土地利用又是如何调控喀斯特碳汇通量的？在未来气候条件下，石漠化治理过程又可能带来喀斯特碳汇通量怎样的变化？这些问题都有待于科学研究的开展来给出答案。本研究采用"控制变量"的研究方法，对不同土地利用类型下的水文、水化学参数及喀斯特碳汇通量进行监测，以期揭示土地利用对喀斯特碳汇的调控机理，并将其量化成数学模型，以便可以预测、估算未来气候条件下不同土地利用类型下的喀斯特碳汇通量，为石漠化生态恢复治理中增加喀斯特碳汇进行的土地利用类型选择提供科学依据。

本研究拟解决的关键科学问题是喀斯特碳汇的时空变化及其与气候、土地利用之间的关系。

1.2.2 研究内容及创新点

本研究的内容主要包括如下 5 个方面：
（1）不同土地利用类型下喀斯特水系统水文（水位、流量、入渗系数等）、水化学参数（pH、水温、电导率、主要离子浓度等）动态变化；
（2）不同土地利用类型下土壤 CO_2 浓度动态变化；
（3）不同土地利用类型下喀斯特碳汇通量动态变化；
（4）土地利用类型对喀斯特碳汇通量的影响；
（5）集成不同土地利用类型下天气因子与计算喀斯特碳汇通量所需参数的数据库，建立数学模型并检验，依托数学模型开发可用来快速估算不同土地利用类型在不同天气情况下喀斯特碳汇通量的程序。

本研究的创新之处在于：
（1）选择在沙湾水-碳通量模拟试验场开展研究，首次将"控制变量"的思路应用于土地利用对喀斯特碳汇调控机制的研究中，避免了在野外天然流域开展此研究可能存在的潜在误差；
（2）综合分析了土地利用类型对用来计算喀斯特碳汇通量的两个重要参数（DIC 浓度和径流深）的影响及其作用机制；
（3）开发了新参数用来定量评估、比较土地利用变化对 DIC 浓度和径流深的影响程度，并预测土地利用类型变更可能造成的喀斯特碳汇变化方向；
（4）建立简化参数模型，可快速、方便预测未来天气条件下不同土地利用类型下的喀斯特碳汇通量。

1.2.3 技术路线

本研究的技术路线总体表现为纵向伸展、逐级递进、问题导向、科学驱动。通过对沙湾水-碳通量模拟试验场 5 种不同土地利用类型（1#裸岩地、2#裸土地、3#农耕地、4#草地、5#灌丛地）下的水循环和碳循环过程进行两个水文年的连续、高频率监测，掌握其动态变化规律，定性描述天气变化和土地利用类型对喀斯特碳汇的影响，并建立定量参数具体刻画这种影响，构建可用来预测、估算不同土地利用类型在不同天气条件下喀斯特碳汇通量的数学模型，并最终将其用程序语言来实现。据此拟定技术路线如图 1.1 所示。

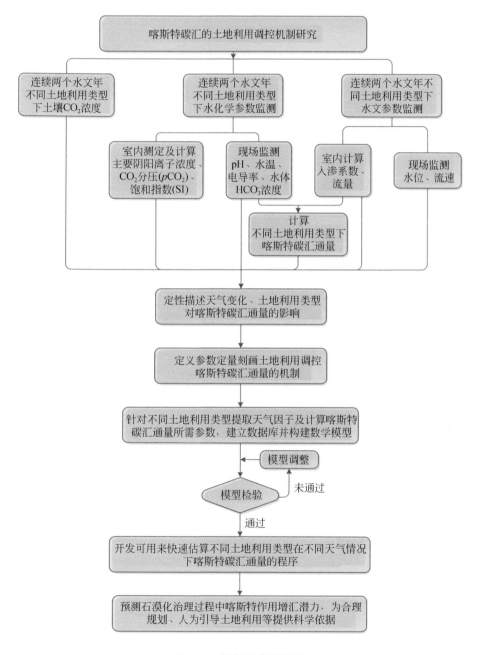

图 1.1　研究技术路线图

1.3 研究区概况

本研究选择在沙湾水-碳通量模拟试验场（以下简称"试验场"）开展。试验场（图1.2）位于贵州省安顺市普定县沙湾乡的中国科学院普定喀斯特生态系统观测研究站内，距南部县城约7.5 km，地理坐标为105°42′~105°43′E，26°14′~26°15′N，海拔1200 m。气候类型为亚热带季风性湿润气候，季风交替明显，气候温和，冬无严寒，夏无酷暑，年均气温15.1℃，雨量充沛，年平均降水量为1225 mm，其中80%发生在5~10月，在本研究中，我们将5~10月定义为湿季；相应地，每年的11月至次年4月定义为干季，无霜期较长，平均为289天，日照、辐射能量低，全年太阳辐射总量为3537 MJ/($m^2 \cdot a$)，为我国太阳辐射年总量最小值地区之一（Zhao et al., 2010; Zeng et al., 2015b）。

图1.2 沙湾水-碳通量模拟试验场全景图

埋于土壤中的白管用来监测土壤CO_2浓度；每个水池的底部安装有排泄口用来模拟天然喀斯特水系统的排泄点

1.3.1 中国科学院普定喀斯特生态系统观测研究站概况

中国科学院普定喀斯特生态系统观测研究站的建立旨在监测喀斯特生态环境变化，综合研究中国西南喀斯特地区资源和生态环境方面的重大科学问题，发展资源科学、环境科学和生态学，是中国科学院知识创新工程的重要组成部分和我国喀斯特生态系统监测与研究的重要基地。同时在该站开展种植和养殖等方面的研究，希望通过科技的力量改善生态环境，促进农业发展，提高农村经济收入。本研究以科技为依托，以示范、辐射、普及为手段，以提高农户科学素质、增强农民科技致富能力为己任，力争带动周边村寨种植产业的发展，为促进普定县农业产业结构调整、农村经济发展做出积极的贡献。

中国科学院普定喀斯特生态系统观测研究站的总体科学目标和定位是对喀斯特生态系统进行立体、综合的长期定位观测，解析植被、土壤、岩石、人类活动相互作用下喀斯特生物地球化学循环过程与机制，掌握喀斯特生态系统基本运行规律，剖析喀斯特受损生态系统的恢复途径，探索在全球变化及土地利用变化背景下喀斯特地区经济、生态、社会协调发展的新途径，构建喀斯特石漠化地区生态重建模式，并开展试验示范，服务于区域社会经济发展，打造一流平台，成为中国乃至世界喀斯特科学研究、试验示范、人才培养和教育培训等的中心。

1.3.2 沙湾水–碳通量模拟试验场概况

试验场使用钢筋混凝土结构建设了 5 块规格（长×宽×高：20 m×5 m×3 m）相同的水池用来模拟喀斯特含水系统边界（图 1.2）。为确保边界隔水，各含水系统保持相互独立，同时为阻绝喀斯特水与水泥等建材发生化学反应导致水化学发生改变，池体表面涂有环氧树脂并铺设了高密度聚乙烯（HDPE）膜。池体建成后，进行了闭水实验，确认每个池体均不存在漏水现象，防水性良好。为模拟喀斯特含水系统，5 个池体均被填充采自普定县陈旗乡采石场的白云质灰岩，考虑到建设成本，含水层介质均为碎石，用来模拟喀斯特孔隙–裂隙流系统，含水层厚度为 2.5 m。除 1 号池外，2~5 号池在 2.5 m 厚的白云质灰岩碎石上铺有 50 cm 厚的采自贵州省安顺市普定县陈旗乡的红色石灰土。用来模拟喀斯特含水系统介质的白云质灰岩以及 2~5 号池上覆红色石灰土的主要化学组成见表 1.1。在 3~5 号池的红色石灰土上，分别种有玉米、紫花苜蓿、刺梨。5 个池子分别用来模拟 5 种不同土地利用类型下的喀斯特含水系统：1 号池无植被和土壤覆盖，用来模拟 1#裸岩地；2 号池有土壤覆盖，但没有植被覆盖，用来模拟 2#裸土地；3 号池种有玉米（约每年 5 月初播种，8 月底收割），用来模拟 3#农耕地；4 号池种有草本植物紫花苜蓿（播种于 2014 年 1 月），用来模拟 4#草地；5 号池种有蔷薇科灌木刺梨（2014 年 1 月扦插至此），用来模拟 5#灌丛地（图 1.2）。每个池体下端外侧均在统一高度设有出水口用来模拟泉排泄点，池体外壁安装有透明玻璃管用来读取池中水位（图 1.3）。

表 1.1 沙湾水–碳通量模拟试验场岩石及土壤样品化学组成　　（单位：%）

化学组成	Al_2O_3	BaO	CaO	Cr_2O_3	TFe_2O_3	K_2O	MgO	MnO	Na_2O	P_2O_5	SiO_2	SrO	TiO_2	LOI[①]	合计
岩石样品	0.51	0.02	46.15	<0.01	0.31	0.22	7.40	<0.01	0.03	0.01	1.42	0.08	0.04	44.03	100.19
土壤样品	22.04	0.02	0.64	0.02	9.70	0.85	1.60	0.32	0.10	0.24	49.31	0.01	1.48	12.68	99.01

① LOI 表示 1000℃左右的烧失量（loss on ignition）。

图 1.3　模拟泉排泄点
图中左侧玻璃三通管用来控制最低水位，右侧玻璃管及标尺用来读取池中水位

1.3.3　选取试验场开展研究的优势

以往对于土地利用调控喀斯特碳汇机制的研究多选在野外天然流域开展，但这样的研究面临着较大的不确定性，而选择在模拟试验场开展，则可以有效规避这些问题，具体如下：

（1）野外天然喀斯特地下水流系统往往较为复杂，地下流域边界往往区别于地表分水岭，同时，野外天然地下水流系统存在管道流系统，这会导致流域汇水范围可能会随着降雨的强弱发生改变，雨强时可能发生多个喀斯特水流系统相互连通的情况，这些问题致使野外天然流域汇水面积难以精确测定。

（2）野外天然喀斯特水流系统多为非全排型，这也就意味着可能存在不止一个排泄点，选择在这样的条件下开展研究工作，流量的精确测定也成为难题。模拟试验场的流域边界清晰，5 种土地利用类型下的喀斯特水系统汇水面积均为 100 m^2（20 m×5 m），而池体下端外侧的模拟泉口也是每个模拟喀斯特水系统唯一的排泄点，这些可有效避免野外天然流域边界模糊、流量测不准的问题。

（3）在野外开展不同土地利用下喀斯特碳汇通量的对比研究时，很难选择到除土地利用外，其余条件完全相同的两个或多个喀斯特水系统。这是因为所选择的野外流域在岩性、地形、地貌等方面很难做到一致，而且不同流域也可能存在局地小气候的差异，就算只针对一个流域，也很难保证流域内土地利用类型单一，这些问题都会给对比研究的结果解释造成困难。而模拟试验场的 5 个模拟喀斯特水系统的岩性、地形、地貌及其所处的气候条件均完全一致，每个模拟喀斯特水系统上覆的土地利用类型也是单一的。这种"控制变量"的研究思路使得 5 个模拟喀斯特水系统除土地利用类型外，流域边界、排泄类型、岩性和地形地貌及气候条件等完全相同，便于精确测量、评价土地利用对喀斯特碳汇的影响，简化问题分析，如表1.2所示。

表1.2 野外天然流域与模拟试验场对比

项目	野外天然流域	模拟试验场
流域边界	难确定且随雨量发生变化	固定
排泄类型	非全排型	全排型
岩性和地形地貌	不尽相同	一致
气候条件	不尽相同	一致
土地利用类型	混杂	单一

1.3.4 试验场的水文学特征

通过放水实验，记录实际通过模拟泉出口的水量及池中水位变化，测得试验场含水层孔隙度为0.5（朱辉等，2015）。2015年6月，对5个池子模拟泉出口的流速统一调整，通过改换不同的垫片，确保各池初始流速极为接近，约为2.70 mL/s，具体数据如表1.3所示。5个模拟喀斯特水系统的补给水源均为大气降水，无外源水（如农耕浇灌用水等）补给含水层。如上所述，模拟试验场的5个模拟喀斯特水系统补给条件、径流条件以及初始排泄条件简单且近似完全相同，这有利于对比实验研究的开展以及结果分析。

表1.3 模拟泉初始流速调整记录表

点位	容器容积/mL	盛满容器所需时间/s			平均流速/(mL/s)	标准差/(mL/s)
		第1次	第2次	第3次		
1号池1#裸岩地	600	225	218	221	2.71	0.04
2号池2#裸土地		226	220	222	2.69	0.04
3号池3#农耕地		225	222	224	2.68	0.02
4号池4#草地		223	217	223	2.72	0.04
5号池5#灌丛地		225	219	220	2.71	0.04

1.3.5 小结

利用人为施工的可控性，模拟试验场降低了不同土地利用类型下喀斯特碳汇通量对比研究的复杂性，5个模拟喀斯特水系统流域汇水面积统一为100 m^2，补给水源均为单一的大气降水，径流条件相同，排泄类型均为全排型，岩性和土地利用类型单一。

1.4 分析测试与方法

1.4.1 野外监测

自 2015 年 6 月试验场模拟泉出口流量调整完成后至 2015 年 8 月为模拟试验场蓄水及试运行阶段，正式的监测工作开始于 2015 年 9 月 1 日，结束于 2017 年 8 月 31 日，涵盖了两个完整的水文年，以便观测不同土地利用下喀斯特水系统水文、水化学参数随时间变化规律。观测其随时间变化规律的意义在于通过观测不同土地利用类型下喀斯特水系统水文水化学参数对天气变化做出的不同响应，进一步理解与解释土地利用对喀斯特无机碳汇的调控机制。

在本研究中，根据试验场所在地普定县所处气候区的特点，定义季节如下：3 月 1 日至 5 月 31 日为春季；6 月 1 日至 8 月 31 日为夏季；9 月 1 日至 11 月 30 日为秋季；12 月 1 日至次年 2 月 28 日为冬季。研究中使用德国 WTW 公司生产的便携式多功能水质参数仪 WTW Multi 350i 监测 5 种土地利用类型下模拟泉出口的水化学参数，包括水温 T、pH 以及电导率 EC（electrical conductivity），其量程分别为 0~80℃、-2.00~+19.99 pH 单位和 1~500 mS/cm，测试精度分别为 0.1 ℃、0.01 pH 单位和 0.1 μS/cm。每次监测前需要对仪器 pH 探头进行校准，校准采用三点校准，校准使用的缓冲液分别为 WTW 公司生产的 pH=4.01、pH=7.00 以及 pH=10.01 的缓冲液。考虑到 pH 对温度的敏感性以及后期室内分析数据时的需要，水温 T 以集成在 pH 探头上的读数为准。研究中使用芬兰维萨拉（VASALA）公司生产的 GM70 手持式二氧化碳测试仪测量土壤 CO_2 体积浓度，分别采用 0~2000 ppmv[①] 和 0~20000 ppmv 两种量程范围的探头，其测试精度均为 10 ppmv。选取探头量程的原则为确保测量结果在所选探头量程范围内，避免获得仪器外插值。因为 1#裸岩地没有土壤层及植被覆盖，所以在本研究中以仪器在场地上方开放空气中测得的大气 CO_2 体积浓度代表 1#裸岩地的 CO_2 浓度，为方便与其余土地利用类型对比，也统称为"土壤 CO_2 浓度"。对于 2~5 号池，测量时，将探头放置于场地上预留的土壤 CO_2 浓度监测管底部，并压好监测管盖，尽量减少土壤孔隙中 CO_2 向大气逸散造成的测量结果偏低，每种土地利用类型，分别测试 6 个预留测量管下的土壤 CO_2 体积浓度值，选取其中的最大值代表该种土地利用的土壤 CO_2 体积浓度值。土壤 CO_2 浓度测量与上述水化学参数现场监测同步进行，均为每月 3~5 次。每种土地利用类型下喀斯特水系统模拟泉出口的流速通过容器法测得，即通过精确记录每个模拟泉出口水装满一个 600 mL 的容器所需要的时间，再通过水量除以时间获得模拟泉出口流量数据。流量的测量频率为每月至少一次，雨季时增加测量频率至每月至少三次。

---

① ppm 代表百万分之一，v 代表体积。

1.4.2 现场滴定、取样与实验室分析

考虑到喀斯特水易脱气的特点，为避免运输、储存等环节造成的泉水中 CO_2 逸散至大气的情况发生，水中的重碳酸根（HCO_3^-）浓度采取现场滴定的方式测得。测试采用德国 Merck 公司生产的 Mcolortest™ 111109 碱度滴定测试套装，其测试量程为 0.1~10 mmol/L，测试精度为 0.05 mmol/L（Liu et al.，2007）。具体方法如下：首先将测试所用容器及注射器在待测模拟泉出口处用泉水润洗 3 遍，最后用注射器向容器中注入 5 mL 待测泉水，向其中滴入 2 滴 R-2 试剂并摇匀，样品呈蓝色，最后用专用注射器抽取 R-3 试剂至刻度 0 处，将 R-3 试剂逐滴滴入待测泉水中，同时伴随摇晃样品，使之与 R-3 试剂充分反应，直至待测泉水颜色由蓝色转为红色，停止滴定，读取用来滴 R-3 试剂的注射器读数，即为待测泉水 HCO_3^- 浓度。对于待测泉水中其他常规阴阳离子浓度，通过将待测泉水样品采集并带回实验室分析获得。首先，在室内用稀盐酸浸泡容量为 20 mL 的高密度聚乙烯（HDPE）取样瓶及瓶盖，用超纯水浸泡取样瓶及瓶盖，再用流动的超纯水反复清洗取样瓶及瓶盖，再将其带至取样现场。然后，用待测泉水润洗采样用注射器 3 遍，用采样用注射器抽取待测泉水，通过 Millipore 公司生产的装有孔径 0.45 μm 混合纤维素酯滤膜的 Millex-HA 过滤器进行过滤，过滤过程中注意轻推注射器，防止滤膜破损。最后，用过滤后的待测泉水润洗取样瓶及瓶盖 3 遍，装满取样并拧紧瓶盖，尽量避免瓶中存在气泡，用 Bemis NA 公司生产的 parafilm 封口膜将瓶盖与瓶身连接处封好，防止样品撒漏。每个待测泉点采样两瓶，分别用于阴、阳离子浓度测试，用于阳离子测试的样品，在取样后向样品中滴入浓硝酸使之 pH 降低至 2.0 以下，避免阳离子络合或发生沉淀导致测试结果出现偏差。样品的采集与现场水化学参数测定同步进行。样品在采集后、测试前储藏在中国科学院地球化学研究所环境地球化学国家重点实验室的冰箱内，温度 4 ℃。在本研究中，模拟泉泉水主要的阳离子包括 K^+、Na^+、Ca^{2+}、Mg^{2+}，其浓度测试采用美国瓦里安（Varian）公司生产的电感耦合等离子体发射光谱仪（ICP-OES）进行，进样模式为手动进样；模拟泉泉水主要的阴离子包括 HCO_3^-、Cl^-、NO_3^-、SO_4^{2-}，除 HCO_3^- 浓度现场滴定外，其余阴离子浓度测试采用美国戴安（Dionex）公司生产的离子色谱仪（ICS-90 DK）（Yang et al.，2015）进行，进样模式为自动进样。岩石样品与土壤样品采自模拟试验场，利用粉样机分别将其研磨至粒径 75 μm 的粉末，然后在 105 ℃ 下烘干。样品被送至澳实分析检测集团-澳实矿物实验室（广州）利用 X 射线荧光光谱分析（XRF）进行主要化学成分分析，其中烧失量（loss on ignition，LOI）是指在 1000 ℃ 下，灼烧足够长的时间后失去的质量（主要为 H_2O 和 CO_2）占原始样品质量的百分比。

1.4.3 CO_2 分压、饱和指数以及 DIC 理论平衡浓度的估算

在本研究中，由美国地质调查局（USGS）开发的水文地球化学模拟软件 PHREEQC Interactive 3.3.8（图 1.4）(Parkhurst and Appelo，1999) 被用于计算水中 CO_2 分压（pCO_2）以及方解石、白云石的饱和指数（SI_C、SI_D）。基于 C 语言编写的 PHREEQC 程序适用于演

算各种低温地球化学反应,其主要功能主要有三方面:第一,可以计算反应生成物的饱和指数;第二,可用来计算可逆、不可逆反应的批反应和一维运移;第三,可用来推演逆向模拟实验,即已知反应结果逆向推演参与反应的物质及化学反应过程。在本研究中主要应用其第一、第三点功能,$p\mathrm{CO_2}$则是对模拟结果中$\mathrm{CO_2}$饱和指数换算获得。计算时,向PHREEQC软件中输入实测pH、水温T、水中主要阴阳离子浓度即可开始模拟计算。其计算原理如下,假设$p\mathrm{CO_2}$与所采泉水样品达到交换平衡,则如式(1.1)所示:

$$p\mathrm{CO_2} = \frac{(\mathrm{HCO_3^-})(\mathrm{H^+})}{K_\mathrm{H} K_1} \quad (1.1)$$

式中,圆括号为离子活度,mol/L,是通过离子浓度乘以活度系数γ获得;K_H和K_1分别为受温度影响的Henry常数和$\mathrm{CO_2}$的溶解平衡常数。在本研究中,计算$p\mathrm{CO_2}$是用来代表模拟喀斯特含水层中实际的$\mathrm{CO_2}$浓度。$\mathrm{SI_C}$和$\mathrm{SI_D}$计算原理如下:

$$\mathrm{SI_C} = \lg\left[\frac{(\mathrm{Ca^{2+}})(\mathrm{CO_3^{2-}})}{K_\mathrm{C}}\right] \quad (1.2)$$

$$\mathrm{SI_D} = \lg\left[\frac{(\mathrm{Ca^{2+}})(\mathrm{Mg^{2+}})(\mathrm{CO_3^{2-}})^2}{K_\mathrm{D}}\right] \quad (1.3)$$

式中,K_C和K_D分别为受温度影响的方解石和白云石的溶解平衡常数(Drever,1982;Stumm and Morgan,1981)。SI大于0表示水中矿物溶解过饱和;SI小于0表示水体仍然具备溶解矿物的能力;SI等于0则表示水中矿物溶解达到平衡状态。

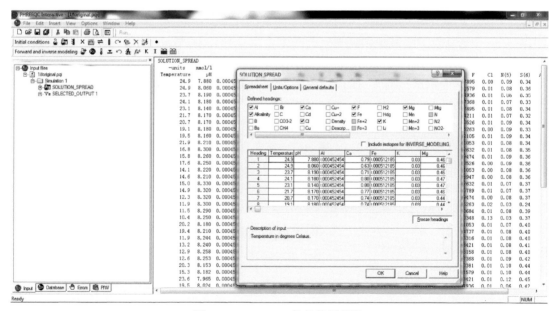

图1.4　PHREEQC软件使用截图

方解石和白云石是组成模拟喀斯特水系统介质白云质灰岩最主要的两种矿物,在本研究中,同时通过使用EQILCAMG软件(图1.5)(Dreybrodt,1988)计算了这两种矿物在给定$p\mathrm{CO_2}$梯度下,两者达到溶解平衡时水体中理论溶解无机碳浓度,分别记为[DIC]$_\mathrm{C}$和

[DIC]$_D$。计算这种矿物达到溶解平衡浓度时的理论DIC浓度是为了与实测的DIC浓度做对比,同时通过分析pCO_2与理论DIC浓度之间的关系,进一步从机理上揭示土地利用调控喀斯特碳汇的机制。

图1.5　EQILCAMG软件使用截图

1.4.4　年蒸散发、入渗系数以及径流深的计算

喀斯特碳汇的本质是一种由水循环驱动的碳循环(Liu et al.,2010),因此,水循环强度在喀斯特碳汇的研究中有着举足轻重的地位,而蒸散发量(evapotranspiration,ET)和入渗系数(α)是评价水循环强度的重要参数。在本研究中,年蒸散发量的计算公式如下:

$$ET = P - Q/A - \Delta H \times \mu \quad (1.4)$$

$$ET = P - Q/A - (H_T - H_I) \times \mu \quad (1.5)$$

$$ET = P - RD - (H_T - H_I) \times \mu \quad (1.6)$$

式中,P为降水量,m/a;Q为模拟泉出口流量,m³/a;A为流域面积,m²,在本研究中为100;RD(即Q/A)为径流深,m/a;ΔH为水文年年终水位(H_T)与水文年年初水位(H_I)的差值,m/a;μ为模拟喀斯特水系统的孔隙度,在本研究中为0.5;ET为蒸散发量,m/a。

入渗系数α的计算公式如下:

$$\alpha = (P - ET)/P \quad (1.7)$$

$$\alpha = \{P - [P - RD - (H_T - H_I) \times \mu]\}/P \quad (1.8)$$

$$\alpha = [RD + (H_T - H_I) \times \mu]/P \quad (1.9)$$

1.4.5 喀斯特无机碳汇通量的计算

喀斯特碳汇通量的计算公式（Liu et al., 2010）如下：

$$CSF = 0.5 \times 12 \times Q \times [DIC]/A \quad (1.10)$$

$$CSF = 6 \times RD \times [DIC] \quad (1.11)$$

式中，系数为0.5是因为在碳酸盐风化吸收大气 CO_2 生成 HCO_3^- 的过程中，只有一半的碳来自大气，另外一半的碳来自岩石矿物，不能算作大气碳汇；12为碳的相对原子质量。水体中DIC主要由碳酸（H_2CO_3）、重碳酸根（HCO_3^-）以及碳酸根（CO_3^{2-}）构成，而DIC这三种成分所占的比例受控于pH，当pH在7~9的范围内变化时，95%的DIC主要以 HCO_3^- 的形式存在。因此，对于绝大多数喀斯特水体而言，H_2CO_3 和 CO_2 可以忽略不计，在本研究中 [DIC] 可近似认为等同于现场滴定测得的 [HCO_3^-]，其单位是mmol/L。由上可得，CSF 单位是 $t/(km^2 \cdot a)$，若未特别指出，本书碳汇是以C（carbon）计。

由式（1.11）可知，CSF是由RD和[DIC]计算得来，从而导致CSF继承了RD在测量时的系统误差以及计算[DIC]平均值时所产生的统计误差。根据误差传递理论，CSF的标准误差计算公式如下：

$$\left(\frac{\sigma_{CSF}}{CSF}\right)^2 = \left(\frac{\sigma_{RD}}{RD}\right)^2 + \left(\frac{\sigma_{[DIC]}}{[DIC]}\right)^2 \quad (1.12)$$

式中，σ 为标准差。

1.4.6 模型的建立与程序的开发

本研究的实用意义在于在理解土地利用对喀斯特碳汇的控制机制的基础上，能够建立较为简便、易于使用的数学模型，以便可以快速地根据实时参数计算获取相应的喀斯特碳汇值。因此，需要针对本研究中提及的喀斯特地区5种典型的土地利用类型分别建立喀斯特碳汇与气象因子之间关系的数学模型。在本研究中，我们主要选取易于获得的气象因子，气温AT以及大气降水量P。本研究采用美国MathWorks开发的商业数学软件MATLAB R2016a（图1.6）来建立CSF与参数AT和P之间的统计回归模型。MATLAB的基本数据单位是矩阵，它的指令表达式与数学、工程中常用的形式十分相似，故用MATLAB来解算问题要比用C、FORTRAN等语言完成相同的事情简捷得多。CSF是RD与[DIC]的乘积，要建立CSF与AT及P的回归模型需要以RD和[DIC]为桥梁，因为RD和[DIC]较为直接受控于AT和P，具体分析在1.6节讨论。因此，需要分别构建[DIC]、RD与气象因子之间的回归模型，即 $[DIC] = g(pCO_2) = g[f_1(AT, P)]$ 和 $RD = f_2(P)$，继而得到模型 $CSF = F(RD, [DIC]) = F\{g[f_1(AT, P)], f_2(P)\}$。在构建回归模型时需要调用MATLAB R2016a自带应用程序Curve Fitting。

为了使得构架好的模型能够易于使用者使用，利用美国微软（Microsoft）公司开发的基于对象的程序设计语言Visual Basic 6.0（图1.7），开发可视化的应用程序，以便使用者可以通过简单的气象参数输入便可获取相应的喀斯特碳汇通量。Visual Basic是一款通用

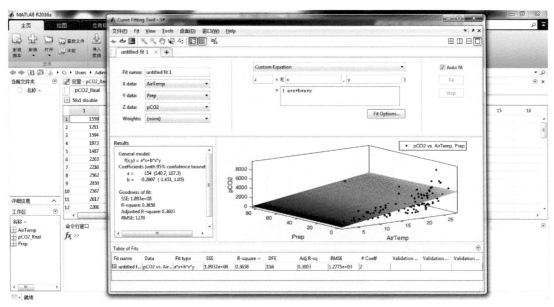

图 1.6 MATLAB 软件使用截图

的、结构化的、模块化的、面向对象的、包含协助开发环境的事件驱动为机制的可视化程序设计语言,可用于高效生成类型安全和面向对象的应用程序。

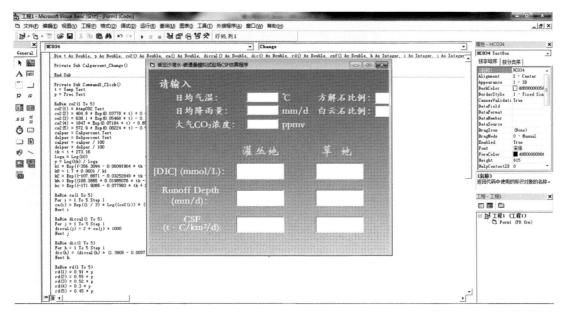

图 1.7 Visual Basic 软件使用截图

1.5 不同土地利用类型下喀斯特水文、水化学动态变化

通过对现场监测及室内实验室分析测试获得的数据进行整理、统计，可以得知模拟试验场喀斯特泉水水文、水化学基本特征及其时空变化规律。对所取喀斯特泉水进行阴阳离子分析，获得浓度数据如表 1.4 所示，利用美国 Prairie City Computing 公司开发的 RockWare Aq·QA Version 1.1 软件，将主要阴阳离子浓度绘制 Piper 三线图 (Piper,1944)，如图 1.8 所示，图中不同颜色及形状的点代表不同土地利用类型下的模拟喀斯特泉水。模拟泉水主要的阳离子是 Ca^{2+} 和 Mg^{2+}，主要的阴离子是 HCO_3^- 和 SO_4^{2-}，其水化学类型是典型的喀斯特水类型 $HCO_3(SO_4)$-Ca·Mg 型。如图 1.8 所示，5 种土地利用类型下模拟喀斯特泉水的主要阳离子十分相似，均主要为 Ca^{2+} 和 Mg^{2+}，其毫克当量百分比均大于 25%；而不同土地利用下喀斯特泉水的阴离子组成则有较大的差别，其中 HCO_3^- 所占比重的差别尤为突出。4#草地下喀斯特泉水中 HCO_3^- 所占比重则显著高于其他土地利用下的喀斯特泉水，1#裸岩地下喀斯特泉水中 HCO_3^- 所占比重最低。3#农耕地下喀斯特泉水的阴离子组成中，Cl^- 所占比重较其他土地类型略大，可能与 2016 年 5 月玉米播种阶段施用的极

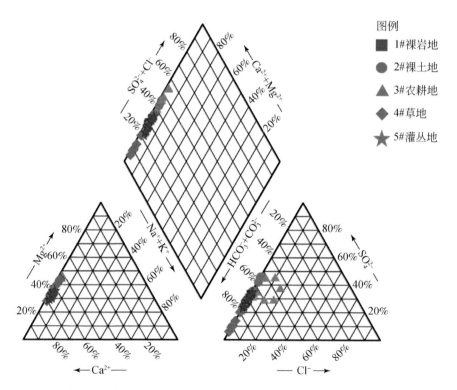

图 1.8　模拟试验场 5 种土地利用类型下不同季节模拟喀斯特泉水 Piper 三线图

每种土地利用类型的 8 个数据点代表 2 个水文年 8 个季度中，每个季度的平均水化学组成；水化学类型可以被描述为 $HCO_3(SO_4)$-Ca·Mg 型，是典型的喀斯特水

表 1.4 不同季节模拟试验场不同土地利用类型下水化学参数

季节	点位	水温/℃ 1*	水温/℃ 2**	pH 1	pH 2	K⁺/(mmol/L) 1	K⁺/(mmol/L) 2	Na⁺/(mmol/L) 1	Na⁺/(mmol/L) 2	Ca²⁺/(mmol/L) 1	Ca²⁺/(mmol/L) 2	Mg²⁺/(mmol/L) 1	Mg²⁺/(mmol/L) 2	Cl⁻/(mmol/L) 1	Cl⁻/(mmol/L) 2	NO₃⁻/(mmol/L) 1	NO₃⁻/(mmol/L) 2	SO₄²⁻/(mmol/L) 1	SO₄²⁻/(mmol/L) 2	HCO₃⁻/(mmol/L) 1	HCO₃⁻/(mmol/L) 2
秋季	1#裸岩地	21.7	21.9	8.16	8.15	0.03	0.03	0.03	0.00	0.71	0.75	0.37	0.45	0.00	0.01	0.06	0.08	0.27	0.34	1.53	1.71
秋季	2#裸土地	21.9	21.5	8.08	8.09	0.02	0.02	0.04	0.04	0.88	1.03	0.45	0.56	0.01	0.01	0.20	0.30	0.42	0.52	1.60	1.90
秋季	3#农耕地	22.3	21.7	7.80	7.88	0.05	0.04	0.06	0.05	1.29	1.04	0.62	0.93	0.09	0.86	0.17	0.33	0.59	0.70	2.63	2.72
秋季	4#草地	22.6	21.3	7.48	7.84	0.03	0.03	0.05	0.05	1.55	1.09	0.75	0.90	0.00	0.02	0.00	0.01	0.14	0.25	4.66	4.72
秋季	5#灌丛地	22.3	22.0	7.85	7.78	0.04	0.04	0.05	0.06	1.19	1.09	0.51	0.64	0.01	0.03	0.00	0.00	0.38	0.47	2.61	3.07
冬季	1#裸岩地	12.6	14.6	8.24	8.26	0.03	0.01	0.01	0.00	0.82	0.77	0.41	0.46	0.00	0.02	0.05	0.07	0.29	0.36	1.65	1.74
冬季	2#裸土地	13.9	15.0	8.19	8.22	0.04	0.04	0.05	0.04	0.94	1.06	0.47	0.59	0.01	0.02	0.19	0.32	0.45	0.66	1.65	1.81
冬季	3#农耕地	14.6	14.4	8.00	8.14	0.03	0.03	0.05	0.06	1.12	1.01	0.62	0.85	0.08	0.78	0.11	0.25	0.58	0.84	2.33	2.08
冬季	4#草地	14.1	14.5	7.67	7.85	0.02	0.02	0.05	0.06	1.40	1.08	0.76	0.85	0.00	0.01	0.00	0.00	0.22	0.55	3.95	3.78
冬季	5#灌丛地	15.3	14.9	7.98	7.98	0.05	0.05	0.03	0.06	1.12	1.20	0.52	0.68	0.00	0.01	0.00	0.00	0.41	0.50	2.55	2.53
春季	1#裸岩地	18.4	18.8	8.26	8.05	0.03	0.03	0.03	0.02	0.89	0.89	0.42	0.49	0.01	0.01	0.06	0.08	0.32	0.42	1.79	1.73
春季	2#裸土地	19.8	18.3	8.13	8.07	0.02	0.02	0.05	0.05	1.00	1.07	0.48	0.62	0.01	0.01	0.18	0.23	0.47	0.71	1.84	1.75
春季	3#农耕地	21.2	19.1	8.04	7.96	0.03	0.03	0.05	0.05	1.08	1.00	0.63	0.83	0.11	0.41	0.12	0.18	0.61	0.90	2.23	1.84
春季	4#草地	21.8	19.7	7.71	7.57	0.04	0.04	0.06	0.05	1.59	1.17	0.77	0.82	0.01	0.00	0.00	0.00	0.31	0.70	4.05	3.66
春季	5#灌丛地	22.9	19.7	7.98	7.82	0.05	0.04	0.06	0.06	1.13	1.17	0.54	0.61	0.01	0.03	0.00	0.00	0.44	0.68	2.61	2.58
夏季	1#裸岩地	26.1	23.6	8.00	8.00	0.04	0.04	0.03	0.02	0.91	0.89	0.44	0.08	0.01	0.01	0.08	0.06	0.35	0.41	1.91	1.66
夏季	2#裸土地	24.6	23.5	8.02	7.97	0.02	0.02	0.04	0.04	0.97	1.04	0.51	0.62	0.01	0.01	0.25	0.20	0.51	0.69	1.97	1.63
夏季	3#农耕地	25.1	24.1	7.79	7.74	0.05	0.04	0.06	0.05	1.47	1.16	0.77	0.87	0.52	0.17	0.27	0.17	0.65	0.19	2.84	2.17
夏季	4#草地	26.6	24.8	7.48	7.38	0.03	0.03	0.05	0.05	2.13	1.78	0.86	0.90	0.01	0.01	0.00	0.01	0.25	0.60	5.40	5.20
夏季	5#灌丛地	26.1	25.2	7.61	7.62	0.06	0.04	0.06	0.06	1.21	1.24	0.56	0.64	0.01	0.01	0.00	0.00	0.42	0.69	3.18	3.04

*数字 1 代表第一水文年度：2015 年 9 月 1 日至 2016 年 8 月 31 日；**数字 2 代表第二水文年度：2016 年 9 月 1 日至 2017 年 8 月 31 日。

少量复合肥有关。组成喀斯特水系统介质的岩石碎石取自中三叠统关岭组地层（T_2g），其中夹杂有矿物石膏，阴离子中的 SO_4^{2-} 正是来自石膏的溶解（Zhao et al., 2010）。图 1.8 还显示出同一土地利用下的喀斯特泉水阴离子组成存在季节上的差异，这一点在之后进行分析讨论。

1.5.1 模拟喀斯特水系统水文学参数动态变化

1.5.1.1 蒸散发量和入渗系数动态变化

本研究的采样监测工作涵盖了两个完整的水文年，分别选取该年 9 月至次年 8 月底一个完整的水文年作为单位，来计算蒸散发量（ET）和入渗系数（α），并做对比分析研究，计算结果如表 1.5 所示。对于不同的土地利用类型，1#裸岩地没有土壤或植被覆盖，其入渗系数最大，约 90% 的降水直接补充含水层；同时因为水体从大气进入喀斯特含水层的时间较短，所以对于 1#裸岩地而言，其蒸散发量也最小。2#裸土地喀斯特含水层上覆有土壤层，会对降雨造成部分截留，但是因为没有植被，所以不存在植物生长耗水，因而其蒸散发量大于 1#裸岩地、小于有植被覆盖的 3#~5#土地利用类型，其入渗系数也仅次于 1#裸岩地。3#~5#土地利用类型因为既有土壤层又有植被生长，因此入渗系数较小、蒸散发量较大，其中 4#草地较为突出。对于 4#草地，约 70% 的降水被蒸发或植被利用，这使得其蒸散发量最大、入渗系数最小。蒸散发量排在 4#草地之后的是 5#灌丛地，约 55%，再次是 3#农耕地，约 50%。因此，蒸散发量从大至小排序依次为 4#草地、5#灌丛地、3#农耕地、2#裸土地以及 1#裸岩地；入渗系数从大至小排序则刚好相反。对于同一种土地利用类型下，这两个水文学参数的年际变化而言，2016~2017 年水文年度的蒸散发量整体低于 2015~2016 年水文年度，除 4#草地外，其余 4 种土地利用类型的入渗系数，在这两个水文年度基本持平、相差不大，2016~2017 年略低于 2015~2016 年。而 4#草地的入渗系数则出现明显下降，约下降 40%，这说明 2016~2017 年 4#草地蒸散发量占全水文年降雨量的比例较 2015~2016 年提高了 40%。

表 1.5　不同土地利用类型下模拟喀斯特水系统水文学参数

水池编号	H_1 /cm	H_2 /cm	ΔH ($=H_2-H_1$) /cm	年出口流量 Q/m³	年降水量 P/mm	年蒸散发量 ET/mm	入渗系数 α	年径流深 RD/m
1#裸岩地	121.4①	141.1②	19.7	116.408③	1375.4	112.8	0.92	1.16
2#裸土地	88.5①	66.3②	-22.2	89.276③		593.6	0.57	0.89
3#农耕地	80.6①	57.0②	-23.6	86.622③		627.2	0.54	0.87
4#草地	73.2①	47.8②	-25.4	60.769③		894.7	0.35	0.61
5#灌丛地	87.9①	60.4②	-27.5	75.994③		753.0	0.45	0.76

续表

水池编号	H_1/cm	H_2/cm	ΔH (=H_2-H_1)/cm	年出口流量 Q/m³	年降水量 P/mm	年蒸散发量 ET/mm	入渗系数 α	年径流深 RD/m
1#裸岩地	141.1④	164.3⑤	23.2	88.453⑥	1100.3	99.8	0.91	0.88
2#裸土地	66.3④	96.7⑤	30.4	43.947⑥		508.8	0.54	0.44
3#农耕地	57.0④	86.9⑤	29.9	40.660⑥		544.2	0.51	0.41
4#草地	47.8④	67.6⑤	19.8	17.935⑥		822.0	0.25	0.18
5#灌丛地	60.4④	96.8⑤	36.4	30.241⑥		616.0	0.44	0.30

①数据来源：2015年9月1日实测值；②数据来源：2016年8月31日实测值；③数据来源：2015年9月1日至2016年8月31日通过实测流速计算所得；④数据来源：2016年9月1日实测值；⑤数据来源：2017年8月31日实测值；⑥数据来源：2016年9月1日至2017年8月31日通过实测流速计算所得。

1.5.1.2 径流深的动态变化

在本研究中，大气降水是模拟喀斯特含水层唯一的补给水源，因此，模拟流域的径流深直接受到大气降水的影响。如图1.9和表1.6所示，径流深的季节性变化规律与大气降水的季节性变化规律一致，但是存在着一个季度的延迟响应。也就是说，大气降水量冬季降至最低，而径流深需要在次年春季才能降至最低。降雨量从大至小的季节性排序为夏季、秋季、春季、冬季；2015～2016年水文年除5#灌丛地外，径流深从大至小的季节性排序为秋季、冬季、夏季、春季，尽管5#灌丛地冬、春季的径流深交换了排序，其二者之间的差别却十分微小。而2016～2017年水文年的径流深从大至小的季节性排序为夏季、秋季、冬季、春季。不难发现，径流深对2017年夏季降雨响应迅速，并未出现明显延迟效应，这是因为2016～2017年水文年较2015～2016年水文年整体偏旱（表1.5，图1.9），2016～2017年水文年的秋季、冬季、春季三季降水量总和较上个水文年同比下降47%，其中2016年冬季降水较2015年冬季更是同比下降68%（表1.6）。连续的干旱条件使得土壤以土壤CO_2监测管为中心向四周出现不同程度的开裂（图1.10），这些开裂为2017年夏季的高强度暴雨（较2016年夏季雨量同比增加12%）提供了进入模拟喀斯特含水层更加快捷的通道，其中较大的裂隙则形成土壤优势流，继而使得模拟喀斯特流域径流深可以迅速地对2017年夏季的降雨做出响应。与蒸散发量和入渗系数相似，不同土地利用类型下的径流深也呈现出了显著差别。径流深从高至低排序为1#裸岩地、2#裸土地、3#农耕地、5#灌丛地及草地，2015～2016年水文年，1#裸岩地径流深约为4#草地2倍，到了2016～2017年水文年，则接近5倍。

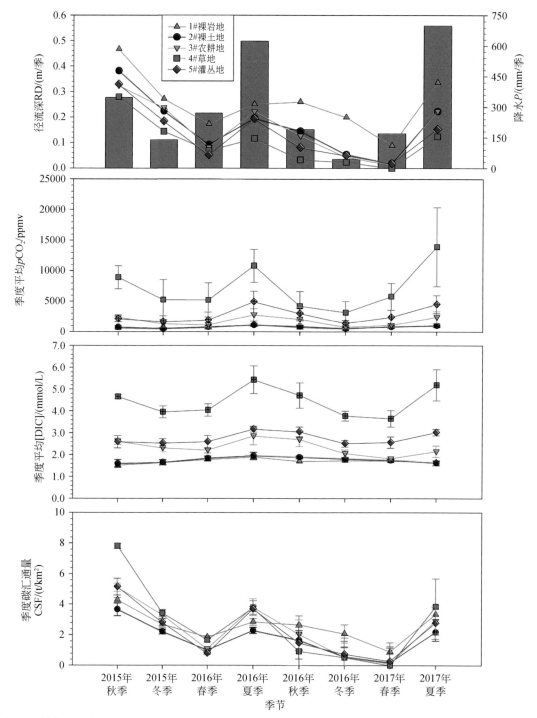

图1.9 模拟试验场5种土地利用类型下 pCO_2、[DIC]、径流深 RD 以及喀斯特碳汇通量 CSF 随时间变化

pCO_2、[DIC] 以及喀斯特碳汇通量 CSF 的标准误差如图中误差棒所示,因为径流深 RD 是实测数据,只存在系统误差,误差棒小于数据点标识

表 1.6 不同土地利用类型、不同季节径流深与降水对照表

季节	季度降水量 P /mm	季度径流深 RD/mm				
		1#裸岩地	2#裸土地	3#农耕地	4#草地	5#灌丛地
2015 年秋季	346	468	382	325	280	330
2015 年冬季	138	273	224	238	144	185
2016 年春季	269	173	92	82	69	52
2016 年夏季	623	251	195	222	116	194
2016 年秋季	189	261	145	126	33	81
2016 年冬季	44	200	54	45	23	50
2017 年春季	169	88	18	12	0	19
2017 年夏季	698	336	223	224	123	153

图 1.10 2017 年春季土壤 CO_2 监测管周围土壤龟裂

1.5.2 水化学参数和土壤 CO_2 体积浓度动态变化

1.5.2.1 模拟喀斯特泉水水温、pH 及饱和指数动态变化

如图 1.11 所示,模拟喀斯特泉水水温对气温变化响应十分敏感,季节规律与气温的季节变化规律一致,夏秋季节较高、冬春季节较低。2016~2017 年水文年年均水温较 2015~

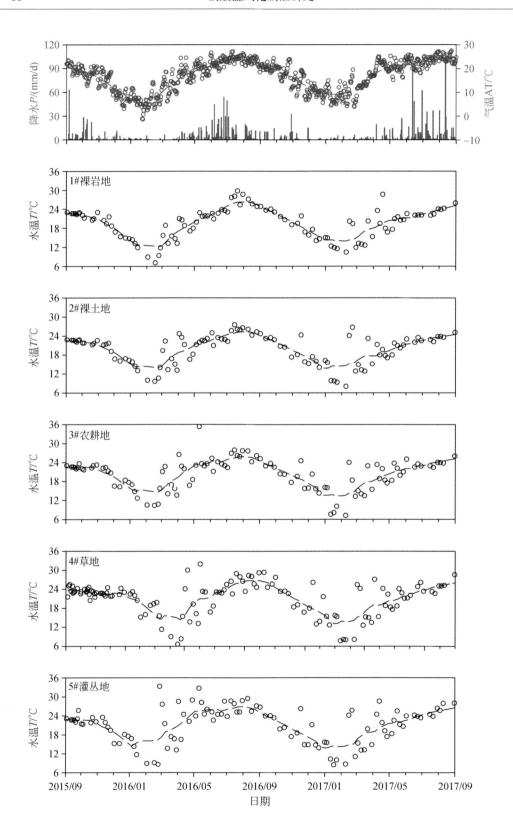

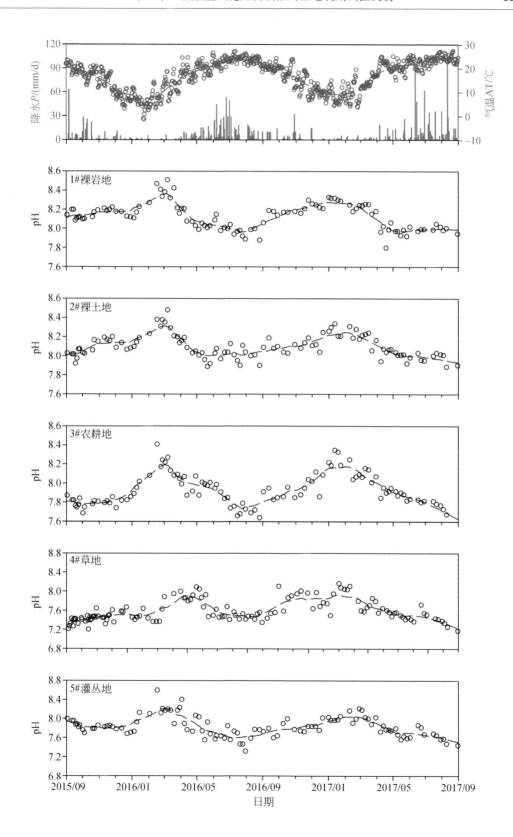

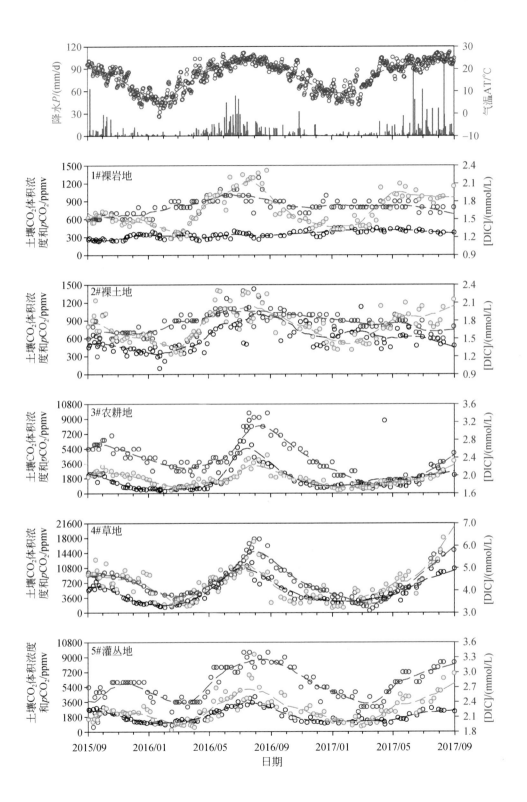

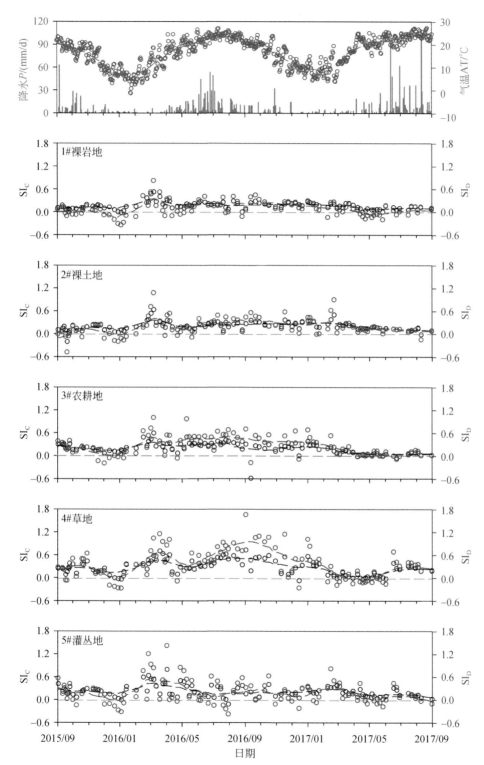

图 1.11 不同土地利用类型下模拟喀斯特水系统水化学参数及土壤 CO_2 体积浓度时间动态变化

水温、pH、土壤 CO_2 体积浓度(pCO_2)-[DIC]、方解石饱和指数 SI_C 以及白云石饱和指数 SI_D 通过高斯密度函数和线性多项式回归对数据进行平滑后,如图中虚线所示(气象数据搜集自中国科学院普定喀斯特生态系统观测研究站内气象站)

2016 年水文年略低，但并不显著。不同土地利用类型下喀斯特水的年均水温比较接近，相差不大。模拟喀斯特泉水 pH 对气温响应敏感，季节规律明显，与气温呈相反关系，即夏秋季节水体 pH 较低、冬春季节较高，年际变化并不明显。不同土地利用类型下水体 pH 则呈较大差异，4#草地 pH 最低，5#灌丛地、3#农耕地、2#裸土地、1#裸岩地依次升高。如图 1.11 所示，模拟喀斯特水体方解石溶解普遍过饱和，白云石溶解除个别冬春季节的样品外，也都接近或达到饱和状态。

1.5.2.2 土壤 CO_2 体积浓度和水中 CO_2 分压动态变化

如图 1.11 所示，除 1#裸岩地外，其余 4 种土地利用实测土壤 CO_2 体积浓度均表现出极为明显的季节变化趋势，夏秋季节较高、冬春季节较低。1#裸岩地的实测土壤 CO_2 体积浓度在本研究中为器测大气 CO_2 体积浓度，所以相对比较稳定，没有较大变幅。2016～2017 年土壤 CO_2 体积浓度变幅较 2015～2016 年同比有所下降，最小值同比升高，最大值同比减小（表 1.7），反映了植被发育进一步趋于稳定。对于不同的土地利用类型而言，4#草地的年均土壤 CO_2 体积浓度最高，是两个水文年均为最低的 1#裸岩地年均土壤 CO_2 体积浓度 12 倍以上。5#灌丛地和 3#农耕地的年均土壤 CO_2 体积浓度差别不大，分列二、三位。而没有种植植被的两种土地利用年均土壤 CO_2 体积浓度则低于有植被生长的土地利用类型一个数量级，有土壤覆盖的 2#裸土地略高于 1#裸岩地（表 1.7）。模拟喀斯特泉水中 CO_2 分压 pCO_2 呈现出与土壤 CO_2 体积浓度相一致的时间变化规律，同样是夏秋季节较高，冬春季节较低，年际变化不明显。1#裸岩地的 pCO_2 的季节变化较其土壤 CO_2 体积浓度的季节变化更为显著。本研究中采用 PHREEQC 模拟计算获得的 pCO_2 来代表喀斯特含水层可供溶解岩石消耗的实际 CO_2 浓度，其数值要整体高于实测土壤 CO_2 体积浓度，这是因为土壤 CO_2 会向大气逸散，造成实测土壤中 CO_2 体积浓度低于含水层中真实浓度（图 1.11）。

表 1.7 不同土地利用类型下模拟泉水理化参数及土壤 CO_2 体积浓度统计表

点位	项目	最小值		最大值		平均值		变异系数*	
		2015～2016 年	2016～2017 年	2015～2016 年	2016～2017 年	2015～2016 年	2016～2017 年	2015～2016 年	2016～2017 年
1#裸岩地	水温 $T/℃$	7.1	10.4	29.8	28.7	19.8	19.5	25.7	23.5
	pH	7.89	7.80	8.51	8.33	8.14	8.11	1.70	1.70
	[DIC]/(mmol/L)	1.50	1.50	2.20	1.90	1.68	1.70	10.40	4.60
	SI_C	-0.02	0.00	0.53	0.29	0.18	0.14	55.90	52.15
	SI_D	-0.34	-0.19	0.83	0.46	0.11	0.09	49.10	54.08
	土壤 CO_2 体积浓度 /ppmv	230	300	400	450	306	391	15	11
	pCO_2/ppmv	276	408	1378	1697	746	776	41	35

续表

点位	项目	最小值		最大值		平均值		变异系数*	
		2015~2016年	2016~2017年	2015~2016年	2016~2017年	2015~2016年	2016~2017年	2015~2016年	2016~2017年
2#裸土地	水温 T/℃	9.6	8.0	27.5	26.7	20.1	19.4	22.2	24.7
	pH	7.89	7.89	8.48	8.34	8.10	8.09	1.50	1.50
	[DIC]/(mmol/L)	1.20	1.50	2.30	2.00	1.72	1.75	12.10	6.90
	SI_C	-0.20	-0.01	0.64	0.51	0.20	0.21	31.30	45.42
	SI_D	-0.47	-0.14	1.08	0.91	0.17	0.22	38.70	53.45
	土壤CO_2体积浓度/ppmv	100	330	1550	1130	584	647	49	27
	pCO_2/ppmv	341	414	1407	1349	820	822	36	29
3#农耕地	水温 T/℃	10.4	7.2	27.9	28.5	20.6	19.6	22.0	25.4
	pH	7.66	7.57	8.41	8.35	7.91	7.94	2.10	2.30
	[DIC]/(mmol/L)	2.00	1.70	3.40	3.40	2.57	2.32	13.00	15.70
	SI_C	0.06	-0.59	0.60	0.38	0.26	0.11	54.90	21.06
	SI_D	-0.18	-0.17	1.01	0.71	0.32	0.21	52.00	57.66
	土壤CO_2体积浓度/ppmv	260	640	8820	8800	1827	1583	106	86
	pCO_2/ppmv	408	413	4201	4643	1945	1570	48	53
4#草地	水温 T/℃	6.6	7.7	29.3	28.6	20.8	19.9	26.0	28.5
	pH	7.32	7.16	8.09	8.17	7.58	7.66	2.70	3.40
	[DIC]/(mmol/L)	3.60	3.10	6.30	6.00	4.56	4.93	14.60	18.30
	SI_C	-0.04	-0.07	0.71	0.73	0.32	0.22	49.10	69.49
	SI_D	-0.27	-0.25	1.16	1.67	0.4	0.33	52.50	73.64
	土壤CO_2体积浓度/ppmv	1290	2210	14590	10640	5284	4806	63	52
	pCO_2/ppmv	1674	1277	17258	24603	7593	6704	46	82
5#灌丛地	水温 T/℃	8.6	8.5	29.5	28.6	20.6	20.3	26.1	27.5
	pH	7.32	7.45	8.60	8.21	7.86	7.80	3.10	2.40
	[DIC]/(mmol/L)	1.90	2.20	3.40	3.40	2.74	2.94	12.60	11.20
	SI_C	-0.12	0.02	0.80	0.40	0.25	0.18	48.10	57.79
	SI_D	-0.37	-0.21	1.43	0.83	0.25	0.15	60.90	60.64
	土壤CO_2体积浓度/ppmv	790	870	4210	3140	2051	1651	44	36
	pCO_2/ppmv	258	683	9378	7076	2643	2810	67	55

*因为饱和指数SI_C和SI_D可以是负数,因此在计算其二者变异系数前,将其标准化至0。

1.5.2.3 模拟喀斯特水 DIC 浓度动态变化

同一种土地利用类型下模拟喀斯特水中［DIC］的季节变化规律可以被分为两种类型。对于没有植被生长的1#裸岩地和2#裸土地而言，［DIC］季节变化特征不明显；而对于有植被生长的土地利用类型而言，［DIC］则显现出显著的、与土壤CO_2体积浓度和水中pCO_2一致的季节变化规律，夏秋季节较高，冬春季节较低（图1.9～图1.11）。在年际变化上，除了3#农耕地外，其余土地利用类型下2016～2017年水文年［DIC］均较2015～2016年水文年同比上升。因为3#农耕地上每年都会种植新的玉米，当年种植的玉米当年也都会收割，因此3#农耕地［DIC］年际变化上的下降可能受人为因素影响，即玉米种子批次等。对于不同的土地利用而言，4#草地［DIC］最高，为最低的1#裸岩地［DIC］的近3倍，2#裸土地［DIC］略高于1#裸岩地，但明显低于3#农耕地，低于5#灌丛地（表1.7，表1.8，图1.12）。

表1.8　不同土地利用类型下2015～2017年两个水文年喀斯特碳汇通量

点位	径流深 RD/(m/a)		年均［DIC］/(mmol/L)		年碳汇通量 CSF/(t/km²)	
	2015～2016年	2016～2017年	2015～2016年	2016～2017年	2015～2016年	2016～2017年
1#裸岩地	1.16	0.88	1.68±0.17	1.70±0.08	11.70±1.22	9.02±0.71
2#裸土地	0.89	0.44	1.72±0.21	1.75±0.12	9.23±1.11	4.60±0.67
3#农耕地	0.87	0.41	2.57±0.33	2.32±0.34	13.36±1.73	5.66±1.14
4#草地	0.61	0.18	4.56±0.67	4.93±0.78	16.63±2.43	5.30±1.86
5#灌丛地	0.76	0.30	2.74±0.34	2.94±0.31	12.47±1.57	5.33±1.14

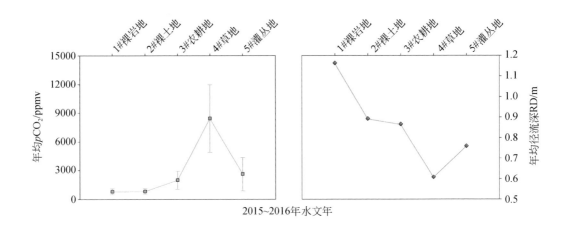

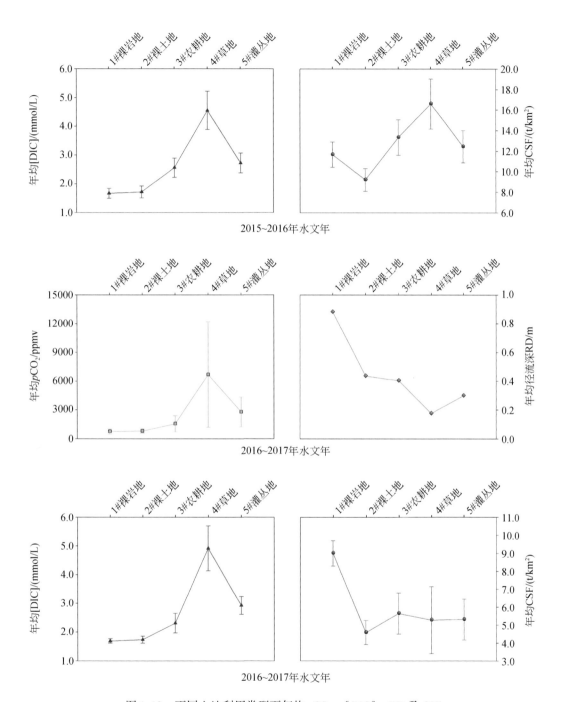

图 1.12 不同土地利用类型下年均 pCO_2、[DIC]、RD 及 CSF

pCO_2、[DIC] 及 CSF 的标准误差如图中误差棒所示,因为 RD 是实测数据,只存在系统误差,误差棒小于数据标识

1.5.3 喀斯特碳汇通量动态变化

对于同一种土地利用类型，喀斯特碳汇通量也显现出了与[DIC]和径流深相似的季节变化特征，夏秋季节较高，冬春季节较低。喀斯特碳汇通量不仅表现出了明显的季节变化特征，其年际变化也十分显著。除1#裸岩地外，其余4种土地利用类型下 2016~2017 年水文年的喀斯特碳汇通量较 2015~2016 年水文年同比下降 50% 以上，4#草地下降尤为明显，下降近 70%；1#裸岩地 2016~2017 年水文年的喀斯特碳汇通量也较 2015~2016 年水文年同比下降了 23%（表 1.8），具体原因将在 1.6 节进行讨论。不同土地利用类型下的年喀斯特碳汇通量也表现出显著差异，而这种差异对于前后两个水文年而言有所不同。2015~2016 年水文年，喀斯特年均碳汇通量由高至低依次为 4#草地（约 17 t/km^2）、3#农耕地（约 13 t/km^2）、5#灌丛地（约 12 t/km^2）、1#裸岩地（约 12 t/km^2）以及 2#裸土地（约 9 t/km^2）；而到了 2016~2017 年水文年，喀斯特年均碳汇通量由高至低却变化为 1#裸岩地（约 9 t/km^2）、3#农耕地（约 6 t/km^2）、5#灌丛地（约 5 t/km^2）、4#草地（约 5 t/km^2）以及 2#裸土地（约 5 t/km^2），这种变化的原因在 1.6 节讨论。

1.6 土地利用类型调控喀斯特碳汇通量

由式（1.11）可知，喀斯特碳汇通量 CSF 是[DIC]与径流深 RD 的乘积，因此，土地利用类型通过调控[DIC]和径流深 RD 来调控喀斯特碳汇通量 CSF。

1.6.1 土地利用调控[DIC]

如 1.5 节所述，[DIC]与 pCO$_2$ 呈现出十分相似的时空动态变化规律，这表明 pCO$_2$ 的变化控制着[DIC]的变化规律，也就是说不同的土地利用类型，可通过调控 pCO$_2$ 来调控[DIC]。本研究中的喀斯特水样品整体达到方解石溶解过饱和、白云石溶解接近平衡的状态，如图 1.13 所示，蓝、红两条虚线分别代表在年均气温 15.1℃ 及给定 pCO$_2$ 梯度情况下，方解石、白云石达到溶解平衡时的水体[DIC]。从图 1.13 中可以看出，[DIC]与 pCO$_2$ 呈正相关。因为模拟喀斯特含水层介质的主要岩性是白云质灰岩，其主要矿物是白云石和方解石，所以实测的[DIC]整体趋势上落在了两条模拟平衡 DIC 浓度虚线范围内，且同样显现出了随实际 pCO$_2$ 增高而增加的趋势，而这种正相关的趋势也在其他同类野外研究中得到了证实（Liu and Zhao, 2000；Andrews and Schlesinger, 2001；Zhao et al., 2010）。因此，[DIC]的增加是由 pCO$_2$ 的增加导致的。

喀斯特发育的基本条件之一是水体具有侵蚀性，水体中的 CO$_2$ 使得水体具备了化学侵蚀碳酸盐岩的能力，而水体中的 CO$_2$ 主要来自土壤或者深部（张人权等，2011），而对于本研究而言，模拟喀斯特水体中的 CO$_2$ 不可能来自深部，因此，土壤植被根呼吸释放 CO$_2$ 以及土壤微生物活动造成有机质分解产生的 CO$_2$，是本研究中模拟喀斯特水体中 CO$_2$ 的

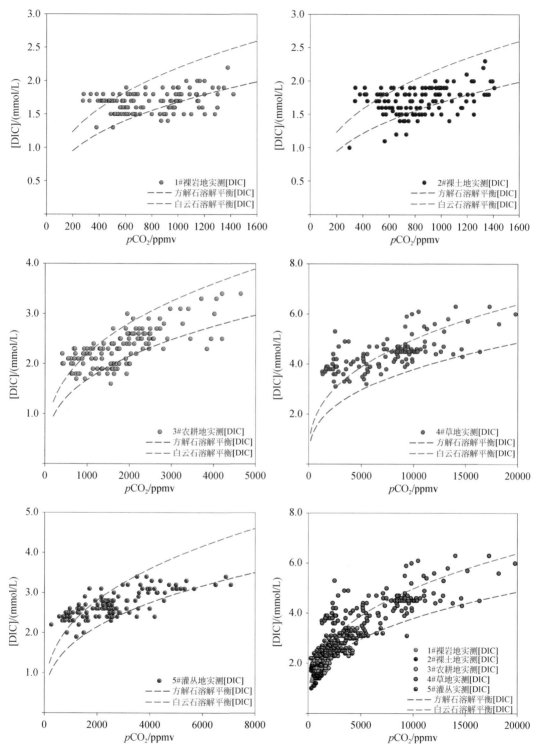

图 1.13 模拟碳酸盐矿物溶解平衡 [DIC] 与 pCO_2 之间的关系

模拟矿物溶解平衡 [DIC] 时设定温度为研究区年均气温,15.1℃

主要来源。所以，[DIC] 与 pCO_2 之间的正相关关系可以认为是土壤 CO_2 体积浓度的升高造成了 [DIC] 的升高。夏秋两季较冬春两季气温较高，降水也更为充沛，这样的天气条件有利于植被的生长，微生物的活动也被促进，这使得植物根呼吸作用增强，土壤有机质分解加剧，继而增加了土壤中 CO_2 的产生，从而提高了模拟喀斯特水体的 [DIC]。因此，有土壤覆盖的，尤其是有植被生长的土地利用类型下模拟喀斯特水 [DIC] 表现出更为显著的季节变化规律（图 1.11，表 1.7）。解释清楚了 [DIC] 的季节变化是由土壤 CO_2 体积浓度的季节变化造成的，且是一种正反馈机制后，就不难看出不同的土地利用类型是通过调控其产生土壤 CO_2 的多少，来调控其下伏喀斯特水体 [DIC] 的高低。如图1.12及图1.13所示，水体中 pCO_2 越高的土地利用类型，其喀斯特水体 [DIC] 越高。1#裸岩地既没有土壤层也没有植被生长，所以其喀斯特水体能够获取的 CO_2 有限，因此其 [DIC] 浓度最低；2#裸土地虽然有土壤层但是没有植被生长，所以其喀斯特水体能够获取的 CO_2 仅高于1#裸岩地，仍低于有植被生长的3#~5#土地利用类型，所以其 [DIC] 也仅高于1#裸岩地；而4#草地作为有植被生长的土地利用类型的代表，其植被生长最为茂盛，土体中产生 CO_2 的能力也最强，因此其 [DIC] 最高。

因此，可以得出结论，没有土壤和植被覆盖的1#裸岩地不利于水体 DIC 的形成，土壤为植物生长根呼吸作用产生 CO_2 及微生物分解有机质产生 CO_2 提供了平台，土壤中的 CO_2 进入喀斯特水体溶解碳酸盐岩是提高喀斯特水体 [DIC] 的直接要素。植物生长状态越好、根呼吸作用越强，土壤有机质含量越丰富、微生物活动越强的土地利用类型，越能够提高其下伏喀斯特水体的溶蚀能力，水体 [DIC] 也就更高。

1.6.2 土地利用调控径流深

如图1.12所示，径流深呈现出与 [DIC] 正好相反的空间变化趋势，即 [DIC] 高的土地利用类型径流深较低，这表明土地利用类型调控径流深与 [DIC] 的方向恰好相反。对于5种土地利用类型而言，其所接受的降水是相同的，那么径流深的区别则来自不同土地利用类型下不同的蒸散发量。蒸散发量由两部分组成，一部分是水通过蒸发过程以水蒸气的形式回到大气，这部分为蒸发；另一部分是土壤孔隙或含水层中的水被植物根系吸收供给植物生长，然后植物表面通过蒸腾作用向大气散失水分，这部分为散发。4#草地生物量最大、植株密度最大、植被盖度也最大，大量的降水被草叶截留 [图1.14 (a)]，另外还有一部分降水被死亡后铺落在土壤上层的苜蓿凋落物 [图1.14 (b)] 截留，大量被草叶和凋落物截留的水分最终会蒸发回到大气。这也就是说，4#草地土地利用类型下喀斯特含水层所能接受到的补给要远小于其他土地利用类型。此外，4#草地土地利用类型下喀斯特含水层不仅所能接受到的补给减少了，含水层水分的消耗也较其他土地利用类型增加了。4#草地植被紫花苜蓿的根系十分发育 [图1.14 (c)]，土壤水及岩石孔隙中的水汽会被苜蓿的根吸收利用，然后再通过蒸腾作用散发到大气，也就是前面提到的水分散发。而植被发育得越好，蒸发、散发两部分水量的占比就会越大，这也是为什么2016~2017年水文年蒸散发占降水比例较2015~2016年水文年提高了近15%。补给的减少加上消耗的增加，使得4#草地的径流深在5种土地利用类型中最小。5#灌丛地的刺梨叶片较为稀疏，而且刺梨也并未发育成熟，因此5#灌丛地的蒸散发量小于4#草地，径流深也高于4#草地。3#农耕地的玉米每年从播种到收割只有4个月（每年5~8月）的生长期，仅占了全年时间的1/3，因此其蒸散发量与2#裸土地相差不大，仅比2#裸土地稍高约6%，所以二者径流深也相差不大，3#农耕地略低于2#裸土地。1#裸岩地因为没有土壤和植被覆盖，所以没有散发，降水也未经土壤截留，直接补给喀斯特含水层，因此其蒸散发量最低，径流深最大。

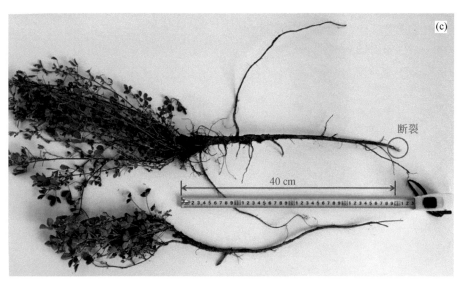

图 1.14　4#草地植株对降水的叶面截留（a）、凋落物截留（b）以及生长过程中的根系耗水（c）

1.6.3　土地利用调控喀斯特碳汇通量

由图 1.9 可知，在 2015～2016 年与 2016～2017 年两个水文年，土地利用调控喀斯特碳汇通量的结果存在明显差异，因此需要分别进行讨论。

1.6.3.1　2015～2016 年水文年度土地利用调控喀斯特碳汇通量

CSF 是因子 [DIC] 与因子 RD 的乘积，因此，CSF 应该同时受这两个因子的变化影响，而从前面的讨论中得知，土地利用会向相反的方向调控这两个因子，这使得精确评价土地利用调控 CSF 的方向变得复杂。因此，需要准确地比较土地利用对 [DIC] 和 RD 的调控，并建立土地利用类型变化造成的 [DIC]、RD 以及 CSF 变化之间的数学关系。Zeng 等（2015）通过比较土地利用变化导致的 [DIC] 和 RD 变化绝对值来评估土地利用对 CSF 的影响的方法是不充分的，因为 CSF 是 [DIC] 和 RD 的乘积而非加和，况且之前的研究是选择在野外天然流域开展的，其中包含了大量的不可控因素，也就是说土地利用类型的区别可能不是造成 [DIC]、RD 以及 CSF 差异的唯一因素。因此，需要建立一个新的"土地利用变化影响喀斯特碳汇判别参数"，通过合理比较土地利用类型造成的 [DIC] 和 RD 差异，继而推测土地利用对 CSF 的影响。这个参数将以缩写"LCIC"命名，它是"土地利用变化对喀斯特碳汇通量的影响（land uses change impact on CSF）"的英文首字母缩写，其公式如下：

$$\text{LCIC}_N = \frac{\left[\dfrac{[\text{DIC}]_N-[\text{DIC}]_1}{([\text{DIC}]_N+[\text{DIC}]_1)/2}\right]}{\left[\dfrac{\text{RD}_N-\text{RD}_1}{(\text{RD}_N+\text{RD}_1)/2}\right]} \quad (N=2,3,4,5) \tag{1.13}$$

式中，角标的数字为本研究中的土地利用编号。

因为[DIC]和RD的变化幅度不同，甚至可能存在数量级上的差异，加上CSF的计算是乘法，因此利用[DIC]和RD变化的绝对值来评估CSF可能的变化趋势是不妥当的。也是基于此，在本研究中所新定义的参数LCIC采用的是比较土地利用方式改变造成的[DIC]和RD变化幅度大小的思路，数学短式$[\text{DIC}]_N-[\text{DIC}]_1/[([\text{DIC}]_N+[\text{DIC}]_1)/2]$和$\text{RD}_N-\text{RD}_1/[(\text{RD}_N+\text{RD}_1)/2]$则分别代表了[DIC]和RD的变幅。

在本研究中，我们选择了1#裸岩地作为比较的基准，是因为它代表了喀斯特地区一种极端的、没有土壤也没有植被的土地利用类型，通过与之比较可以了解治理喀斯特地区石漠化后，有了土壤和植被覆盖之后，喀斯特碳汇通量会出现怎样的变化。值得注意的是，在计算[DIC]和RD变幅时，分母选取的是待比较场地参数与1#裸岩地相应参数的平均值，而非单一的1#裸岩地参数（Zeng et al.，2017）。这是因为本研究在设计参数LCIC时考虑到参数[DIC]及RD可能产生的双向变动，及这两个参数有可能通过改变土地利用类型而增大，也有可能减小，须保证的是增大和减小的幅度是一致的。如果分母选用的是单一的1#裸岩地参数，那么在参数增大时，可能出现大于1的数，而参数减小时，则无论怎样都不可能出现小于-1的数。反证如下：

$$y = \frac{x_2 - x_1}{x_1} = \frac{x_2}{x_1} - 1 \tag{1.14}$$

式中，x_1为对照1#裸岩地参数；x_2为1#裸岩地比对的土地利用参数。

假设$y<-1$，则$x_2/x_1<0$，而在本研究中，所有实测参数均为正数，所以$x_2/x_1<0$不成立，$y<-1$不成立。

也就是说，如果选用单一的1#裸岩地的参数，则可能会出现一个参数的增加幅度远高于另一个参数的减小幅度，这是违背常识的。而采用平均值的算法，则

$$y = \frac{x_2 - x_1}{\dfrac{x_2 + x_1}{2}} \tag{1.15}$$

当$x_2 = n \cdot x_1$时，
$$y = \frac{2(n-1)}{n+1} \quad (n\text{为正实数}) \tag{1.16}$$

当$x_2 = \dfrac{1}{n} \cdot x_1$时，
$$y = -\frac{2(n-1)}{n+1} \quad (n\text{为正实数}) \tag{1.17}$$

由此可以看出，从x_1到x_2，无论是增加还是减少，只要其改变的幅度一致，增加变成n倍，或者减少变成$1/n$，代表其变幅的y的绝对值是相同的。而这种更合理地计算变幅的方式也与Alfred Marshall 1890年提出的"弧弹性"模型相一致。

由之前的讨论可以得知，由1#裸岩地改变至其他土地利用类型，[DIC]和RD的变化通常是相反的，[DIC]通常增加，而RD通常减小，其二者的拮抗作用，使得LCIC是一个负数。为了简化数据分析，本研究选用LCIC的绝对值（|LCIC|）来比较[DIC]和

RD 的变化。|LCIC|<1 表示土地利用变化导致的 RD 降低比［DIC］增加对 CSF 有着更重要的影响；|LCIC|>1 则表示土地利用变化导致的［DIC］增加比 RD 降低对 CSF 有着更重要的影响。本研究选用了土地利用变化导致的 CSF 变化绝对值来检查、验证参数|LCIC|的有效性，具体如下：

$$\Delta CSF_N = CSF_N - CSF_1 \quad (N=2,3,4,5) \quad (1.18)$$

以整个水文年和四个季节分别的 ΔCSF 为纵坐标，以与之相应季节或全年的|LCIC|值为横坐标绘制图 1.15，与图相对应的计算数据列于表 1.9 中。

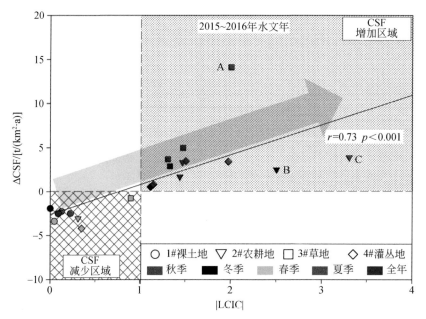

图 1.15　2015～2016 年水文年 ΔCSF 与新定义参数|LCIC|之间的关系

点状背景区域代表土地利用类型变化导致［DIC］增加控制的 CSF 增加区；网状背景区域代表土地利用类型变化导致 RD 减小控制的 CSF 减小区；回归线代表 ΔCSF 与|LCIC|之间的线性回归关系；p 值通过统计软件 SPSS 计算获取；A～C 点代表异常点

表 1.9　第一水文年和第二水文年 LCIC 和 ΔCSF 计算用表

季节		项目	2#裸土地	3#农耕地	4#草地	5#灌丛地
第一水文年	2015 年秋季	ΔRD[①]	-0.341	-0.570	-0.752	-0.552
		ΔC[②]	0.07	1.10	3.13	1.08
		%ΔRD[③]	-20.09%	-35.98%	-50.32%	-34.61%
		%ΔC[④]	4.47%	52.88%	101.13%	52.17%
		ΔCSF[⑤]	-2.49	3.34	14.10	3.48
		LCIC[⑥]	-0.22	-1.47	-2.01	-1.51
		|LCIC|[⑦]	0.22	1.47	2.01	1.51

续表

	季节	项目	2#裸土地	3#农耕地	4#草地	5#灌丛地
第一水文年	2015年冬季	ΔRD	-0.195	-0.139	-0.515	-0.351
		ΔC	0.00	0.68	2.31	0.90
		%ΔRD	-19.69%	-13.65%	-61.86%	-38.40%
		%ΔC	0.00%	34.17%	82.35%	42.86%
		ΔCSF	-1.93	2.50	2.87	0.51
		LCIC	0.00	-2.50	-1.33	-1.12
		|LCIC|	0.00	2.50	1.33	1.12
	2016年春季	ΔRD	-0.325	-0.365	-0.418	-0.486
		ΔC	0.05	0.44	2.26	0.82
		%ΔRD	-61.39%	-71.52%	-86.54%	-108.01%
		%ΔC	2.75%	21.89%	77.40%	37.27%
		ΔCSF	-3.38	-3.05	-0.77	-4.20
		LCIC	-0.04	-0.31	-0.89	-0.35
		|LCIC|	0.04	0.31	0.89	0.35
	2016年夏季	ΔRD	-0.223	-0.117	-0.541	-0.228
		ΔC	0.06	0.98	3.54	1.29
		%ΔRD	-25.02%	-12.41%	-73.67%	-25.63%
		%ΔC	3.11%	41.00%	96.46%	50.69%
		ΔCSF	-2.26	3.88	3.68	3.41
		LCIC	-0.12	-3.30	-1.31	-1.98
		|LCIC|	0.12	3.30	1.31	1.98
	2015~2016年水文年	ΔRD	-0.271	-0.298	-0.556	-0.404
		ΔC	0.04	0.90	2.90	1.07
		%ΔRD	-26.38%	-29.34%	-62.81%	-42.01%
		%ΔC	2.32%	42.22%	92.72%	48.28%
		ΔCSF	-2.52	1.67	4.97	0.80
		LCIC	-0.09	-1.44	-1.48	-1.15
		|LCIC|	0.09	1.44	1.48	1.15
第二水文年	2016年秋季	ΔRD	-0.462	-0.537	-0.911	-0.718
		ΔC	0.19	1.01	3.01	1.36
		%ΔRD	-56.95%	-69.47%	-155.41%	-105.12%
		%ΔC	10.53%	45.60%	93.62%	56.90%
		ΔCSF	-4.08	-2.45	-6.99	-4.72
		LCIC	-0.18	-0.66	-0.60	-0.54
		|LCIC|	0.18	0.66	0.60	0.54

续表

季节		项目	2#裸土地	3#农耕地	4#草地	5#灌丛地
第二水文年	2016 年冬季	ΔRD	−0.584	−0.620	−0.705	−0.598
		ΔC	0.07	0.34	2.04	0.79
		%ΔRD	−115.23%	−126.99%	−158.09%	−119.87%
		%ΔC	3.94%	17.80%	73.91%	37.00%
		ΔCSF	−6.00	−6.11	−6.21	−5.30
		LCIC	−0.03	−0.14	−0.47	−0.31
		|LCIC|	0.03	0.14	0.47	0.31
	2017 年春季	ΔRD	−0.281	−0.305	−0.354	−0.280
		ΔC	0.02	0.11	1.93	0.85
		%ΔRD	−132.14%	−151.48%	−200.00%	−130.62%
		%ΔC	1.15%	6.16%	71.61%	39.44%
		ΔCSF	−2.91	−3.13	−3.67	−2.52
		LCIC	−0.01	−0.04	−0.36	−0.30
		|LCIC|	0.01	0.04	0.36	0.30
	2017 年夏季	ΔRD	−0.453	−0.449	−0.851	−0.732
		ΔC	−0.03	0.51	3.54	1.38
		%ΔRD	−40.55%	−40.15%	−92.61%	−74.93%
		%ΔC	−1.82%	26.63%	103.21%	58.72%
		ΔCSF	−4.67	−1.74	2.00	−2.23
		LCIC	0.04	−0.66	−1.11	−0.78
		|LCIC|	0.04	0.66	1.11	0.78
	2016～2017 年水文年	ΔRD	−0.445	−0.478	−0.705	−0.582
		ΔC	0.05	0.62	3.23	1.24
		%ΔRD	−67.23%	−74.03%	−132.57%	−98.09%
		%ΔC	2.68%	30.90%	97.41%	53.32%
		ΔCSF	−4.42	−3.36	−3.72	−3.69
		LCIC	−0.04	−0.42	−0.73	−0.54
		|LCIC|	0.04	0.42	0.73	0.54

①ΔRD_N = RD_N − RD_1（N = 2，3，4，5）；②ΔC_N = [DIC]$_N$ − [DIC]$_1$（N = 2，3，4，5）；③%ΔRD_N = ΔRD_N/[（RD_1+RD_N）/2]（N=2，3，4，5）；④%ΔC_N=Δ[DIC]$_N$/[（[DIC]$_1$+[DIC]$_N$）/2]（N=2，3，4，5）；⑤ΔCSF = CSF_N−CSF_1（N = 2，3，4，5）；⑥LCIC 是"土地利用变化对 CSF 的影响"首字母的缩写，定义该参数用来评价、比较土地利用变化对 RD 和 [DIC] 的影响，LCIC=%ΔC_N/%ΔRD_N；⑦ \|LCIC\| 是参数 LCIC 的绝对值。

图 1.15 整体可以被分为两大部分，四小部分。横虚线上半部分 ΔCSF>0，代表把土地利用类型从 1#裸岩地更改成为其他类型，CSF 增加；相应地横虚线下半部分 ΔCSF<0，代表 CSF 减少。纵虚线左侧部分 |LCIC|<1，代表把土地利用类型从 1#裸岩地更改成为其他用地时，RD 的降低幅度大于 [DIC] 增加幅度，前者对 CSF 改变的影响也更大；纵虚线

右侧部分|LCIC|>1，代表 RD 的降低幅度小于[DIC]增加幅度，而后者对 CSF 改变的影响也更显著。图 1.15 中的数据点主要落在左下、右上两个区域，这两个区域分别表示"RD 降低导致的 CSF 减少区"以及"[DIC]升高导致 CSF 增加区"。

如图 1.15 所示，落在左下"RD 降低导致的 CSF 减少区"的数据点主要为圆形 2#裸土地四季、全年数据点以及绿色春季各土地利用数据点。对于前者，2#裸土地的数据点与 1#裸岩地相比，2#裸土地仅有土壤、没有植被，土壤 CO_2 主要来源于土壤微生物活动造成的有机质分解，而从 2#裸土地土壤 CO_2 及 pCO_2 的数据上来看，这部分的量值并不高，所以2#裸土地[DIC]相较裸岩地也仅有不多（不足 3%）的增加。但是 2#裸土地的土壤却截留了降水，并为之提供了获得更久蒸发时间的平台，因此，2#裸土地的 RD 较 1#裸岩地有较为显著的下降，而且其下降幅度远高于[DIC]上升的幅度，导致碳汇通量 CSF 较 1#裸岩地减少（表 1.9）。对于后者，绿色春季各土地利用数据点，春季的低温限制了植被的生长以及微生物的活动，造成植被根呼吸作用以及土壤微生物分解减弱，这使得土壤中 CO_2 的产生受限，进而导致喀斯特水溶解能力降低，水中[DIC]较春季 1#裸岩地增加并不显著。而降水的减少则毫无疑问地造成了 RD 的下降。这种情况发生在春季，而非降水更少的冬季，是因为径流与降水存在一个季节的延迟，也就是说冬季降水的大幅度下降直接导致的是春季径流的大幅度减少，即 RD 的下降。在这种情况下，春季有植被/土壤覆盖的土地利用类型较 1#裸岩地 RD 的减小幅度则大大超过了[DIC]的增加幅度，碳汇通量 CSF 也低于春季 1#裸岩地。上述两种情况，可以归为"RD 降低导致的 CSF 减少"，其特征是|LCIC|<1，ΔCSF<0。

而其他的数据点则全部分布在"[DIC]升高导致 CSF 增加区"，这是因为当土地利用类型从 1#裸岩地改变至有植被生长的土地利用后，除春季外，[DIC]的增加幅度大于 RD 的减小幅度，前者对于 CSF 的改变起了更重要的影响。换句话说，在这种情况下，蒸散发量提高导致的 RD 降低并不能抵消掉由增加植被覆盖而带来的[DIC]增加。这表明了在这种情况下，根呼吸作用产生 CO_2 在提高 CSF 上起到了关键作用。

如图 1.15 所示，ΔCSF 与|LCIC|之间存在着明显的、具有非常显著统计意义的正相关关系。改变土地利用类型后，[DIC]增加幅度与 RD 减小幅度之间的差异越大，其对喀斯特碳汇产生的贡献越大。值得注意的是，4#草地秋季及 3#农耕地冬夏季的数据点，即图中 A、B、C 点，较为明显地偏离拟合回归线。对于 4#草地秋季数据点（A 点）而言，由于秋季的高温和丰沛的降水适合苜蓿的生长，其根呼吸作用产生 CO_2 大幅度增多，水中[DIC]显著升高，致使其对 CSF 的拉升作用十分显著，因而远高于回归线。对于 3#农耕地冬夏季数据点（B、C 点）而言，其[DIC]的改变与 4#草地、5#灌丛地相似，具备了有植被生长的土地利用的特点，相较 1#裸岩地有较为明显的增幅；而其 RD 的分析应考虑其存在一个季度的延迟效应，也就是说冬夏季的 RD 实际是秋（9~11 月）、春（3~5 月）两个季节降水的结果，而这两个月玉米已经收割或未开始播种，则其对于 RD 的影响与 2#裸土地对于 RD 的影响类似，即 3#农耕地对比 1#裸岩地在秋、春两个季节上对 RD 的减幅并未如 4#草地和 5#灌丛地那么显著，因此其|LCIC|值偏高，而 CSF 的净增长却不大。

图 1.15 表明，当土地利用类型从 1#裸岩地变更至有土壤和（或）有植被覆盖的土地利用类型时，即便在[DIC]增长的同时与之相随的是 RD 的降低，但是只要[DIC]的

增幅高于 RD 的降幅，也就是 |LCIC| >1，那么便会促进喀斯特碳汇的形成。而且，二者变幅之间的差异越大，越有利于喀斯特碳汇的形成。通过观察图中相同颜色（同一季节）、不同形状（不同土地利用类型）的数据点，可以发现，当 1#裸岩地变更为 2#裸土地时，并没有明显地促进 [DIC] 的生成，反而造成了 RD 的降低，因此不会促进喀斯特碳汇的产生；而当 1#裸岩地变更为 5#灌丛地、3#农耕地以及 4#草地时，[DIC] 的产生将越来越能够抵消 RD 的降低，因而喀斯特碳汇的生成将会依次被促进。这说明，在 2015~2016 年水文年，土壤 CO_2 的产生在控制不同土地利用下喀斯特碳汇的产生中起到了主导作用。值得注意的是，在指定土地利用类型的情况下，喀斯特碳汇通量所展现出的时间动态变化，是 RD 起着主导作用，这与前人（Zeng et al.，2015）在此研究区附近的野外天然流域开展研究得出的结论一致。本研究重点聚焦于土地利用类型对喀斯特碳汇产生的调控，因此可得出在 2015~2016 年水文年，4#草地在喀斯特碳汇的形成上有着显著的优势，因为植被的生长会促进土壤 CO_2 的形成，进而促进 CSF 的提升。

1.6.3.2　2016~2017 年水文年土地利用调控喀斯特碳汇通量

同 2015~2016 年水文年的分析方法一致，4 种土地利用类型四个季节及全年的 ΔCSF 和 |LCIC| 绘制如图 1.16 所示。图中数据点除 4#草地夏季数据点（D 点）外，全部分布在左下"RD 降低导致的 CSF 减少区"内。对于 4#草地夏季数据点（D 点），夏季高温多雨的天气条件有利于苜蓿根呼吸产生大量 CO_2，继而造成水中 [DIC] 大幅提升；如前面分析由于 2017 年夏季 RD 对降水响应迅速，因而 4#草地夏季的 RD 相较 1#裸岩地降幅也

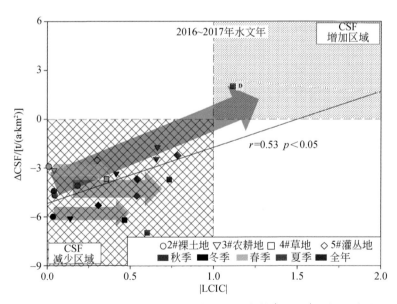

图 1.16　2016~2017 水文年 ΔCSF 与新定义参数 |LCIC| 之间的关系

点状背景区域代表土地利用类型变化导致 [DIC] 增加控制的 CSF 增加区；网状背景区域代表土地利用类型变化导致 RD 减小控制的 CSF 减小区；回归线代表 ΔCSF 与 |LCIC| 之间的线性回归关系；p 值通过统计软件 SPSS 计算获取；D 点代表异常点

不会十分显著。二者综合作用使得4#草地夏季CSF高于1#裸岩地夏季CSF，因此|LCIC|>1，同时ΔCSF>0。值得注意的是，2016~2017年水文年较2015~2016年水文年发生了较大的变化，几乎所有的土地利用类型在所有季节的CSF都低于1#裸岩地。也就是说，当土地利用类型由1#裸岩地变更为有土壤和（或）有植被覆盖的土地利用类型后，其蒸散发量显著提高，导致其径流深显著下降，其降幅完全抵消了由植物根呼吸和土壤微生物活动所带来的[DIC]增幅，即|LCIC|<1，致使CSF明显低于1#裸岩地，所以几乎所有的数据点都分布在左下"RD降低导致的CSF减少区"内。如果观察图中相同颜色（同一季节）、不同形状（不同土地利用类型）的数据点，可以发现，在夏季如果将土地利用类型从1#裸岩地依次变更至2#裸土地、5#灌丛地、3#农耕地、4#草地，虽然除变更为4#草地外，喀斯特碳汇通量都是下降的，但是这种ΔCSF逐渐升高的趋势还是存在的，这表明在水热条件理想的情况下，在改造石漠化的过程中，仍然是可以促进喀斯特碳汇的产生的。而这种趋势在其他几个水热条件不理想的季节则表现得比较平稳，并没有出现类似的升高。

1.6.3.3 两个水文年土地利用调控喀斯特碳汇通量模式的比较与分析

通过上述讨论可以发现，改变土地利用模式在两个水文年中对喀斯特碳汇产生的影响有着较为显著的区别。在2015~2016年水文年，变更土地利用类型从1#裸岩地至有土壤和（或）有植被覆盖的土地利用，可以促进喀斯特碳汇的产生，而到了2016~2017年水文年，则变成了抑制喀斯特碳汇的产生。而发生这种变化，其中的缘由是什么呢？2016年进入秋季之后，降水开始减少，秋冬季及2017年春季的降水较2015年同期分别下降了45%、68%、37%，连续三个季节的相对干旱天气，不仅使得喀斯特含水层得不到有效的补给，而且因为植被的生长需要，其根系会利用包气带中的水分，当包气带中的水分被消耗，而又未能得到大气降水的及时补充时，喀斯特含水层中的水分就会被蒸发消耗，这使得喀斯特含水层水位下降。而含水层本身具备的调蓄能力，加上根据长管水力公式，模拟泉出口流速与水位之间存在着的幂函数关系，水位下降，导致泉出口流速减慢，进而导致流量下降，RD出现比较明显的下降，CSF也下降，因此这些有土壤和（或）有植被的土地利用类型在秋、冬、春三季的CSF会低于1#裸岩地的CSF。而当2017年夏季，水热条件转好时，充沛的降水迅速补给了喀斯特含水层，含水层水位迅速上升，泉出口流量也提高了，RD升高，而加之夏季适合土壤CO_2的产生，水中的[DIC]也较高，所以才有了图1.16中红色箭头的趋势线，植被生长越好，ΔCSF越高。

通过以上分析，可以得出结论，2015~2016年水文年，土地利用主要通过调控土壤CO_2的生成来调控喀斯特碳汇的产生；2016~2017年水文年中秋、冬、春三季，土地利用主要通过调控土地覆盖引起的蒸散发来调控喀斯特碳汇的产生；2016~2017年水文年夏季，土地利用恢复主要通过调控土壤CO_2的生成来调控喀斯特碳汇的产生。由此可以发现一个有趣的结论，降水是控制喀斯特碳汇产生的瓶颈。当降水并不充足时，改造石漠化反而会造成径流深大幅下降，抑制喀斯特碳汇的产生；而当降水丰沛时，改造石漠化至有植被覆盖的土地利用类型，植被生长状态越好，越能够提高水体[DIC]，促进喀斯特碳汇的产生。同时这也表征了喀斯特对于调控气候变化的负反馈机制，即当全球变暖带来温度升高、降水增多的同时，会促进喀斯特碳汇的形成，从而抑制全球变暖进程。2013 年 IPCC 第五次报告指出，未来由亚洲-澳大利亚季风所带来的降水会有所增加，结合全球变暖的大背景，喀斯特碳汇的形成将会被促进，这也就意味着石漠化治理中的生态修复是有利于增加喀斯特碳汇通量的。

1.6.4 小结

本研究分析发现，2015～2016 年水文年，土地利用调控喀斯特碳汇通量的机制表现为，以植被覆盖造成土壤 CO_2 产出增加、水体［DIC］升高为主导的 CSF 增加；而到了 2016～2017 年水文年，其调控机制则转变为以植被覆盖致使蒸散发增加、RD 减小为主导的 CSF 减小。出现差异的原因则在于降水量的变化，它在土地利用调控喀斯特碳汇通量的机制中，起到了瓶颈的作用，降水丰沛，则植被覆盖的土地利用类型有利于喀斯特碳汇的增加，反之则不利。这同时也表明了喀斯特碳汇对气候变化的负反馈调节机制。

1.7 模型的建立与检验

讨论清楚土地利用对喀斯特碳汇的调控机制是为了更好地预测和估算未来不同土地利用类型下的喀斯特碳汇，以应对气候变化。具体地讲，如果可以预测和估算出在未来天气条件下，不同土地利用类型下的喀斯特碳汇通量，就可以相应地调整土地利用，以达到增汇的目的，进而抑制全球气候变暖进程。如前面所讨论的，土地利用主要通过调控无机碳浓度和径流深两个方面，来达到调控喀斯特碳汇通量的目的，因此，模型的建立也是遵循同样的思路，分别建立预测不同土地利用类型下［DIC］和 RD 的模型。

其实，在前人的研究中，已经有建立好的模型用来估算喀斯特碳汇通量，如扩散边界层 DBL 模型（Liu and Zhao，2000）和最大潜在溶蚀 MPD 模型（Gombert，2002）。本研究中，模型的开发则是采用与 MPD 模型相似的思路，因为这种模型可以有效预测气候变化条件下的喀斯特碳汇通量（Gombert，2002）。在 Zeng 等（2016）对中国西南地区喀斯特碳汇的估算研究中，就采用了 MPD 模型。

Zeng 等（2016）采用的研究思路是通过 pCO_2 来计算当 $CaCO_3$ 在 H_2O-CO_2-$CaCO_3$ 开放系统中达到溶解平衡时的 DIC 平衡浓度，其中 pCO_2 的估算采用了 Brook 等（1983）根据全球 19 个样点数据建立的土壤 pCO_2 与实际蒸散发（AET）之间的回归方程，具体如下：

$$\lg(pCO_2) = -3.47 + 2.09(1 - e^{-0.00172 AET}) \quad (1.19)$$

式中，AET 的计算使用了 Allan 等（1998）所介绍的计算作物蒸散发的 Penman-Monteith 模型，具体如下：

$$ET_0 = \frac{0.408\Delta(R_n - G) + \gamma \dfrac{900}{T+273} U_2 (e_s - e_a)}{\Delta + \gamma(1 + 0.34 U_2)} \quad (1.20)$$

式中，ET_0 为参考蒸散发，被认为近似等同于 AET；R_n 为作物表面的净辐射；G 为土壤热通量密度；T 为地表 2 m 日平均气温；U_2 为地表 2 m 的风速；e_s 为饱和蒸气压曲线；e_a 为实际的蒸气压；Δ 为蒸气压曲线斜率；γ 为常数。

将式（1.20）代入式（1.19）即可计算得出 pCO_2，然后根据溶解平衡理论计算出方解石溶解平衡时的 [DIC]，由 RD=P−ET 计算出 RD，二者相乘便可计算获得喀斯特碳汇通量。应用这种模型的优势在于：①建立模型时所选用的实测数据是全球范围分布的，具有普遍的统计意义，应用模型估算结果较为准确；②上述模型均适用于全球气候变化的大背景下。但是，如果应用上述模型来进行未来喀斯特碳汇的预测和估算，则需要获取的参数繁多，也就是说，如果在利用上述模型来进行未来碳汇通量的估算前，先要估算 R_n、G、T、U_2、e_a、Δ、P 等参数的未来值，且不说估算这些参数未来取值的难度，获取如此繁多的参数未来取值工作量巨大，而且在估算每个单一参数时的误差都会被计入最终估算 CSF 的误差，使其结果准确性降低。另外，上述模型着重考虑了气候变化可能对喀斯特碳汇产生的影响，并没有考虑不同的土地利用类型可能给未来喀斯特碳汇强度所带来的影响。因此，本研究在讨论清楚土地利用对喀斯特碳汇的调控机制及天气变化对其产生的影响基础上，尝试开发使用更简便，所需参数更精简、更易获取的预测模型，以便估算未来气候条件下不同土地利用类型下的喀斯特碳汇通量。

1.7.1 [DIC] 模型的建立与检验

在估算 [DIC] 时，本研究采用与 MPD 模型相同的思路，即通过估算的 pCO_2 值求得平衡时的 [DIC]。因此，应该先建立不同土地利用类型下的 pCO_2 模型。

1.7.1.1 pCO_2 模型的建立与检验

因为本研究的目的之一是预测和估算在未来气候条件下不同土地利用类型下的喀斯特碳汇通量，因此，应针对不同的土地利用类型，分别建模。通过 1.6 节的讨论分析可以得知，喀斯特水的 DIC 主要是土壤 CO_2 进入喀斯特含水层使得喀斯特水具有侵蚀性，然后溶解碳酸盐矿物形成 HCO_3^-，而气温和降水可以影响植被的生长和土壤微生物的活动，进而影响土壤 CO_2 体积浓度，从而影响喀斯特水体的 DIC。考虑到本研究设计模型的初衷是为了使用起来更简便，尽量减少所需参数的个数及获取难度，因而本研究尝试建立不同土地利用类型下 pCO_2 与气温 AT、降水量 P 之间的统计回归模型。

对于裸岩地而言，其 CO_2 来源主要为大气，而预测的未来 pCO_2 值可以通过查阅 IPCC 等权威报告获取，因此在本研究中不针对裸岩地额外建模，只针对裸土地、农耕地、草地、灌丛地 4 种喀斯特地区常见土地利用类型建模。

本研究首先分析了 4 种土地利用类型下的 pCO_2 与气温 AT、降水量 P 之间的相关关系，具体如图 1.17 所示。通过图 1.17 可以看出，pCO_2 与气温 AT 之间具有良好的正相关关系，而且其相关性也具有极为显著的统计学意义；而 pCO_2 与降水量 P 之间则不具备显著的相关关系。但是根据之前的讨论，在雨水丰沛的季节，植物的生长会被促进，而且研究区所处亚热带季风性气候，雨热同期，所以本研究在建模时考虑气温 AT 对 pCO_2 起到了主导作用，同时气温 AT 与降水量 P 之间的交互作用也会对 pCO$_2$ 产生影响。因此，在建立 pCO$_2$ 与 AT、P 之间的回归关系时，采用的基本公式如下：

$$p\mathrm{CO}_2 = a \cdot \mathrm{AT} + b \cdot \mathrm{AT} \cdot P \tag{1.21}$$

式中，a、b 为系数，对于同一种土地利用类型为定值；$a \cdot \mathrm{AT}$ 为气温 AT 在调控 pCO$_2$ 时起到的作用；$b \cdot \mathrm{AT} \cdot P$ 为气温 AT 与降水量 P 的交互作用对 pCO$_2$ 产生的影响。

具体建模过程如下，将 2015~2016 年水文年度（模型参数率定期）的 pCO$_2$、AT 以及 P 数据作为建模基础数据以三个变量的方式输入 MATLAB 软件，然后调用 MATLAB 软件工具箱中 Curve Fitting 工具对数据进行拟合，拟合方程自定义为 $z = a \cdot x + b \cdot x \cdot y$，数据 x 为时间序列的气温 AT，数据 y 为时间序列的降水量 P，数据 z 为对应时间序列的 pCO$_2$ 数据。拟合结果如下，拟合曲面如图 1.18 所示。

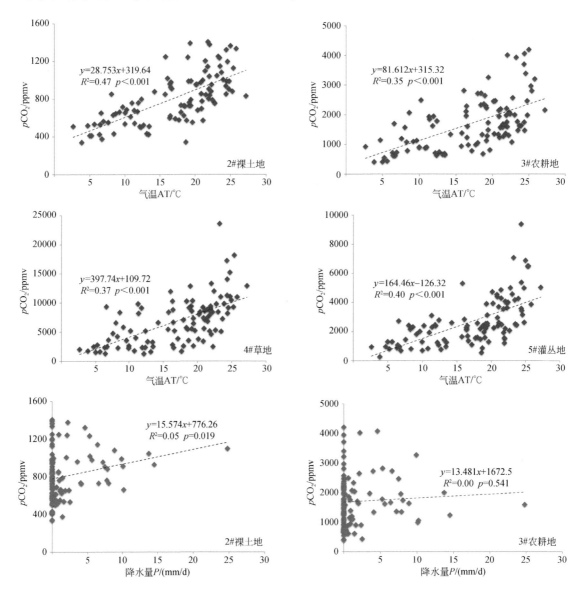

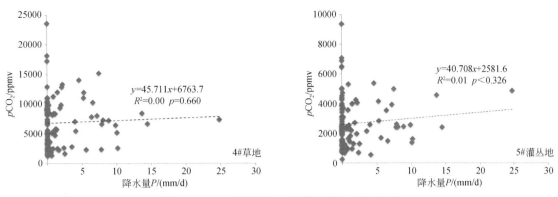

图 1.17 pCO_2 与气温 AT 和降水量 P 相关关系

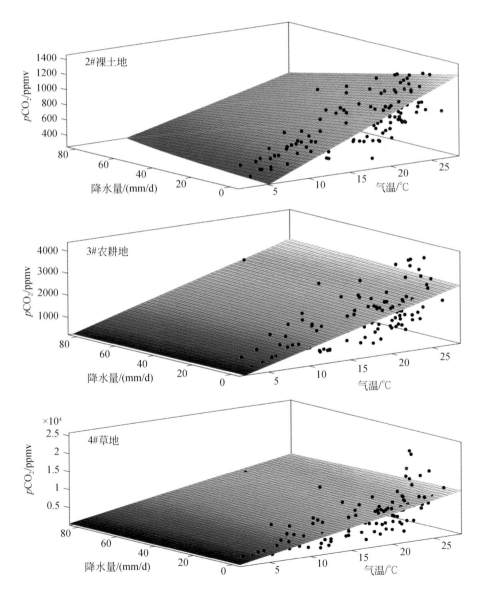

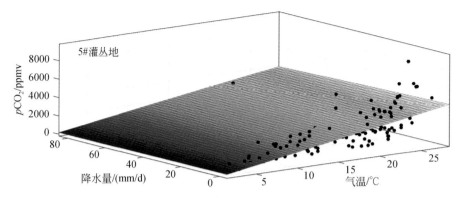

图1.18 pCO_2与日降雨P、气温AT拟合曲面

2#裸土地：$\qquad pCO_2=45.46AT-0.2086AT \cdot P \qquad R^2=0.30 \qquad$ (1.22)

3#农耕地：$\qquad pCO_2=100.50AT+0.0849AT \cdot P \qquad R^2=0.35 \qquad$ (1.23)

4#草地：$\qquad pCO_2=428.00AT-0.5286AT \cdot P \qquad R^2=0.37 \qquad$ (1.24)

5#灌丛地：$\qquad pCO_2=154.00AT-0.2007AT \cdot P \qquad R^2=0.37 \qquad$ (1.25)

将4种土地利用类型下2015~2017年两个水文年的气温AT和降水量P数据分别代入上述对应土地利用类型的拟合方程，求得模拟pCO_2值，模拟pCO_2与真实pCO_2对比如图1.19所示，其中2016~2017年水文年为模型的检验期，这样可以更好地验证模型的有效性。

如图1.19所示，模拟pCO_2与真实pCO_2呈现一致的季节变化趋势，在冬春季节气温较低时，模拟pCO_2值与真实pCO_2值较为吻合，模拟效果较好；但是在夏季峰值处，模拟值则与真实值相差较大，尤其对于3#农耕地、4#草地和5#灌丛地而言，模拟值明显低于真实值。本研究采用平均相对误差法及确定性系数评定法（Nash and Sutcliffe, 1970; Nearing et al., 1996; Moriasi et al., 2007）两种方法来对模型的准确度进行检验。

相对误差（relative error, RE）的计算公式如下：

$$RE=\frac{|\alpha_S-\alpha_R|}{\alpha_R}\times 100\% \qquad (1.26)$$

式中，α_S为模拟计算值；α_R为真实值。RE越小代表模型精度越高。

对于不同的土地利用类型，计算得到其参数率定期平均相对误差分别为：2#裸土地 RE=28.41%，3#农耕地 RE=35.72%，4#草地 RE=38.48%，5#灌丛地 RE=56.49%；其模型检验期平均相对误差分别为：2#裸土地 RE=24.62%，3#农耕地 RE=42.63%，4#草地 RE=72.56%，5#灌丛地 RE=36.68%。从平均相对误差数值上来看，该模型精度较低。

再利用确定性系数评定法来检验一下模型的准确性，其公式如下：

$$d\alpha=1-\frac{S^2}{\sigma^2} \qquad (1.27)$$

$$S=\sqrt{\frac{\sum_{i=1}^{n}[(\alpha_{Si}-\alpha_{Ri})-(\overline{\alpha_S-\alpha_R})]^2}{n}} \qquad (1.28)$$

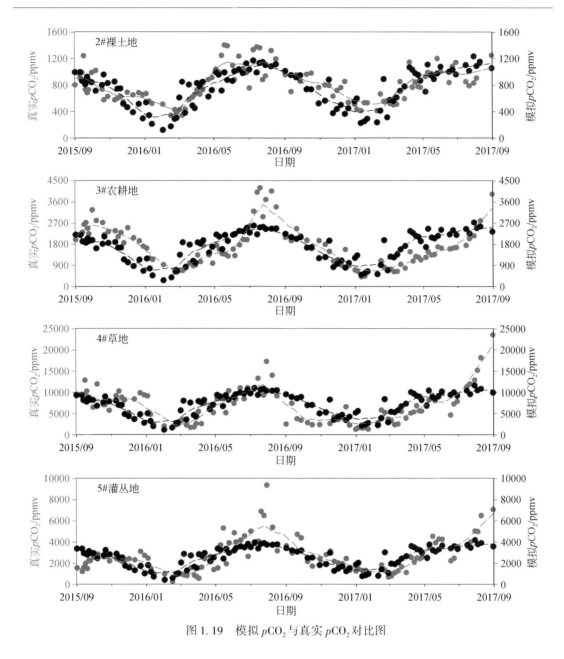

图 1.19 模拟 pCO_2 与真实 pCO_2 对比图

$$\sigma = \sqrt{\frac{\sum_{i=1}^{n}(\alpha_{Ri} - \overline{\alpha_R})^2}{n}} \qquad (1.29)$$

式中，$d\alpha$ 为确定性系数，其数值越大，表明模型精度越高；S 为模拟计算值与真实值之差的标准差；σ 为真实值的标准差；α_S 为模拟计算值；α_R 为真实值；n 为检验样本个数。

对于不同的土地利用类型，计算得到模型在参数率定期确定性系数分别为：2#裸土地 $d\alpha=0.37$，3#农耕地 $d\alpha=0.37$，4#草地 $d\alpha=0.39$，5#灌丛地 $d\alpha=0.33$；模型在检验期确定性系数分别为：2#裸土地 $d\alpha=0.14$，3#农耕地 $d\alpha=0.34$，4#草地 $d\alpha=0.39$，5#灌丛地

dα=0.51。无论是在参数率定期还是在模型检验期,该模型的确定性系数几乎全部低于0.50,表明该模型有效性比较差,因此需要对模型进行调整。

1.7.1.2 pCO$_2$模型的修改

通过进一步对图1.17分析可以发现,选择线性回归方程来拟合pCO$_2$与AT之间的相关关系,似乎并不合适,当AT在20℃以上时,pCO$_2$随气温增加的边际效应越来越明显,也就是说,当AT在20℃以上时,AT每上升1℃,pCO$_2$的增长值就变大,而这似乎更符合指数函数的特点,因此重新选择指数函数对pCO$_2$与AT之间的相关关系进行拟合,如图1.20所示。通过图1.20可以看出,pCO$_2$与AT之间具有良好的正相关关系,其相关性也具有极为显著的统计学意义,而且其相关性要优于线性拟合的相关性,表现为4种土地利用类型下拟合指数函数的R^2要大于拟合线性函数的R^2。因此,将建模基本公式修改为

$$pCO_2 = c \cdot e^{d \cdot AT} + f \cdot AT \cdot P \tag{1.30}$$

式中,c、d、f为系数,对于同一种土地利用类型为定值;e为自然常数;$c \cdot e^{d \cdot AT}$为AT在调控pCO$_2$时起到的作用;$f \cdot AT \cdot P$为AT与P的交互作用对pCO$_2$产生的影响。

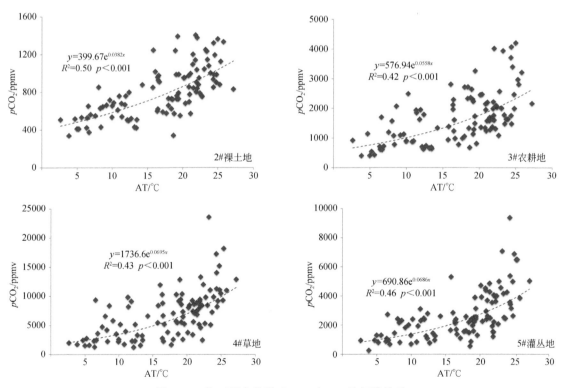

图1.20 修正拟合曲线后pCO$_2$与AT的相关关系

同上,将2015~2016年水文年(模型参数率定期)的pCO$_2$、AT以及P数据作为建模基础数据以三个变量的方式输入MATLAB软件,然后调用MATLAB软件工具箱中Curve Fitting工具对数据进行拟合,拟合方程自定义为$z=c \cdot \exp(d \cdot x)+f \cdot x \cdot y$。数据$x$为时间

序列的气温；数据 y 为时间序列的降水；数据 z 为对应时间序列的 pCO_2 数据。拟合结果如下，拟合曲面如图 1.21 所示。

2#裸土地：$\quad pCO_2 = 404.8\ e^{0.03778AT} + 0.4904 AT \cdot P \quad R^2 = 0.49 \quad$ （1.31）

3#农耕地：$\quad pCO_2 = 638.1\ e^{0.05468AT} - 0.1487 AT \cdot P \quad R^2 = 0.36 \quad$ （1.32）

4#草地：$\quad pCO_2 = 1847.0\ e^{0.07184AT} - 0.6584 AT \cdot P \quad R^2 = 0.41 \quad$ （1.33）

5#灌丛地：$\quad pCO_2 = 572.9\ e^{0.08224AT} - 0.9045 AT \cdot P \quad R^2 = 0.46 \quad$ （1.34）

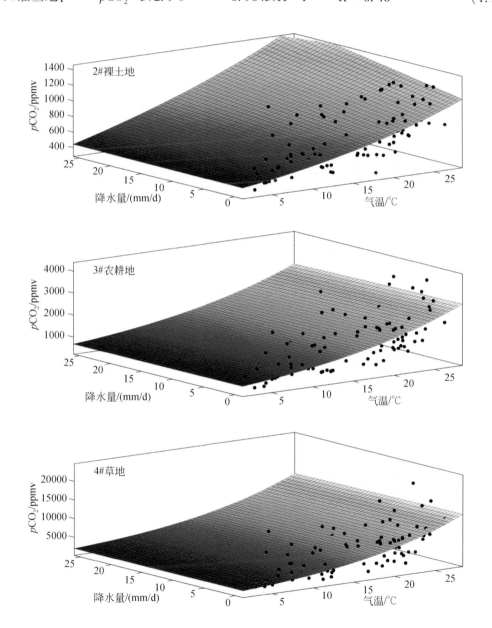

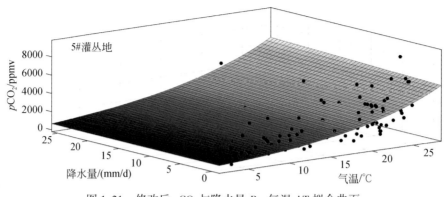

图 1.21 修改后 pCO_2 与降水量 P、气温 AT 拟合曲面

从相关性系数 R^2 上来看，对 AT 的调控作用采用指数函数的拟合方式比采用一次函数的拟合方式要有所提高。将模型参数率定期及检验期的不同土地利用类型下的气温 AT 和降水量 P 数据分别代入上述对应土地利用类型的拟合方程，求得模拟 pCO_2 值，模拟 pCO_2 与真实 pCO_2 对比如图 1.22 所示，指数函数模型仍然可以较好地反映 pCO_2 的季节变化趋势，而且模拟数据点较为平滑，但这也同样导致了夏季峰值处模拟计算值与真实值之间存在一定差异。针对该模型，同样采用平均相对误差法及确定性系数评定法两种方法来对其准确度进行检验。

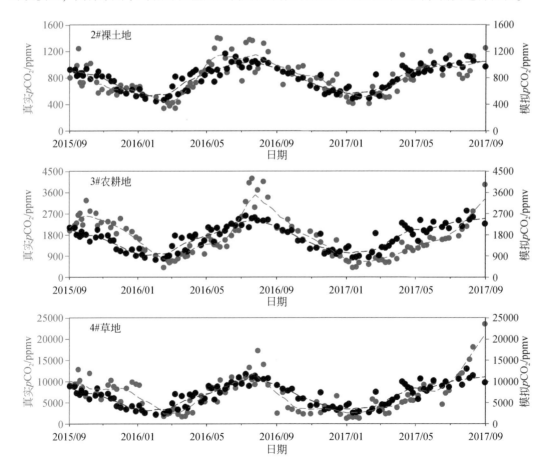

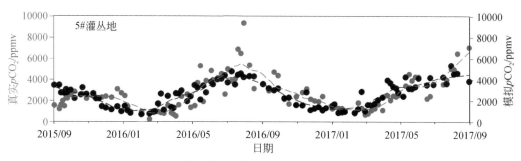

图 1.22 模型修正后模拟 $p\mathrm{CO}_2$ 与真实 $p\mathrm{CO}_2$ 对比图

对于不同的土地利用类型，计算得到其参数率定期平均相对误差分别为 2#裸土地 RE=22.30%，3#农耕地 RE=35.24%，4#草地 RE=35.52%，5#灌丛地 RE=53.58%；其模型检验期平均相对误差分别为 2#裸土地 RE=16.97%，3#农耕地 RE=34.71%，4#草地 RE=37.84%，5#灌丛地 RE=33.09%。无论是参数率定期的平均相对误差，还是模型检验期的平均相对误差都较 1.7.1.1 节中的线性回归模型显著下降，模型检验期的平均相对误差整体低于 40%。

通过确定性系数评定法来检验模型的准确性，结果如下：2#裸土地 $d\alpha$=0.58，3#农耕地 $d\alpha$=0.60，4#草地 $d\alpha$=0.59，5#灌丛地 $d\alpha$=0.51；模型在检验期确定性系数分别为 2#裸土地 $d\alpha$=0.63，3#农耕地 $d\alpha$=0.62，4#草地 $d\alpha$=0.66，5#灌丛地 $d\alpha$=0.65。无论是参数率定期的确定性系数，还是模型检验期的确定性系数都较前述的线性回归模型显著提高，模型检验期的确定性系数全部在 0.60 以上，虽然精度一般，但达到合格标准。

1.7.1.3 [DIC] 模型的构建

建立利用天气数据来预测、估算 [DIC] 的模型需要建立 [DIC] 与 $p\mathrm{CO}_2$ 之间的联系。因此，需要将 CaCO_3 的溶解过程分解：

在 CaCO_3 溶解之前，是 CO_2 溶解于水的过程，其化学方程式如下：

$$\mathrm{CO}_2^{g}+\mathrm{H}_2\mathrm{O} \rightleftharpoons \mathrm{CO}_2^{aq}+\mathrm{H}_2\mathrm{O} \tag{1.35}$$

式中，CO_2^{g} 为气相 CO_2；CO_2^{aq} 为液相 CO_2。根据亨利定律，可知：

$$(\mathrm{CO}_2^{aq}) = K_\mathrm{H} \cdot p\mathrm{CO}_2 \tag{1.36}$$

式中，K_H 为亨利常数，其数值与温度相关。CO_2 与 $\mathrm{H}_2\mathrm{O}$ 反应生成碳酸：

$$\mathrm{H}_2\mathrm{O}+\mathrm{CO}_2 \rightleftharpoons \mathrm{H}_2\mathrm{CO}_3 \tag{1.37}$$

当反应达到平衡时，有

$$(\mathrm{CO}_2^{aq}) = K_0 \cdot (\mathrm{H}_2\mathrm{CO}_3) \tag{1.38}$$

式中，K_0 为反应平衡常数，其数值与温度有关。通常定义 $[\mathrm{H}_2\mathrm{CO}_3^*] = [\mathrm{CO}_2^{aq}] + [\mathrm{H}_2\mathrm{CO}_3]$。为简化计算，在本书的 1.6 节、1.7 节中，对离子活度与浓度不做区分，统一记为活度（"圆括号"），则有

$$(\mathrm{H}_2\mathrm{CO}_3^*) = (\mathrm{CO}_2^{aq}) \cdot \left(1+\frac{1}{K_0}\right) \tag{1.39}$$

H_2CO_3 分解为 H^+ 和 HCO_3^-，与温度相关的分解平衡常数 K_1：

$$H_2CO_3 \rightleftharpoons H^+ + HCO_3^- \tag{1.40}$$

$$K_1 = \frac{(H^+) \cdot (HCO_3^-)}{(H_2CO_3^*)} \tag{1.41}$$

HCO_3^- 进一步分解为 H^+ 和 CO_3^{2-}，与温度相关的分解平衡常数 K_2：

$$HCO_3^- \rightleftharpoons H^+ + CO_3^{2-} \tag{1.42}$$

$$K_2 = \frac{(H^+) \cdot (CO_3^{2-})}{(HCO_3^-)} \tag{1.43}$$

将式（1.41）与式（1.43）相除，得到：

$$\frac{K_1}{K_2} = \frac{(HCO_3^-)^2}{(H_2CO_3^*) \cdot (CO_3^{2-})} \tag{1.44}$$

当 $CaCO_3$ 溶解时，其溶解平衡常数 K_C 计算如下：

$$K_C = (Ca^{2+})_{eq} \cdot (CO_3^{2-})_{eq} \tag{1.45}$$

$(Ca^{2+})_{eq}$ 和 $(CO_3^{2-})_{eq}$ 分别是溶解平衡时两种离子的活度。在 H_2O-CO_2-$CaCO_3$ 系统中有：

$$CaCO_3 + CO_2 + H_2O \rightleftharpoons Ca^{2+} + 2HCO_3^- \tag{1.46}$$

根据式（1.46），有

$$(HCO_3^-) = 2(Ca^{2+}) \tag{1.47}$$

将式（1.36）、式（1.39）、式（1.45）及式（1.47）代入式（1.44），可得

$$(Ca^{2+})_{eq} = \sqrt[3]{\frac{(1+K_0) \cdot K_1 \cdot K_H \cdot K_c}{4 \cdot K_0 \cdot K_2} \cdot pCO_2} \tag{1.48}$$

式中，K_0、K_1、K_2、K_H、K_c 为温度相关常数，其与温度的关系（Wissbrun et al.，1954；Plummer and Busenberg，1982）分别如下：

$$\lg K_1 = -356.3094 - 0.06091964 \cdot Temp + \frac{21834.37}{Temp} + 126.8339 \cdot \lg Temp - \frac{1684915}{Temp^2} \tag{1.49}$$

$$K_0 = \frac{1.7 \times 10^{-4}}{K_1} \tag{1.50}$$

$$\lg K_2 = -107.8871 - 0.03252849 \cdot Temp + \frac{5151.79}{Temp} + 38.92561 \cdot \lg Temp - \frac{56371.9}{Temp^2} \tag{1.51}$$

$$\lg K_H = 108.3865 + 0.01985076 \cdot Temp - \frac{6919.53}{Temp} - 40.45154 \cdot \lg Temp + \frac{669365}{Temp^2} \tag{1.52}$$

$$\lg K_c = -171.9065 - 0.077993 \cdot Temp + \frac{2839.319}{Temp} + 71.595 \cdot \lg Temp \tag{1.53}$$

式中，Temp 为热力学温标，等于摄氏温度加 273.15。

将式（1.48）代入式（1.47）可得

$$(\mathrm{HCO}_3^-)_{\mathrm{eq}} = 2 \cdot \sqrt[3]{\frac{(1+K_0) \cdot K_1 \cdot K_\mathrm{H} \cdot K_\mathrm{c}}{4 \cdot K_0 \cdot K_2} \cdot p\mathrm{CO}_2} \tag{1.54}$$

将式（1.31）～式（1.34）分别代入式（1.54）即可得到估算不同土地利用类型下［DIC］的模型，具体如下。

2#裸土地：

$$(\mathrm{HCO}_3^-)_{\mathrm{eq}} = 2 \cdot \sqrt[3]{\frac{(1+K_0) \cdot K_1 \cdot K_\mathrm{H} \cdot K_\mathrm{c}}{4 \cdot K_0 \cdot K_2} \cdot (404.8 \cdot e^{0.03778 \mathrm{AT}} + 0.4904 \cdot \mathrm{AT} \cdot P)} \tag{1.55}$$

3#农耕地：

$$(\mathrm{HCO}_3^-)_{\mathrm{eq}} = 2 \cdot \sqrt[3]{\frac{(1+K_0) \cdot K_1 \cdot K_\mathrm{H} \cdot K_\mathrm{c}}{4 \cdot K_0 \cdot K_2} \cdot (638.1 \cdot e^{0.05468 \mathrm{AT}} - 0.1487 \cdot \mathrm{AT} \cdot P)} \tag{1.56}$$

4#草地：

$$(\mathrm{HCO}_3^-)_{\mathrm{eq}} = 2 \cdot \sqrt[3]{\frac{(1+K_0) \cdot K_1 \cdot K_\mathrm{H} \cdot K_\mathrm{c}}{4 \cdot K_0 \cdot K_2} \cdot (1847.0 \cdot e^{0.07184 \mathrm{AT}} - 0.6584 \cdot \mathrm{AT} \cdot P)} \tag{1.57}$$

5#灌丛地：

$$(\mathrm{HCO}_3^-)_{\mathrm{eq}} = 2 \cdot \sqrt[3]{\frac{(1+K_0) \cdot K_1 \cdot K_\mathrm{H} \cdot K_\mathrm{c}}{4 \cdot K_0 \cdot K_2} \cdot (572.9 \cdot e^{0.08224 \mathrm{AT}} - 0.9045 \cdot \mathrm{AT} \cdot P)} \tag{1.58}$$

将 2015～2017 年水文年气温与降水量数据依次代入式（1.55）～式（1.58）即可得到 4 种土地利用类型下的［DIC］数值；将 2015～2017 年水文年实测大气 CO_2 分压值代入式（1.54）即可得到 1#裸岩地的［DIC］数值，5 种土地利用类型下根据模型模拟计算的［DIC］与真实［DIC］对比如图 1.23 所示。

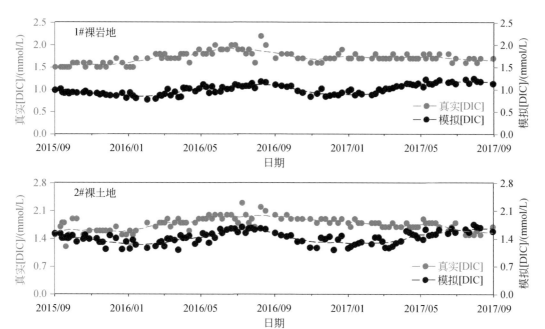

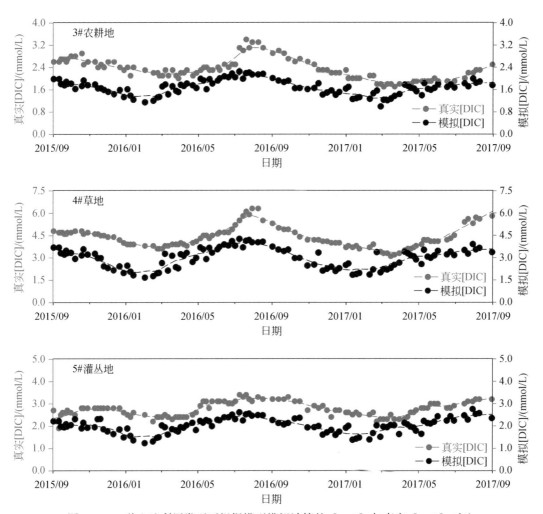

图 1.23 5 种土地利用类型下根据模型模拟计算的 [DIC] 与真实 [DIC] 对比

由图 1.23 可知，模拟 [DIC] 与真实 [DIC] 呈现相同的季节变化趋势，但是每种土地利用类型下的模拟 [DIC] 都显著低于真实 [DIC]，这是因为模拟 [DIC] 是方解石溶解平衡时的 [DIC]，而模拟试验场的岩性是白云质灰岩，而当温度在 0~30℃时，白云石溶解度比方解石高 21%~38%（Dreybrodt, 1988; Liu et al., 2007），因此真实 [DIC] 更高。根据 Zeng 等（2016）的研究，在给定温度下，白云石和方解石溶解平衡时的 DIC 浓度存在如下关系：

$$\frac{[DIC]_{eq\text{-}dol}}{[DIC]_{eq\text{-}cal}} = -0.00571 \cdot AT + 1.3908 \tag{1.59}$$

式中，$[DIC]_{eq\text{-}cal}$ 和 $[DIC]_{eq\text{-}dol}$ 分别为方解石和白云石溶解平衡时的 [DIC]。由于模拟试验场含水层介质岩性为白云质灰岩，其主要矿物组成为方解石和白云石，其中白云石比例约为 22%，方解石比例约为 78%，因此根据岩性修正后模拟计算 $[DIC]_S$ 应该为

$$[DIC]_S = 0.78[DIC]_{eq\text{-}cal} + 0.22[DIC]_{eq\text{-}dol} \tag{1.60}$$

$$[\text{DIC}]_S = 0.78[\text{DIC}]_{\text{eq-cal}} + 0.22[(-0.00571 \cdot \text{AT} + 1.3908) \cdot [\text{DIC}]_{\text{eq-cal}}] \quad (1.61)$$
$$[\text{DIC}]_S = (1.085978 - 0.0012562 \cdot \text{AT})[\text{DIC}]_{\text{eq-cal}} \quad (1.62)$$

式（1.59）~式（1.62）中的 $[\text{DIC}]_{\text{eq-cal}}$ 即等同于式（1.54）~式（1.58）中的 $(\text{HCO}_3^-)_{\text{eq}}$。修正后的模拟计算 $[\text{DIC}]_S$ 与真实 $[\text{DIC}]$ 对比如图1.24所示。

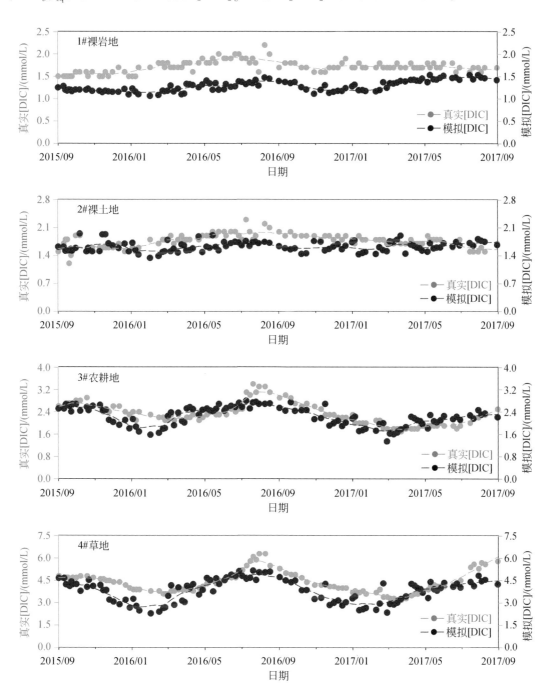

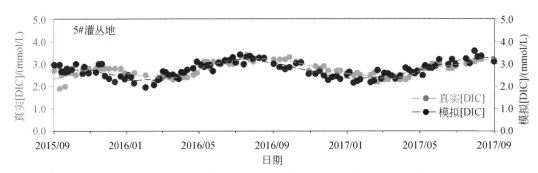

图 1.24　考虑岩性影响后 5 种土地利用类型下根据模型模拟计算的 [DIC] 与真实 [DIC] 对比

由图 1.24 与图 1.23 的对比可以看出，考虑了岩性之后的模拟计算 [DIC] 与真实 [DIC] 可以更好地相拟合，尤其对于有土壤和（或）植被覆盖土地利用类型的夏秋季节而言，模拟计算 [DIC] 曲线可以与真实 [DIC] 曲线较好地贴合。

对于 [DIC] 模型的检验依旧采用相对误差法和确定性系数评定法。通过计算可知，参数率定期平均相对误差分别为 1#裸岩地 RE=27.25%，2#裸土地 RE=11.66%，3#农耕地 RE=9.93%，4#草地 RE=14.34%，5#灌丛地 RE=8.67%；其模型检验期期平均相对误差分别为 1#裸岩地 RE=21.36%，2#裸土地 RE=11.47%，3#农耕地 RE=11.24%，4#草地 RE=15.31%，5#灌丛地 RE=7.96%。从平均相对误差的数值上来看，无论是参数率定期还是模型检验期的平均相对误差都在 25% 以内，说明该模型的精度较好。而对于确定性系数评定法而言，通过计算得知：1#裸岩地 $d\alpha=0.31$，2#裸土地 $d\alpha=0.55$，3#农耕地 $d\alpha=0.63$，4#草地 $d\alpha=0.54$，5#灌丛地 $d\alpha=0.67$；模型在检验期确定性系数分别为 1#裸岩地 $d\alpha=0.21$，2#裸土地 $d\alpha=0.53$，3#农耕地 $d\alpha=0.85$，4#草地 $d\alpha=0.65$，5#灌丛地 $d\alpha=0.75$。

结合相对误差、确定性系数及图 1.24 分析可知，该模型对 2#裸土地、3#农耕地及 5#灌丛地的模拟效果较好，精度也较高。对于 1#裸岩地和 4#草地的模拟精度一般，这是因为对于 1#裸岩地，根据模型设计的初衷，代入模型的 pCO_2 值是实测大气 CO_2 值，所以造成模拟计算 [DIC] 略低于真实 [DIC]，但是结合相对误差的数据来看，虽然存在这种微小的差距，但是其相对差值并不大（小于 0.3 mmol/L），属于可接受误差；对于 4#草地而言，模拟计算值与真实值存在差距主要出现在冬春季节，这是因为根据模型设计的初衷，代入模型的温度数据是气温，喀斯特水系自身具备调蓄功能，所以冬春季节的水温应该高于气温，由式（1.33）可知，气温和水温的差距反映在 pCO_2 上会被显著放大，而这种差值会被 [DIC] 继承，于是造成草地冬春季节模拟计算 [DIC] 要低于真实 [DIC]，但是同样地，其相对误差并不大，而且其确定性系数也已达合格标准。

综合来看，该模型在两种检验方法下均达到合格标准，可以用来预测、估算未来天气条件下不同土地利用下喀斯特水的 [DIC]。

1.7.2　RD 模型与 CSF 模型的建立

通过 1.6 节的讨论可以得知，影响径流深的主要因素是降水量以及蒸散发量。由 1.5

节分析可知,在本研究观测的连续两个水文年中,虽然降水情况存在较大差异,但是针对同一种土地利用而言,其入渗系数是相对稳定的,并未出现较大幅度变化。因而,在本研究中,可以将通过降水量计算径流深的模型定义为一个概化模型,即径流深等于降水与指定土地利用类型入渗系数的乘积。值得注意的是,这是一个简化的模型,被简化考虑的部分是喀斯特含水系统中水位的变化,也就是喀斯特水储量的变化。而这部分可以被简化考虑的理由是,因为碳酸盐岩溶解速率较快,可以在短时间内达到溶解平衡,所以整个喀斯特水系统中的 [DIC] 都可被视作碳汇,而其中也包括了储量变化的部分。因此建立 RD 简化模型如下:

1#裸岩地: $\qquad \text{RD} = 0.91 \cdot P$ \hfill (1.63)

2#裸土地: $\qquad \text{RD} = 0.55 \cdot P$ \hfill (1.64)

3#农耕地: $\qquad \text{RD} = 0.52 \cdot P$ \hfill (1.65)

4#草地: $\qquad \text{RD} = 0.30 \cdot P$ \hfill (1.66)

5#灌丛地: $\qquad \text{RD} = 0.45 \cdot P$ \hfill (1.67)

建立这种模型的优势首先在于其计算简便,其次在于可以精准对应每场降雨,因为一场降水的水量并非在短时间全部通过泉口排泄掉,所以如果通过建立泉口流量与降水的回归关系来预测降水带来的径流深时,可能因为径流深对降水的不定时延迟响应而造成较大误差,这一点在本研究的 1.5 节中也有所分析。而上述所提的概化模型则可将一场降水带来的、能够产生喀斯特碳汇的全部有效水量集中在一起,避免了对喀斯特碳汇通量的低估。

既然通过天气数据(AT、P)来估算不同土地利用下 [DIC] 和 RD 的模型已经被建立,则可以构建利用天气数据来估算不同土地利用类型下喀斯特碳汇通量的模型,其函数表达式为

$$\text{CSF} = 6 \cdot [\text{DIC}] \cdot \text{RD} = 6 \cdot g(p\text{CO}_2) \cdot f_2(P) = 6 \cdot g[f_1(\text{AT}, P)] \cdot f_2(P) \quad (1.68)$$

通过代入两个水文年的天气数据(1#裸岩地直接代入平均大气 CO_2 分压,即 400 ppmv),可以得到不同土地利用类型下的喀斯特碳汇通量在这两个水文年的动态变化,如图 1.25 所示。模型的有效性检验依旧通过相对误差和确定性系数评定法等两种方法来检验。通过计算可知,模拟计算的 CSF 与真实 CSF 的平均相对误差分别为 1#裸岩地 RE = 15.80%,2#裸土地 RE = 15.25%,3#农耕地 RE = 10.14%,4#草地 RE = 10.33%,5#灌丛地 RE = 0.36%。从相对误差的数值上来看,模型的相对误差都在 20% 以内,说明该模型的精度较好,模拟值与真实值差距很小,结果是可信的。对于确定性系数评定,通过计算发现,通过计算得知:1#裸岩地 $d\alpha = 0.72$,2#裸土地 $d\alpha = 0.89$,3#农耕地 $d\alpha = 0.75$,4#草地 $d\alpha = 0.88$,5#灌丛地 $d\alpha = 0.73$。5 种土地利用类型下应用该模型的确定性系数都在 0.70 以上,达到合格标准。

由前述讨论可知,在应用该模型估算喀斯特碳汇通量时忽略了径流对降水的延迟响应,因此如图 1.25 所示,对于 5 种土地利用而言径流深在夏秋季节较高,[DIC] 也是夏秋季节较高,因此导致夏秋季节的喀斯特碳汇通量较大。不同的土地利用类型下模拟两年平均喀斯特碳汇通量从大到小依次为:4#草地 [9.83 t/(km²·a)]、5#灌丛地 [8.87 t/(km²·a)]、1#裸岩地 [8.72 t/(km²·a)]、3#农耕地 [8.55 t/(km²·a)]、

2#裸土地［5.86 t/(km²·a)］；而在真实的 CSF 排序中，5#灌丛地排名第 4 位。虽然模拟数据与真实数据在 CSF 排序上存在细微差别，但是模拟数据中 5#灌丛地与 1#裸岩地、3#农耕地 CSF 差别较小［约 0.3 t/(km²·a)，<5%］，因此这个差别可能是由于系统误差导致，可忽略不计。

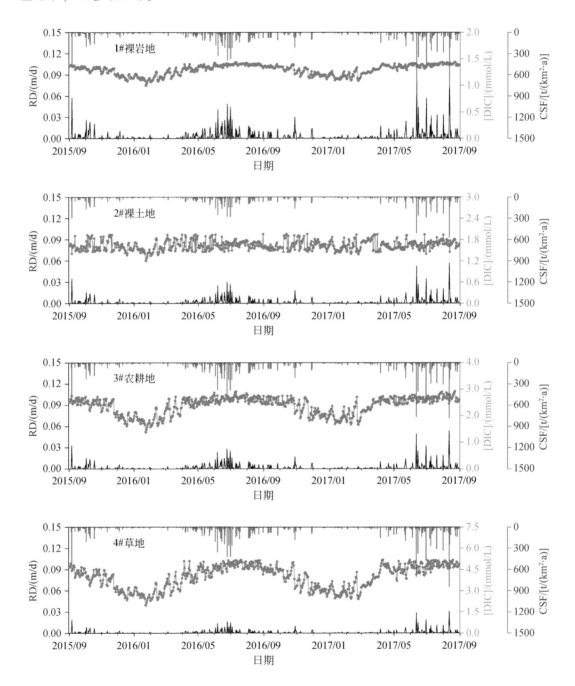

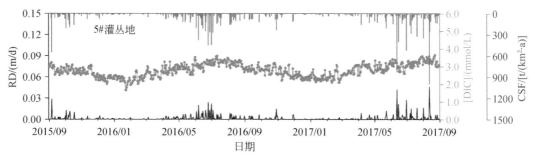

图 1.25　利用模型通过输入天气条件（P 和 AT）模拟计算 [DIC]、RD 以及 CSF

1.7.3　利用模型估算未来 CSF 变化

此模型的优势在于需要的参数较少（气温、降水、大气 CO_2 浓度），而且较为容易获取。只要获取到上述参数，输入模型，便可以高分辨率（精确到日）地预测、估算未来每日不同土地利用类型下可产生的喀斯特碳汇通量。而这些预估数据，可以为人类改造自然、石漠化修复等提供科学依据。

本研究利用该模型对未来气候条件下不同土地利用类型喀斯特碳汇通量的最大潜力进行了估算。根据 Allen 和 Ingram（2002）的研究，全球气温每升高 1 ℃，降水约增加 7%，结合 IPCC2013 年第五次报告和 Longinelli 等（2005）的研究可知，到 2100 年气温将升高 3 ℃，另外全球大气 CO_2 平均浓度每年以 2 ppmv 的速率升高。以 2015～2017 年两个水文年的平均值作为基础值，利用该模型估算了上述气候变化情况下，5 种不同土地利用类型下的喀斯特碳汇通量，结果如表 1.10 所示。

表 1.10　利用模型估算未来气候条件下不同土地利用类型喀斯特碳汇通量

相较 2015～2017 年两个水文年模拟平均值			喀斯特碳汇通量/[t/(km²·a)]				
气温上升/℃	降水增加/%	大气 CO_2 浓度升高/ppmv	1#裸岩地	2#裸土地	3#农耕地	4#草地	5#灌丛地
0	0	0	8.72	5.86	8.55	9.83	8.87
1	7	55	9.86	6.27	9.26	10.81	9.82
2	14	110	11.02	6.72	10.07	11.81	10.90
3	21	165	12.32	7.19	10.95	12.87	12.08

根据石漠化等级的划分，轻、中度石漠化场地以土质、土石质为主，重度石漠化场地则以石质为主（王世杰和李阳兵，2005；张信宝等，2007，2010；张文源和王百田，2015），分别可对应本研究中 2#裸土地及 1#裸岩地。而我国中、轻度石漠化面积共 94700 km²，重度石漠化面积 34900 km²（张红丽和景峰，2016）。综合气候变化的影响，如果石漠化治理过程中，将我国全部 1#裸岩地及 2#裸土地改造成为 4#草地，则最多可增加喀斯特碳汇约 810 kt，提高约 94%，具体如表 1.11 所示，生态环境效应十分可观。

表 1.11　石漠化治理所能产生的喀斯特碳汇增量

相较 2015～2017 年两个水文年模拟平均值			综合气候变化和石漠化治理带来的我国喀斯特碳汇增量绝对值/（t/a）及百分比
气温上升/℃	降水增加/%	大气 CO_2 浓度升高/ppmv	
0	0	0	414698（48.3%）
1	7	55	541706（63.0%）
2	14	110	671306（78.1%）
3	21	165	808682（94.1%）

1.8　模型的程序化及可视化

本研究的最终目标旨在可以从定量的角度来分析、研究喀斯特碳汇的土地利用调控机制，所以本研究对研究对象开展了调查、取样、分析测试工作，对获取数据进行了整理、分析，并掌握其内在规律和控制机理，在此基础上，用数学符号对其进行了量化分析研究，那么接下来，需要将数学公式转化为程序语言，将基于本研究所了解到的控制机制及其量化关系用可视化程序来实现，即开发一款适合相关领域研究人员使用的、简便的可视化程序。

1.8.1　程序用户群体的需求分析

本程序主要面向的对象为从事喀斯特碳汇的土地利用调控机制研究的一线科研人员以及制定石漠化修复规划的相关从业人员。喀斯特碳汇的土地利用调控工作需要坚持长期开展，相关数据的收集也力求全面，如果想要得到准确的科研结论，则还需进行高分辨率的取样、分析工作。根据本研究开展的两个水文年的取样工作经验来看，每单次取样、现场监测工作的开展需要 4 h 左右，因为土地利用类型多样且取样频率较高，所以样品数目较多，这也导致了后期室内分析测试工作需要花费较长时间。从经济的角度来讲，取样工作开展时，取样瓶等耗材费用、差旅费用以及分析测试费用等的开支，随着研究工作时间的拉长以及频率的增加，会逐步增多；而从时间的角度来讲，同时兼顾现场检测以及室内分析工作则可能造成时间分配不合理等问题，如果一旦因为时间分配不合理，出现样品处理测试不及时、错失极端天气事件等问题，则可能造成无法挽回的损失，从而对科研结论产生严重的不良影响。因此，开发此程序的目标之一就是可以节省一线科研工作人员花费在现场监测上的时间和金钱。科研人员只需要搜集或监测气温、降水以及大气 CO_2 浓度，即可估算不同土地利用类型下的喀斯特碳汇通量。而对于制定石漠化修复规划的相关从业人员而言，石漠化修复所能带来的生态环境效应是需要被高度重视的，其中就包括了碳汇效应，如果能够在修复方案出台前，就提前评估清楚变更土地利用类型所带来的喀斯特碳汇通量变化，则可为修复方案提供更科学的理论支撑。因此，开发此程序的另外一个目的就是，为制定石漠化修复规划的相关从业人员提供一个只需输入收集来的未来天气数据，便可估算不同土地利用类型的喀斯特碳汇通量的工具，提前避免了因方案实施后发现生态环境效应不理想再改进方案等情况的发生，可以节约时间和费用。

1.8.2 程序设计

根据 1.6 节、1.7 节的分析讨论可知，土地利用调控喀斯特碳汇通量主要通过 [DIC] 和 RD 两方面来实现，而其中 [DIC] 又是由系统 pCO$_2$ 来决定的，因此本程序的开发主要分为四个模块，即气象因子估算系统 pCO$_2$ 模块、pCO$_2$ 估算 [DIC] 模块、气象因子估算 RD 模块以及 [DIC] 与 RD 估算 CSF 模块。其开发流程如图 1.26 所示。

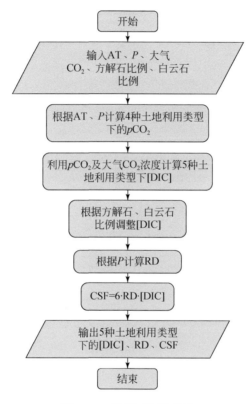

图 1.26 程序开发流程图

由上，本程序针对的用户群体是一线科研人员以及规划制定者，那么需要该程序在使用时操作简单，控制输入数据数量以及输入方式的复杂程度，同时保证输出结果容易读取，因此需要开发图形用户界面，使得使用者不需要通过编写代码去输入数据以及指定输出结果的保存地址及方式，可以直接在界面输入框中输入数据，输出结果也可直接通过界面显示。另外，由图 1.26 可知，该程序的开发方式是模块化的，也就是说是面向对象的，使用这种开发方法的一个优势在于内部程序的可重用性，即各模块对应的程序体，可以被其他程序调用；另外一个优势在于当程序后期维护需要对函数参数做出调整时（具体在 1.8.5 节中说明），仅需修改相应程序体就可以，不需要对整个程序做出调整，大大减轻维护负担。基于该程序是面向对象的，且需要开发图形用户界面，因此本研究选择用 Microsoft 公司开发的 Visual Basic 程序语言来设计该程序。具体开发程序如下。

首先是开发程序界面，如图 1.27 所示。

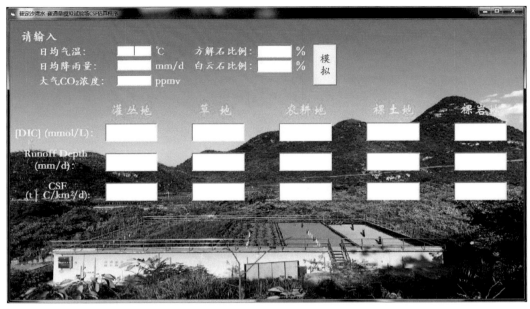

图 1.27　开发程序界面

其次，对界面上的窗体进行参数定义，由前几章的分析可知，该研究所涉及的数据类型多为双精度浮点型，因此输入输出数据均定义为 double 型；然后编写程序主体，即 pCO_2、[DIC]、RD 及 CSF 的计算；最后将计算数值输出。其具体程序如下（单引号之后为程序注释）：

```
Dim t As Double,p As Double,co2()As Double,ca()As Double,diccal()As
Double,dic()As Double,rd()As Double,csf()As Double,h As Integer,i As
Integer,j As Integer,k As Integer,calper As Double,dolper As Double,y As
Double,tk As Double,loga As Double,k0 As Double,k1 As Double,k2 As
Double,kh As Double,kc As Double
```
　　　　　　　　　　　　　　　　　　　　　　　　　　　　　　　　'定义变量
```
Private Sub Command1_Click()
t=Temp.Text
p=Prec.Text
```
　　　　　　　　　　　　　　　　　　　　　　　　　　　　　　'读入温度及降水
```
ReDim co2(1 To 5)
co2(1)=AtmpCO2.Text
co2(2)=404.8* Exp(0.03778* t)+0.4904* t* p
co2(3)=638.1* Exp(0.05468* t)-0.1487* t* p
co2(4)=1847* Exp(0.07184* t)-0.6584* t* p
co2(5)=572.9* Exp(0.08224* t)-0.9045* t* p
```

```
                                            '计算1#~5#土地利用类型的 pCO₂
calper=Calpercent.Text
dolper=Dolpercent.Text
calper=calper/100
dolper=dolper/100
                                            '读入方解石、白云石比例
tk=t+273.16
loga=Log(10)
y=Log(tk)/loga
k1=Exp((-356.3094-0.06091964* tk+21834.37/tk+126.8339* y-1684915/(tk* tk))* loga)
k0=1.7* 0.0001/k1
k2=Exp((-107.8871-0.03252849* tk+5151.79/tk+38.92561* y-56371.9/(tk* tk))* loga)
kh=Exp((108.3865+0.01985076* tk-6919.53/tk-40.45154* y+669365/(tk* tk))* loga)
kc=Exp((-171.9065-0.077993* tk+2839.319/tk+71.595* y)* loga)
                                            '计算方解石溶解过程中的热力学参数
ReDim ca(1 To 5)
For i=1 To 5 Step 1
ca(i)=Exp((1/3)* Log((co2(i))* (1+k0)* k1* kc* kh/(4* k0* k2)))
Next i
                    '计算1#~5#土地利用类型下喀斯特水中方解石溶解平衡时 Ca²⁺离子浓度
ReDim diccal(1 To 5)
For j=1 To 5 Step 1
diccal(j)=2* ca(j)* 1000
Next j
                    '计算1#~5#土地利用类型下喀斯特水中方解石溶解平衡时[DIC]
ReDim dic(1 To 5)
For h=1 To 5 Step 1
dic(h)=(diccal(h)* (-0.00571* t+1.3908)* dolper)+(diccal(h)* calper)
Next h
            '考虑岩性情况下1#~5#土地利用类型下喀斯特水中碳酸盐岩溶解平衡时[DIC]
ReDim rd(1 To 5)
rd(1)=0.91* p
rd(2)=0.55* p
rd(3)=0.52* p
```

```
        rd(4)=0.30* p
        rd(5)=0.45* p
                                          '计算1#~5#土地利用类型下径流深RD
        ReDim csf(1 To 5)
        For k=1 To 5 Step 1
        csf(k)=6* dic(k)* rd(k)/1000
        Next k
                                          '计算1#~5#土地利用类型下喀斯特碳汇通量CSF
        HCO31.Text=Format(dic(1),"0.00")
        HCO32.Text=Format(dic(2),"0.00")
        HCO33.Text=Format(dic(3),"0.00")
        HCO34.Text=Format(dic(4),"0.00")
        HCO35.Text=Format(dic(5),"0.00")
        Runoff1.Text=Format(rd(1),"0.0")
        Runoff2.Text=Format(rd(2),"0.0")
        Runoff3.Text=Format(rd(3),"0.0")
        Runoff4.Text=Format(rd(4),"0.0")
        Runoff5.Text=Format(rd(5),"0.0")
        sink1.Text=Format(csf(1),"0.00")
        sink2.Text=Format(csf(2),"0.00")
        sink3.Text=Format(csf(3),"0.00")
        sink4.Text=Format(csf(4),"0.00")
        sink5.Text=Format(csf(5),"0.00")
                                          '输出[DIC]、RD、CSF
        End Sub
        Private Sub Form_Load()
        Me.AutoRedraw=True
        End Sub
        Private Sub Form_Resize()
        Me.PaintPicture Me.Picture,0,0,Me.ScaleWidth,Me.ScaleHeight
                                          '定义窗口界面背景图片格式
        End Sub
```

1.8.3 程序调试

在将该程序投入正式使用之前,本研究对该程序进行了三种方式的测试。①利用Visual Basic程序自带功能进行"逐字句"调试工作,对其中出现的语法错误予以修正,并通过之后的"逐字句"检查;②在主体程序的计算模块中,插入打印语句,通过逐个过程的计算结果清除程序中出现的公式输入错误;③运行整体程序,随机输入数据,程序运行良好,如图1.28所示。

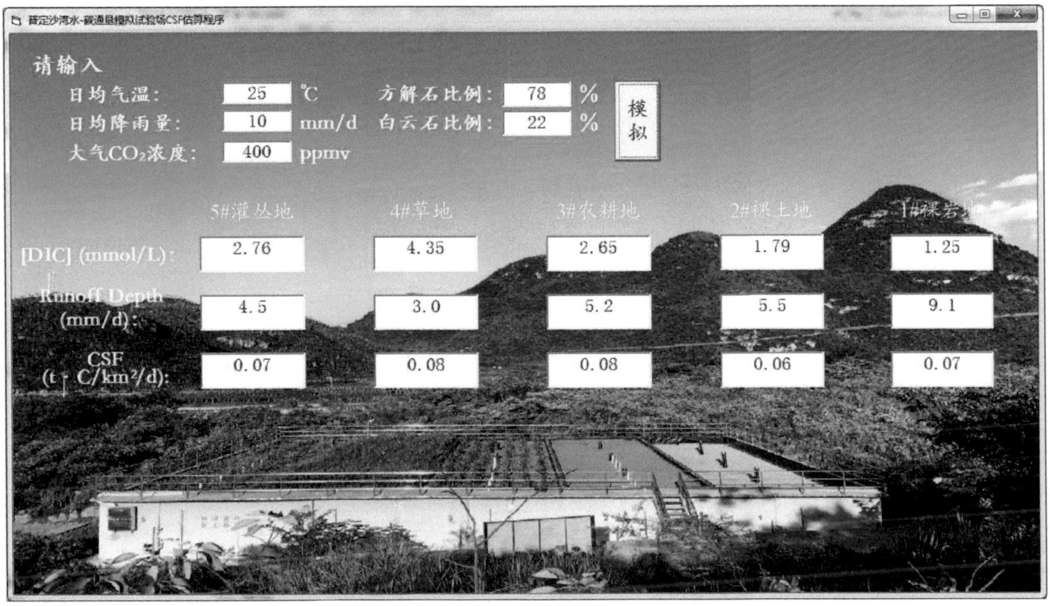

图 1.28　程序调试结果

1.8.4　程序使用说明

在图1.29中红色方框标记的a区域输入气象因子数据及模拟场地碳酸盐岩中方解石和白云石的比例,其中需要特别注意的是,输入数据的单位应该严格与界面中标注单位一致,输入数据应为实数,不局限于整数。为符合实际,方解石与白云石比例之和应小于100,该程序并未提供原始数据检验功能。图1.29中橙色方框标记的b区域为计算结果输出区域,从左至右,每纵列分别代表一种土地利用类型,如黄色文字标记;从上至下,横排分别代表[DIC]、RD以及CSF。在a区域中完整输入数据后,单击"模拟"按钮,便可在b区域中获取模拟计算结果数据。操作较为简单、方便,输入数据也较易获取。

1.8.5　程序维护说明

程序在投入使用之后,需要定期对其错误进行修正并提升其性能,以使其适应需求的变化。对于该程序的后期维护应主要着力于以下两个方面:第一,本程序目前基于的数学模型是通过整个水文年的统计回归计算获得的,这种模型对于极端事件(如暴雨、高温等)的模拟效果会有所欠缺,因为这种回归模型会对极端数据做出相应的平滑处理,因此,该程序的进一步维护工作应该有针对性地提高对极端事件的重视;第二,该程序在性能上还可以进一步提高,在该程序版本升级时,可以考虑优化算法,在不影响运算速度、不占用过多运存的条件下,增加数组读入及输出。

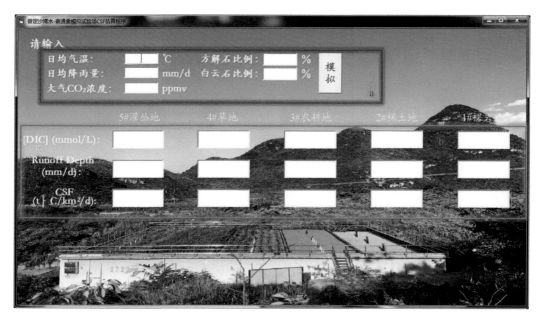

图1.29 程序使用说明书
红圈区域(a)为输入区域;橙圈区域(b)为结果输出区

1.9 结论与展望

1.9.1 结论

本研究选择在沙湾水-碳通量模拟试验场,首次将"控制变量"的理念应用在喀斯特碳汇的土地利用调控机制研究上,有效避免了在野外天然流域开展此类研究时在流域边界划定和流量测定上可能存在的问题。研究结果表明土地利用类型通过影响土壤CO_2的产生以及蒸散发量来分别调控下伏喀斯特水系统的[DIC]和径流深,而后二者再综合作用在喀斯特碳汇通量上,以实现土地利用对喀斯特碳汇通量的调控。

本研究还首次定义了一个新的参数LCIC来比较土地利用变化对[DIC]和径流深的影响,同时用来评价二者对喀斯特碳汇通量的综合影响。该参数还可以用来预估土地利用类型发生变化时,喀斯特碳汇通量变化的方向。如果|LCIC|>1,则说明土地利用类型变化造成的下伏喀斯特水系统[DIC]升高占据主导地位,继而导致喀斯特碳汇通量升高;如果|LCIC|<1,则说明土地利用类型变化造成的下伏喀斯特水系统径流减少占据主导地位,继而导致喀斯特碳汇通量降低。

本研究在定性描述现象、设计参数定量评价土地利用改变对喀斯特碳汇可能造成影响的基础上,构建数学模型,以求通过输入少量的、易获取的天气数据,便可估算不同土地利用类型下的喀斯特碳汇通量。模型通过检验后,被开发成便于一线科研人员以及制定石漠化修复规划相关从业人员使用的程序。本研究得出的具体结论如下：

（1）沙湾水-碳通量模拟试验场由于可以对变量进行严格的控制，因此适宜用来开展喀斯特碳汇的土地利用调控机制研究。

（2）新定义的土地利用变化影响喀斯特碳汇判别参数（LCIC）在比较土地利用类型改变分别对[DIC]和径流深的影响，以及综合评估其可能造成的喀斯特碳汇通量变化方向上是十分有效的。

（3）不同土地利用类型下蒸散发量从多至少排序依次为4#草地、5#灌丛地、3#农耕地、2#裸土地以及1#裸岩地；导致径流深从高至低排序依次为1#裸岩地、2#裸土地、3#农耕地、5#灌丛地及4#草地。径流深的季节性变化规律整体与大气降水的季节性变化规律保持一致，但是存在一个季度的延迟响应。

（4）土壤CO_2浓度及水体pCO_2主要取决于植被根呼吸强度及土壤有机质分解，植被生长状态越好的土地利用类型下土壤CO_2浓度越高，具体表现为4#草地>5#灌丛地>3#农耕地>2#裸土地>1#裸岩地。季节变化上表现为夏秋季节较高、冬春季节较低，与植被生长状态正相关。

（5）土地利用下伏喀斯特水系统水化学主要由参与喀斯特作用的土壤CO_2浓度决定，因此具体表现在pH由低到高依次为4#草地<5#灌丛地<3#农耕地<2#裸土地<1#裸岩地，夏秋季节较低、冬春季节较高；[DIC]由高到低依次为：4#草地>5#灌丛地>3#农耕地>2#裸土地>1#裸岩地，夏秋季节较高、冬春季节较低。

（6）喀斯特碳汇通量由[DIC]和RD综合作用决定，在研究开展期间的前后两个水文年度表现有所差异，具体为，在2015~2016年水文年CSF主要受控于[DIC]，由高到低依次为4#草地[约17 t/($km^2 \cdot a$)]>3#农耕地[约13 t/($km^2 \cdot a$)]>5#灌丛地[约12 t/($km^2 \cdot a$)]>1#裸岩地[约12 t/($km^2 \cdot a$)]>2#裸土地[约9 t/($km^2 \cdot a$)]；在2016~2017年水文年CSF主要受控于RD，由高到低依次为1#裸岩地[约9 t/($km^2 \cdot a$)]>3#农耕地[约6 t/($km^2 \cdot a$)]>5#灌丛地[约5 t/($km^2 \cdot a$)]>4#草地[约5 t/($km^2 \cdot a$)]>2#裸土地[约5 t/($km^2 \cdot a$)]。

造成前后两个水文年土地利用调控喀斯特碳汇通量模式出现差异的原因在于降水条件的改变。研究发现降水是控制喀斯特碳汇产生的瓶颈，当降水并不充足时，有植被覆盖的土地利用类型会造成径流深大幅下降，抑制喀斯特碳汇的产生；而当降水丰沛时，有植被覆盖的土地利用类型，植被生长状态越好，越能够提高水体[DIC]，促进喀斯特碳汇的产生。

（7）喀斯特作用对于调节气候变化，形成了一个重要的负反馈机制。即全球变暖带来温度升高、降雨增多的同时，会促进喀斯特碳汇的形成，增加大气CO_2的消耗，从而抑制全球变暖进程。

（8）研究发现，对于固定的土地类型，决定CSF大小的[DIC]和RD主要取决于植被在不同天气条件下的生长状态。植被的生长状态通过控制土壤CO_2的产生来控制[DIC]的大小；通过控制蒸散发量来控制RD的大小。因此本研究构建了通过气温和降水来估算[DIC]、RD，继而估算CSF的数学模型，并通过检验。

（9）模型的构建是为了方便开展进一步的科研工作以及指导实践，因此本研究将数学模型程序化，通过该模型计算两个水文年平均喀斯特碳汇通量由高至低依次如下：4#草地

[9.83 t/(km²·a)]>5#灌丛地[8.87 t/(km²·a)]>1#裸岩地[8.72 t/(km²·a)]>3#农耕地[8.55 t/(km²·a)]>2#裸土地[5.86 t/(km²·a)]。

(10)如果将石漠化场地(1#裸岩地、2#裸土地)治理为4#草地,综合气候变化的影响,截至2100年石漠化治理最高可增加喀斯特碳汇808682 t/a。2018年3月欧洲能源所三次EUA(欧盟排放配额)拍卖价格的平均值为每吨碳42.39欧元(来源:广州碳排放权交易所)。如果以此价格进行计算,我国石漠化治理每年可产生的经济产值最高约为3428万欧元,折合人民币约2.6亿元。

1.9.2 本研究存在的问题与展望

本研究对喀斯特碳汇的土地利用调控机制做了较为详细的阐释,并将机制模型化,以便可以更好地预测、评估未来气候条件下不同土地利用类型下喀斯特作用的增汇潜力。但是,由于表层喀斯特带内的喀斯特发生过程近似灰箱模型,而且从地球系统科学的角度思考,可以影响喀斯特作用的水、岩、土、气、生各圈层交互作用又在不断地发生变化,其调控喀斯特碳汇的机制也会相应做出调整。未来该项工作的继续推进,建议着重考虑这些方面的问题,具体列述如下:

(1)本研究开展的时期为植被的生长期,当所有植被生长成熟之后,研究结果可能会发生变化,尤其是对于5#灌丛地,因此坚持长期在该场地上开展此项观测研究是十分必要的。

(2)本研究的开展场地沙湾水-碳通量模拟试验场虽然属于小空间尺度,但是该场地在入渗系数、滞留时间、土壤CO_2浓度等对RD和[DIC]会产生决定性影响的参数上,与野外实际较为一致,因此基于此场地研究发现的喀斯特碳汇的土地利调控机制与野外实际并无显著差异,基于此构建的预测模型也适用于野外天然喀斯特流域。但同时,在将本研究所得结论进行升尺度推广时,还应当注意诸如局地小气候差异、土地利用混杂等问题。

(3)模拟试验场模拟含水系统介质为碳酸盐岩碎石块,虽可以较好地模拟孔隙、裂隙流系统,但是对实际喀斯特水流系统中的管道流系统缺乏模拟。另外,模拟试验场现有土地坡度均为0°,与实际喀斯特山地地形存在较大差别。如果条件允许,在以后的工作中建议针对上述问题开展进一步的研究工作。

(4)在构建数学模型的过程中,发现该模型可与喀斯特碳汇在完整水文年内的整体趋势较好拟合,但是对极端事件的处理不够细致,原因主要在于极端事件(如暴雨、高温)监测数据的不完整,因此,在以后的工作中,应注意加强对极端事件的高分辨率监测,以期通过将暴雨等极端事件进行分等级分别建立子模型来达到更精细的刻画程度。

(5)植被根呼吸强度和土壤微生物活动造成土壤有机质分解均可产生土壤CO_2,本研究中并未对二者进行详细区分,在后续研究中,应针对此问题进行相关指标的配套监测,如生物量、土壤有机质含量、喀斯特水中有机碳含量及碳同位素等。通过建立完整的指标体系,进一步将不同土地利用类型下土壤CO_2的产生机制揭示清楚。

(6)在实际观测研究中发现,在控制水头所用的玻璃三通管处,会出现藻类等生长,这在一定程度上会改变场地的排泄条件,因此,在之后的研究中,宜考虑在保证水化学组成不受影响的情况下,对此进行处理,如将无色透明玻璃管更换成棕色玻璃管或者对其进行其他遮光处理。

(7)程序开发中未能实现数组文件的读入、输出,这在一定程度上限制了该程序使用的便捷程度,在后续的工作争取实现数组文件的输入、输出,图像输出。

我们相信,对上述问题进行有针对性的改进之后,会更加清晰、准确地揭示土地利用调控喀斯特碳汇机制的细节,也可以更好地为石漠化治理的生态环境效应提供科学支撑并指导实践。

参 考 文 献

陈泮勤.2004.地球系统碳循环.北京:科学出版社.
陈伟杰,熊康宁,任晓冬,等.2010.岩溶地区石漠化综合治理的固碳增汇效应研究——基于实地监测数据的分析.中国岩溶,29:229-238.
崔高仰,容丽,李晓东,等.2017.喀斯特高原峡谷石漠化治理过程中土壤理化性质的变化.生态学杂志,36:1188-1197.
崔鹏,王道杰,范建容,等.2008.长江上游及西南诸河区水土流失现状与综合治理对策.中国水土保持科学,6:43-50.
邓旭升.2006.广西喀斯特山区石漠化及其生态经济综合治理.广西经济,8:29-32.
方精云,郭兆迪.2007.寻找失去的陆地碳汇.自然杂志,29:1-6.
郭红艳.2013.石漠化对土壤碳库和碳排放的影响研究——以贵州省关岭县为例.北京:中国林业科学研究院.
国家林业局.2007.岩溶地区石漠化状况公报.林业工作参考,2:26-33.
黄金国,魏兴琥,王兮之,等.2014.粤北典型岩溶区石漠化过程中植被退化对土壤有机质和养分含量的影响.中国土壤与肥料,1:15-18.
黄秋昊,蔡运龙,王秀春.2007.我国西南部喀斯特地区石漠化研究进展.自然灾害学报,16:106-111.
蒋忠诚,袁道先.2003.西南岩溶区的石漠化及其综合治理综述//岩溶地区水、工、环及石漠化问题学术研讨会,141:13-19.
蒋忠诚,蒋小珍,雷明堂.2000.运用 GIS 和溶蚀试验数据估算中国岩溶区大气 CO_2 的汇.中国岩溶,19(3):212-217.
蒋忠诚,覃小群,曹建华,等.2013.论岩溶作用对全球碳循环的意义与碳汇效应——兼对《对〈中国岩溶作用产生的大气 CO_2 碳汇分区估算〉一文的商榷》的答复.中国岩溶,32:1-6.
蓝家程,肖时珍,杨龙,等.2016.石漠化治理对岩溶作用强度的影响及其碳汇效应.水土保持学报,30:244-249.
李凤全,张殿发.2003.贵州喀斯特石漠化危害与生态经济防治对策.生态经济,10:74-76.
李准,刘方,陈祖拥,等.2009.茂兰喀斯特山区不同土地利用方式下浅层地下水化学组成的变化.山地农业生物学报,28:28-31.
梁亮,刘志霄,张代贵,等.2007.喀斯特地区石漠化治理的理论模式探讨.应用生态学报,18:595-600.
林明珠,谢世友,衡涛.2011.喀斯特山地不同土地利用对表层岩溶泉水化学特征的影响.水土保持学报,25:212-216.
刘再华.2012.岩石风化碳汇研究的最新进展与展望.科学通报,57:95-102.
刘再华,何师意,袁道先,等.1998.土壤中的 CO_2 及其对岩溶作用的驱动.水文地质工程地质,8(4):42-45.
刘再华,Dreybrodt W,王海静.2007.一种由全球水循环产生的可能重要的 CO_2 汇.科学通报,52(20):

2418-2422.

刘再华,Dreybrodt W,刘洹. 2011. 大气 CO_2 汇:硅酸盐风化还是碳酸盐风化的贡献?. 第四纪研究,31: 426-430.

苏维词. 2002. 中国西南岩溶山区石漠化的现状成因及治理的优化模式. 水土保持学报,16:29-33.

谭晋,容丽,熊康宁. 2013. 石漠化等级与植被碳储量的相关性研究——以顶坛小流域为例. 贵州师范大学学报(自然科学版),31:88-92.

瓦庆荣. 2008. 加快石漠化地区草地植被恢复 促进喀斯特地区生态环境建设. 草业科学,25:18-21.

万军,蔡运龙,张惠远,等. 2004. 贵州省关岭县土地利用/土地覆被变化及土壤侵蚀效应研究. 地理科学, 24:573-578.

王德炉,朱守谦,黄宝龙. 2003. 贵州喀斯特区石漠化过程中植被特征的变化. 南京林业大学学报(自然科学版),27:26-30.

王世杰,李阳兵. 2005. 生态建设中的喀斯特石漠化分级问题. 中国岩溶,24:192-195.

王世杰,李阳兵,李瑞玲,等. 2003. 喀斯特石漠化的形成背景、演化与治理. 第四纪研究,23:657-665.

王宇,张贵,李丽辉,等. 2007. 岩溶找水与开发技术研究. 北京:地质出版社.

吴育忠. 2011. 不同强度石漠化生物治理的土壤响应分析. 安徽农业科学,39:15303-15305.

肖时珍,熊康宁,蓝家程,等. 2015. 石漠化治理对岩溶地下水水化学和溶解无机碳稳定同位素的影响. 环境科学,36:1590-1597.

徐胜友,蒋忠诚. 1997. 我国岩溶作用与大气温室气体 CO_2 源汇关系的初步估算. 科学通报,42:953-956.

杨龙,熊康宁,肖时珍,等. 2016. 花椒林在喀斯特石漠化治理中的碳汇效益. 水土保持通报,36:292-297.

袁道先. 1993. 碳循环与全球岩溶. 第四纪研究,1:1-6.

袁道先. 1999. "岩溶作用与碳循环"研究进展. 地球科学进展,14(5):425-432.

袁道先. 2008. 岩溶石漠化问题的全球视野和我国的治理对策与经验. 草业科学,25:19-24.

袁道先. 2011. 全球岩溶生态系统对比:科学目标和执行计划. 地球科学进展,16:461-466.

袁道先,刘再华,林玉石,等. 2002. 中国岩溶动力系统. 北京:地质出版社.

曾成,赵敏,杨睿,等. 2011. 高寒冰雪覆盖型和湿润亚热带型岩溶水系统碳汇强度对比. 气候变化研究进展,7:162-170.

曾庆睿,刘再华. 2017. 玄武岩风化是重要的碳汇机制吗?. 科学通报,(10):1041-1049.

詹道江,叶守泽. 2000. 工程水文学. 北京:中国水利水电出版社.

张红丽,景峰. 2016. 我国石漠化现状及防治措施综述. 山西水利,12:18-19.

张俊佩,张建国,段爱国,等. 2008. 中国西南喀斯特地区石漠化治理. 林业科学,44:84-89.

张明阳,王克林,刘会玉,等. 2013. 基于遥感影像的桂西北喀斯特区植被碳储量及密度时空分异. 中国生态农业学报,21:1545-1553.

张琦,蔡雄飞,汪发勇,等. 2016. 喀斯特石漠化与水土流失强度耦合关系分析——以六盘水市为例. 亚热带水土保持,28:7-11.

张人权,梁杏,靳孟贵,等. 2011. 水文地质学基础(第六版). 北京:地质出版社.

张文源,王百田. 2015. 贵州喀斯特石漠化分类分级探讨. 南京林业大学学报(自然科学版),39:148-154.

张信宝,王世杰,贺秀斌,等. 2007. 西南岩溶山地坡地石漠化分类当议. 地球与环境,35:188-192.

张信宝,王世杰,曹建华,等. 2010. 西南喀斯特山地水土流失特点及有关石漠化的几个科学问题. 中国岩溶,29:274-279.

赵瑞一,梁作兵,王尊波,等. 2015. 旱季不同土地利用类型下岩溶碳汇效应差异. 环境科学,36:1599-1604.

周文龙,熊康宁,龙健,等. 2011. 喀斯特石漠化综合治理区表层土壤有机碳密度特征及区域差异. 土壤通报,42:1131-1137.

朱辉,曾成,刘再华,等.2015.岩溶作用碳汇强度变化的土地利用调控规律——贵州普定岩溶水-碳通量大型模拟试验场研究.水文地质工程地质,42:120-125.

Alfred M. 1980. The principles of economics. Basingstroke:Palgrave MacMillan.

Allan R G, Pereira L S, Raes D, et al. 1998. Crop evapotranspiration: guideline for computing crop water requirement. FAO irrigation and drainage paper No. 56. Italy:Food and Agriculture Organization.

Allard V, Robin C, Newton P C D, et al. 2006. Short and long-term effects of elevated CO_2 on Lolium perenne rhizodeposition and its consequences on soil organic matter turnover and plant N yield. Soil Biology and Biochemistry,38:1178-1187.

Allen M, Ingram W J. 2002. Constraints on future changes in climate and the hydrological cycle. Nature,419: 224-232.

Alvarenge L A, Mello C R, Colombo A, et al. 2016. Assessment of land cover change on the hydrology of a Brazilian headwater watershed using the Distributed Hydrology-Soil-Vegetation Model. Catena,143:7-17.

Andrews J A, Schlesinger W H. 2001. Soil CO_2 dynamics, acidification, and chemical weathering in a temperate forest with experimental CO_2 enrichment. Global Biogeochemical Cycles,15:149-162.

Balagizi C M, Darchambeau F, Bouillon S, et al. 2015. River geochemistry, chemical weathering, and atmospheric CO_2 consumption rates in the Virunga Volcanic Province(East Africa). Geochemistry Geophysics Geosystems, 16:2637-2660.

Barnes R T, Raymond P A. 2009. The contribution of agricultural and urban activities to inorganic carbon fluxes within temperate watersheds. Chemical Geology,266:318-327.

Benyon R G, Theiveyanathan S, Doody T M. 2006. Impacts of tree plantations on groundwater in south-eastern Australia. Australian Journal of Botany,54:181-192.

Berner E. 1987. The global water cycle:geochemistry and environment. New Jersey:Prentice Hall.

Berner R A. 1992. Weathering, plants, and the long-term carbon cycle. Geochimica et Cosmochimica Acta,56: 3225-3231.

Berner R A. 1997. The rise of plants and their effect on weathering and atmospheric CO_2. Science,276:544-546.

Berner R A, Lasaga A C, Garrells R M. 1983. The carbonate-silicate geochemical cycle and its effect on atmospheric carbon dioxide over the past 100 million years. American Journal of Science,283:641-683.

Bickle M J, Bunbury J, Champan H J, et al. 2003. Fluxes of Sr into the headwater of the Ganges. Geochimica et Cosmochim Acta,67:2567-2584.

Bickle M J, Tipper E, Galy A, et al. 2015. On discrimination between carbonate and silicate inputs to Himalayan river. American Journal of Science,315:120-166.

Blum J D, Gazis C A, Jacobson A D, et al. 1998. Carbonate versus silicate weathering in the Raikhot watershed within the High Himalayan Crystalline Series. Geology,26:411-414.

Broecker W S, Takahashi T, Simpson H J, et al. 1979. Fate of fossil fuel carbon dioxide and the global carbon budget. Science,206:409-418.

Bronstert A, Niehof D, Bilrger G. 2002. Effects of climate and land-use change on storm runoff generation:Present knowledge and modelling capabilities. Hydrological Processes,16:509-529.

Brook G A, Folkoff M E, Box E O. 1983. A world model of soil carbon dioxide. Earth Surface and Processes and Landforms,8:79-88.

Cai W J, Guo X H, Chen T A, et al. 2008. A comparative overview of weathering intensity and HCO_3^- flux in the world's major rivers with emphasis on the Changjiang, Huanghe, Zhujiang (Pearl) and Mississippi Rivers. Continental Shelf Research,28:1538-1549.

Calder I R. 1993. Hydrologic effects of land-use change. New York: McGraw-Hill.

Cawley J L, Burruss R C, Holland H D. 1969. Chemical weathering in Central Iceland: An analog of Pre-Silurian weathering. Science,165:391-392.

Chen B, Yang R, Liu Z, et al. 2017. Coupled control of land uses and aquatic biological processes on the diurnal hydrochemical variations in the five ponds at the Shawan Karst Test Site, China: Implications for the carbonate weathering-related carbon sink. Chemical Geology,456:58-71.

Cochran M F, Berner R A. 1996. Promotion of chemical weathering by higher plants: Field observations on Hawaiian basalts. Chemical Geology,132:71-77.

Curl R L. 2012. Carbon shifted but not sequestered. Science,335:655.

Dagnew D C, Cuzman C D, Akale A T, et al. 2017. Effects of land use on catchment runoff and soil loss in the sub humid Ethiopian highlands. Ecohydrology & Hydrobiology,17:274-282.

Dessert C, Dupré B, François L M, et al. 2001. Erosion of Deccan Traps determined by river geochemistry: Impact on the global climate and the $^{87}Sr/^{86}Sr$ ration of sea water. Earth and Planetary Science Letters,188:459-474.

Drever J I. 1982. The geochemistry of natural waters. New Jersey: Prentice Hall.

Drever J I. 1994. The effect of land plants on weathering rates of silicate minerals. Geochimica et Cosmochimica Acta,58:2325-2332.

Dreybrodt W. 1988. Processes in karst systems. Heidelberg: Springer.

Ebelmen J J. 1845. Sur les produits de la décomposition des espèces minérales de la famille des silicates. Annales des Mines,7:3-66.

English N B, Quade J, DeCelles P G, et al. 2000. Geologic control of Sr and major element chemistry in Himalayan Rivers, Nepal. Geochimica et Cosmochim Acta,64:2549-2566.

Fan J, Oestergaard K T, Guyot A, et al. 2014. Estimating groundwater recharge and evapotranspiration from water table fluctuations under three vegetation covers in a coastal sandy aquifer of subtropical Australia. Journal of Hydrology,519:1120-1129.

Feely R A, Sabine C L, Lee K, et al. 2004. Impact of anthropogenic CO_2 on the $CaCO_3$ system in the oceans. Science,305:362-366.

Ford D, Williams P. 2007. Karst hydrogeology and geomorphology. England: John Wiley & Sons Ltd.

Frank A B, Liebig M A, Tanaka D L. 2006. Management effects on soil CO_2 efflux in northern semiarid grassland and cropland. Soil & Tillage Research,89:78-85.

Galy A, France Lanord C, Derry L A. 1999. The strontium isotopic budget of Himalayan Rivers in Nepal and Bangladesh. Geochimica et Cosmochim Acta,63:1905-1925.

Gashaw T, Tulu T, Argaw M, et al. 2018. Modeling the hydrological impacts of land use/land cover changes in the Andassa watershed, Blue Nile Basin, Ethiopia. Science of the Total Environment,619-620:1394-1408.

Gifford R. 1994. The global carbon cycle: A viewpoint on the missing sink. Functional Plant Bioloy,21(1):1-15.

Gislason S R, Arnorsson S, Armannsson H. 1996. Chemical weathering of basalt in southwest Iceland: effects of runoff, age of rocks and vegetative/glacial cover. American Journal of Science,296:837-907.

Gislason S R, Oelkers E H, Eiriksdottir E S, et al. 2009. Direct evidence of the feedback between climate and weathering. Earth and Planetary Science Letters,277:213-222.

Goldsmith S T, Carey A E, Johnson B M, et al. 2010. Stream geochemistry, chemical weathering and CO_2 consumption potential of andesitic terrains, Dominica, Lesser Antilles. Geochimica et Cosmochimica Acta,74:85-103.

Gombert P. 2002. Role of karstic dissolution in global carbon cycle. Global and Planetary Change,33:177-184.

Gomyo M, Kuraji K. 2016. Effect of the litter layer on runoff and evapotranspiration using the paired watershed method. Journal of Forest Research, 21:306-313.

Gupta H, Chakrapani G J, Selvaraj K, et al. 2011. The fluvial geochemistry, contributions of silicate, carbonate and saline-alkaline components to chemical weathering flux and controlling parameters: Narmada River (Deccan Traps), India. Geochimica et Cosmochimica Acta, 75:800-824.

Hagedorn B, Cartwright I. 2008. Climatic and lithologic controls on the temporal and spatial variability of CO_2 consumption via chemical weathering: An example from the Australian Victorian Alps. Chemical Geology, 260: 234-253.

Harris N, Bickle M, Chapman H, et al. 1998. The significance of Himalayan rivers for silicate weathering rates: Evidence from the Bhote Kosi tributary. Chemical Geology, 144:205-220.

Houghton R A, Hackler J L, Lawrence K T. 1999. The US carbon budget: Contributions from land-use change. Science, 285:574-578.

Houghton R A, Woodwell G M. 1989. Global climate change. Scientific American, 260(4):18-26.

Hurwitz S, Evans W C, Lowenstern J B. 2010. River solute fluxes reflecting active hydrothermal chemical weathering of the Yellowstone Plateau Volcanic Field, USA. Chemical Geology, 276:331-343.

Jacobson A D, Blum J D. 2000a. Ca/Sr and $^{87}Sr/^{86}Sr$ geochemistry of disseminated calcite in Himalayan silicate rocks from Nanga Parbat: Influence on river-water chemistry. Geology, 28:463-466.

Jacobson A D, Blum J D. 2000b. Relationship between mechanical erosion and atmospheric CO_2 consumption in the New Zealand Southern Alps. Geology, 31:865-868.

Jacobson A D, Blum J D, Chamberlain C P, et al. 2002. Ca/Sr and Sr isotope systematics of a Himalayan glacial chronosequence: Carbonate versus silicate weathering rates as a function of landscape surface age. Geochimica et Cosmochimica Acta, 66:13-27.

Jackson R B, Jobbágy E G, Avissar R, et al. 2005. Trading water for carbon with biological carbon sequestration. Science, 310:1944-1947.

Jacobson A D, Andrews M G, Lehn G O, et al. 2015. Silicate versus carbonate weathering in Iceland: New insights from Ca isotopes. Earth and Planetary Science Letters, 416:132-142.

Jiang Y, Wu Y, Groves C, et al. 2009. Natural and anthropogenic factors affecting the groundwater quality in the Nandong karst underground river system in Yunan, China. Journal of Contaminant Hydrology, 109:49-61.

Jiang Z, Lian Y, Qin X. 2014. Rocky desertification in Southwest China: Impacts, causes, and restoration. Earth-Science Reviews, 132:1-12.

Joos F. 1994. Imbalance in the budget. Nature, 370:181-182.

Kheshgi H S, Jain A K, Wuebbles D J. 1996. Accounting for the missing carbon sink with the CO_2 fertilization effect. Climate Change, 33:31-62.

Kimberley M M, Abu Jaber N. 2005. Shallow perched groundwater, a flux of deep CO_2, and near-surface water-rock interaction in Northeastern Jordan: An example of positive feedback and Darwin's "warm little pond". Precambrian Research, 137:273-280.

King A W, Emanuel W R, Wullschleger W M, et al. 1995. In search of the missing carbon sink: A model of terrestrial biospheric response to land-use change and atmospheric CO_2. Tellus B, 47:501-519.

Krause P. 2002. Quantifying the impact of land use changes on the water balance of large catchments using the J2000 model. Physics and Chemistry of the Earth, 27:663-673.

Kump L R, Brantley S L, Arthur M A. 2000. Chemical weathering, atmospheric CO_2, and climate. Annual Review of Earth and Planetary Sciences, 28:611-667.

Lan F, Qin X, Jiang Z, et al. 2014. Influences of land use/land cover on hydrogeochemical indexes of karst groundwater in the Dagouhe Basin, Southwest China. Clean Soil Air Water, 43:683-689.

LeGrand H E. 1973. Hydrological and ecological problems of karst regions. Science, 179:859-864.

Lei C, Zhu L. 2018. Spatio temporal variability of land use/land cover change (LULCC) within the Huron River: Effects on stream flows. Climate Risk Management, 19:35-47.

Li D, Wen L, Jiang S, et al. 2018. Responses of soil nutrients and microbial communities to three restoration strategies in a karst area, southwest China. Journal of Environmental Management, 207:456-464.

Li G, Elderfield H. 2013. Evolution of carbon cycle over the past 100 million years. Geochimica et Cosmochimica Acta, 103:11-25.

Li Z, Wu W, Liu X, et al. 2017. Land use/cover change and regional climate change in an arid grassland ecosystem of Inner Mongolia, China. Ecological Modelling, 353:86-94.

Liu H, Liu Z, Macpherson G L, et al. 2015. Diurnal hydrochemical variations in a karst spring and two ponds, Maolan Karst Experimental Site, China: Biological pump effects. Journal of Hydrology, 522:407-417.

Liu Z, Zhao J. 2000. Contribution of carbonate rock weathering to the atmospheric CO_2 sink. Environmental Geology, 39:1053-1058.

Liu Z, Dreybrodt W. 1997. Dissolution kinetics of calcium carbonate minerals in H_2O CO_2 solutions in turbulent flow: The role of diffusion boundary layer and the slow reaction $H_2O + CO_2 = H^+ + HCO_3^-$. Geochimica et Cosmochimica Acta, 61:2879-2889.

Liu Z, Dreybrodt W. 2015. Significance of the carbon sink produced by H_2O carbonate CO_2 aquatic phototroph interaction on land. Scicence Bulletin, 60:182-191.

Liu Z, Li Q, Sun H, et al. 2007. Seasonal, diurnal and storm scale hydrochemical variations of typical epikarst springs in subtropical karst areas of SW China: Soil CO_2 and dilution effects. Journal of Hydrology, 337(1):207-223.

Liu Z, Dreybrodt W, Wang H. 2010. A new direction in effective accounting for the atmospheric CO_2 budget: Considering the combined action of carbonate dissolution, the global water cycle and photosynthetic uptake of DIC by aquatic organisms. Earth-Science Reviews, 99:162-172.

Liu Z, Dreybrodt W, Liu H. 2011. Atmospheric CO_2 sink: Silicate weathering or carbonate weathering?. Applied Geochemistry, 26:S292-S294.

Liu Z, Zhao M, Sun H, et al. 2017. "Old" carbon entering the South China Sea from the carbonate rich Pearl River Basin: Coupled action of carbonate weathering and aquatic photosynthesis. Applied Geochemistry, 78:96-104.

Longinelli A, Lenaz R, Ori C, et al. 2005. Concentrations and $\delta^{13}C$ values of atmospheric CO_2 from oceanic atmosphere through time: Polluted and non polluted areas. Tellus B, 57:385-390.

Louvat P, Allègre C J. 1997. Present denudation rates on the island of Réunion determined by river geochemistry: Basalt weathering and mass budget between chemical and mechanical erosions. Geochimica et Cosmochim Acta, 61:3645-3669.

Louvat P, Allègre C J. 1998. Riverine erosion rates on Sao Miguel volcanic island, Azores archipelago. Chemical Geology, 148:177-200.

Matheussen B, Kirschbaum R L, Goodman I A, et al. 2000. Effects of land cover change on stream flow in the interior Columbia River Basin (USA and Canada). Hydrological Processes, 14:867-885.

Melnikov N B, O'Neill B C. 2006. Learning about the carbon cycle from global budget data. Geophysical Research Letters, 330:356-360.

Moore J, Jacobson A D, Holmden C, et al. 2013. Tracking the relationship between mountain uplift, silicate weathering, and long-term CO$_2$ consumption with Ca isotopes: Southern Alps, New Zealand. Chemical Geology, 341:110-127.

Moriasi D N, Arnold J G, Liew M W V, et al. 2007. Model Evaluation guidelines for systematic quantification of accuracy in watershed simulations. Transactions of the Asabe, 50:885-900.

Nash J E, Sutcliffe J V. 1970. River flow forecasting through conceptual models part I- A discussion of principles. Journal of Hydrology, 10:282-290.

Nearing M A, Liu B Y, Risse L M, et al. 1996. Curve numbers and green ampt effective hydraulic conductivities. Journal of the American Water Resources Association, 32:125-136.

Oliver L, Harris N, Bickle M, et al. 2003. Silicate weathering rates decoupled from the $^{87}Sr/^{86}Sr$ ratio of the dissolved load during Himalayan erosion. Chemical Geology, 201:119-139.

Öztürk M, Copty N K, Saysel A K. 2013. Modeling the impact of land use change on the hydrology of a rural watershed. Journal of Hydrology, 497:97-109.

Palmer M R, Edmond J M. 1992. Controls over the strontium isotope composition of river water. Geochimica et Cosmochimica Acta, 56:2099-2111.

Parkhurst D L, Appelo C A J. 1999. User's guide to PHREEQC(version 2)—a computer program for speciation, batch-reaction, one dimensional transport, and inverse geochemical calculations//US Geological survey water resources investigations Report, 99-4259.

Pethram C, Walker G, Grayson R, et al. 2002. Towards a framework for predicting impacts of land-use on recharge: 1. A review of recharge studies in Australia. Austrlian Journal of Soil Research, 40:397-417.

Piper A M. 1944. A graphic procedure in the geochemical interpretation of water analysis. Transactions, American Geophysical Union, 25:914-923.

Plummer L N, Busenberg E. 1982. The solubilities of calcite, aragonite, and vaterite in CO_2-H_2O solutions between 0℃ and 90℃ and an evaluation of the aqueous model for the system $CaCO_3$-CO_2-H_2O. Geochimica et Cosmochimica Acta, 46:1011-1040.

Plummer L N, Wigley T M L, Parkhurst D L. 1978. The kinetics of calcite dissolution in CO_2-water systems at 5℃ to 60℃ and 0.0 to 1.0 atm CO_2. American Journal of Science, 278(2):179-216.

Raich J W, Tufekcioglu A. 2000. Vegetation and soil respiration: Correlation and controls. Biogeochemistry, 48: 71-90.

Raupach M R, Marland G, Ciais P, et al. 2007. Global and regional drivers of accelerating CO_2 emissions. Proceedings of the National Academy of Sciences, 104:10288-10293.

Raymond P A, Oh N H. 2009. Long term changes of chemical weathering products in rivers heavily impacted from acid mine drainage: Insights on the impact of coal mining on regional and global carbon and sulfur budgets. Earth and Planetary Science Letters, 284:50-56.

Raymond P A, Oh N H, Turner R E, et al. 2008. Anthropogenically enhanced fluxes of water and carbon from the Mississippi River. Nature, 451:449-452.

Riebe C S, Kirchner J W, Finkel R C. 2004. Erosional and climatic effects on long-term chemical weathering rates in granitic landscapes spanning diverse climate regimes. Earth and Planetary Science Letters, 224:547-562.

Robert I T, Blair F J. 1996. Waters associated with an active basaltic volcano, Kilauea, Hawaii: Variation in solute sources, 1973-1991. Geological Society of America Bulletin, 108:562-577.

Schindler D W. 1999. The mysterious missing sink. Nature, 398:105-107.

Schopka H H, Derry L A, Arcilla C A. 2011. Chemical weathering, river geochemistry and atmospheric carbon fluxes from volcanic and ultramafic regions on Luzon Island, the Philippines. Geochimica et Cosmochim Acta, 75:

978-1002.

Sheng H, Yang Y, Yang Z, et al. 2010. The dynamic response of soil respiration to land-use changes in subtropical China. Global Change Biology, 16:1107-1121.

Smith D L, Johnson L. 2004. Vegetation-mediated changes in microclimate reduce soil respiration as woodlands expand into grasslands. Ecology, 85(12):3348-3361.

Stumm W, Morgan J J. 1981. Aquatic chemistry. New York: John Wiley & Sons, Inc.

Subke J A, Hahn V, Battipaglia G, et al. 2004. Feedback interactions between needle litter decomposition and rhizosphere activity. Oecologia, 139:551-559.

Tans P, Fung I P, Takahshi T. 1990. Observation constrains on the global atmospheric CO_2 budget. Sciences, 247: 1431-1438.

Tipper E T, Bickle M J, Galy A, et al. 2006. The short term climatic sensitivity of carbonate and silicate weathering fluxes: Insight from seasonal variations in river chemistry. Geochimica et Cosmochimica Acta, 70:2737-2754.

Trueman R J, Gonzalez-Meler M A. 2005. Accelerated belowground C cycling in a managed agriforest ecosystem exposed to elevated carbon dioxide concentrations. Global Change Biology, 11:1258-1271.

Walker J C G, Hays P B. Kasting J F. 1981. Negative feedback mechanism for the long term stabilization of earth's surface temperature. Journal of Geophysical Research, 86:9776-9782.

West A J, Galy A, Bickle M. 2005. Tectonic and climatic controls on silicate weathering. Earth and Planetary Sciences Letters, 235:211-228.

White A F, Blum A E. 1995. Effects of climate on chemical-weathering in watersheds. Geochimica et Cosmochimca Acta, 59:1729-1747.

White A F, Bullen T D, Vivit D V, et al. 1999. The role of disseminated calcite in the chemical weathering of granitoid rocks. Geochimica et Cosmochim Acta, 63:1939-1953.

White W B. 1997. Thermodynamic equilibrium, kinetics, activiation barriers, and reaction mechanisms for chemical reactions in karst terrains. Environmental Geology, 30:46-58.

Wigley T M L. 2000. The carbon cycle: Stablization of CO_2 concentration levels. Cambridge: Cambridge University press.

Wissbrun K F, French D M, Patterson A. 1954. The true ionization constant of carbonic acid in aqueous solution from 5 to 45°C. Journal of Physical Chemistry, 58:693-695.

Yan J, Wang W, Zhou C, et al. 2014. Response of water yield and dissolved inorganic carbon export to forest recovery in the Houzhai karst basin, southwest China. Hydrological Processes, 28:2082-2090.

Yang M, Liu Z, Sun H, et al. 2016. Organic carbon source tracing and DIC fertilization effect in the Pearl River: Insights from lipid biomarker and geochemical analysis. Applied Geochemistry, 73:132-141.

Yang R, Chen B, Liu H, et al. 2015. Carbon sequestration and decreased CO_2 emission caused by terrestrial aquatic photosynthesis: Insights from diel hydrochemical variations in an epikarst spring and two spring-fed ponds in different seasons. Applied Geochemistry, 63:248-260.

Yuan D. 1998. Contribution of IGCP 379 "Karst processes and the carbon cycle" to global change. Episodes, 21(3):198.

Yuan D, Zhang C. 2002. Karst processes and the carbon cycle—Final report of IGCP 379. Beijing: Geological Publishing House.

Zeng C, Liu Z, Yang J, et al. 2015a. A groundwater conceptual model and karst related carbon sink for a glacierized alpine karst aquifer, Southwestern China. Journal of Hydrology, 529:120-133.

Zeng C, Liu Z, Zhao M, et al. 2015b. Hydrologically-driven variations in the karst related carbon sink fluxes: Insights from high-resolution monitoring of three karst catchments in Southwest China. Journal of Hydrology, 533:74-90.

Zeng Q, Liu Z, Chen B, et al. 2017. Carbonate weathering-related carbon sink fluxes under different land uses: A case study from the Shawan Simulation Test Site, Puding, Southwest China. Chemical Geology, 474:58-71.

Zeng S, Jiang Y, Liu Z. 2016. Assessment of climate impacts on the karst-related carbon sink in SW China using MPD and GIS. Global and Planetary Change, 144:171-181.

Zhao M, Zeng C, Liu Z, et al. 2010. Effect of different land use/land cover on karst hydrogeochemistry: A paired catchment study of Chenqi and Dengzhanhe, Puding, Guizhou, SW China. Journal of Hydrology, 388:121-130.

第 2 章　生物碳泵效应的土地利用调控模拟试验研究

2.1　本章摘要

随着大量研究的开展，以及对喀斯特地球系统科学认识的不断加深，喀斯特作用碳循环的研究逐步向着"水–岩（土）–气–生"相互作用方向发展。特别是近年来的研究成果，碳酸盐溶解与水生植物的光合作用耦联对全球碳汇的贡献也作为其中一个新的研究方向，引起了国内外的关注。而碳酸盐风化能否形成稳定持久碳汇很大程度上取决于风化产生的溶解无机碳（DIC）能否被水生光合生物利用及其利用程度，后者可通过地表水水化学、水中溶解无机碳同位素（$\delta^{13}C_{DIC}$）和溶解有机碳（DOC）的昼夜变化进行探讨。本研究选取贵州普定喀斯特生态系统观测研究站内所建设的沙湾水–碳模拟试验场不同土地利用条件下的泉–池系统作为研究对象，对泉水及对应的池水进行昼夜高分辨率（每 15 min 自动记录一次）的动态监测以获得五组不同泉–池系统的水化学昼夜变化情况，同时测定 $\delta^{13}C_{DIC}$ 组成变化，以揭示不同土地利用覆盖类型和水生植物新陈代谢对水化学和 $\delta^{13}C_{DIC}$ 时空变化的影响及控制机理。此外，还测定了五组不同泉–池系统 DOC 和颗粒有机碳（POC）在不同季节的变化，以揭示不同喀斯特水生生态系统有机质生成的控制机制。最后，通过水面静态箱法监测水面 CO_2 浓度昼夜变化，来获得水–气界面碳交换通量。结合不同土地利用覆盖下的 DIC 和总有机碳（TOC）的浓度变化，根据质量守恒估算五组不同泉–池系统中的小池在不同季节因"水生碳泵"产生的碳汇能力。监测取样时间为 2015 年 7 月至 2016 年 4 月，分为春季时段（2016 年 4 月 26～28 日）、夏季时段（2015 年 7 月 19～21 日）、秋季时段（2015 年 10 月 24～26 日）和冬季时段（2016 年 1 月 23～25 日）。结合样品的采集和野外及室内试验数据分析和相关模型计算，获得了以下认识：

（1）在不同土地利用覆盖下的模拟泉水处，水化学昼夜变化不显著。在水生植物大量生长的五个小池中，pH、DO、SI_C 在白天呈逐渐增加趋势，在夜间逐渐降低，与水生生物的光合作用和呼吸作用进程相一致；而 EC（电导率）、HCO_3^-、Ca^{2+} 和 pCO_2 呈现相反的变化规律：白天下降，晚上上升。

（2）水中溶解无机碳同位素（$\delta^{13}C_{DIC}$）在生长有大量水生植物的五个小池中昼夜动态变化明显，光合作用优先利用较轻的碳同位素（^{12}C）而使水中富集较重碳同位素（^{13}C）使得 $\delta^{13}C_{DIC}$ 偏正；呼吸作用富集较轻的碳同位素 ^{12}C 使得 $\delta^{13}C_{DIC}$ 偏负。春夏季 $\delta^{13}C_{DIC}$ 泉口和池水较偏负，而秋冬季较偏正。

（3）不同土地利用条件下的五组泉–池系统在同一季节，其水化学和 $\delta^{13}C_{DIC}$ 之间差异明显，主要表现为4#草地中的EC、HCO_3^-、Ca^{2+}和pCO_2最高，其次为3#农耕地，之后是5#灌丛地，最后是2#裸土地和1#裸岩地。$\delta^{13}C_{DIC}$则是4#草地最偏负，其次是5#灌丛地，之后是3#农耕地、2#裸土地和1#裸岩地相近。这一实验结果反映了土地利用覆盖类型对喀斯特泉-池系统的控制作用。

（4）不同土地利用所调控的五个自养型小池中，4#草地的DOC和POC净合成量为五个小池中最高，其次是3#农耕地和5#灌丛地，最低为1#裸岩地和2#裸土地。与五个小池中的DIC浓度呈正相关，即小池中的DIC浓度越高，自养型小池系统中生成的DOC和POC越高，水生生态系统的固碳能力越强。这对碳酸盐岩地区，特别是西南石漠化严重的碳酸岩地区植被修复与增汇有重要的指示意义。

（5）在五个小池中水生植物生长旺盛的季节，在白天进行光合作用时，水生植物不仅能利用DIC，还能从空气中吸收大气CO_2作为无机碳源进行光合作用固碳。喀斯特水生生态系统水生碳泵固碳能力在一个水文年中表现为夏季>秋季>春季>冬季，且4#草地>3#农耕地>5#灌丛地>2#裸土地>1#裸岩地。五个不同土地利用类型下的小池系统分别为春季1#裸岩地=119 t/(km²·a)，2#裸土地=190 t/(km²·a)，3#农耕地=341 t/(km²·a)，4#草地=416 t/(km²·a)，5#灌丛地=311 t/(km²·a)；夏季1#裸岩地=375 t/(km²·a)，4#草地=616 t/(km²·a)，5#灌丛地=579 t/(km²·a)；秋季1#裸岩地=156 t/(km²·a)，2#裸土地=238 t/(km²·a)，3#农耕地=414 t/(km²·a)，4#草地=494 t/(km²·a)，5#灌丛地=399 t/(km²·a)；冬季1#裸岩地=-34 t/(km²·a)，2#裸土地=-56 t/(km²·a)，3#农耕地=-71 t/(km²·a)，4#草地=-51 t/(km²·a)，5#灌丛地=-24 t/(km²·a)。

（6）水生生态系统光合固定的有机质含量（MOC）与溶解无机碳含量之间在生长季节呈明显的指数正相关关系，DIC浓度越高，MOC也就越高，喀斯特地区水生生态系统DIC施肥效应显著。沙湾水-碳通量模拟试验场的泉-池系统生物碳泵效应的碳汇效应受气候条件和土地利用方式共同控制。

2.2 研究概述

目前关于水生生态系统的碳循环研究还主要集中在大洋和近海区域，涉及陆地水生生态系统，尤其是结合了喀斯特地区不同土地利用类型下的水生植物对区域乃至全球的碳汇贡献研究还比较少。已经有大量的研究结果表明，海洋中存在生物碳泵效应。而在淡水水域中，HCO_3^--Ca^{2+}型淡水占了很大一部分，其中水生植物的新陈代谢对碳酸钙和有机质沉积的作用，是否有类似海洋生物的碳汇效应？喀斯特水环境下水化学特征和水中溶解无机碳同位素的动态变化和水生植物活动的关系是怎样的？不同土地利用条件下，喀斯特水生生态系统的碳源汇能力如何？以上这些问题对于研究喀斯特地区不同土地利用条件下的碳循环特点和分析遗失碳汇等都有重大的指导意义。

2.2.1 研究目标

本项研究主要是利用沙湾水-碳通量模拟试验场（贵州普定喀斯特生态实验站）作为

研究对象，为了揭示不同土地利用条件下的碳酸岩风化碳汇，同时研究喀斯特水生生态系统固碳能力在时空上的差异。研究期间，对模拟试验场的五种不同土地利用类型下的泉水及池水进行昼夜高分辨率（每 15 min 自动记录一次）的动态监测，获得五组泉-池系统水化学的昼夜变化情况，同时测定水中溶解无机碳同位素（$\delta^{13}C_{DIC}$）组成变化，以揭示水生光合生物对水化学和 $\delta^{13}C_{DIC}$ 时空变化的影响，同时揭示土地覆盖类型差异对同位素分异产生的影响。另外，通过在不同季节对研究区进行野外监测结合实验室内分析，力图找到喀斯特水环境中水生植物的新陈代谢对水化学和水中碳同位素特征变化在季节和昼夜不同时间尺度上的影响。最后，通过水面静态箱法监测水面温室气体浓度（CO_2 和 CH_4）昼夜变化，以获得水面温室气体交换通量。结合小池出入口 DIC（溶解无机碳）、DOC（溶解有机碳）、POC（颗粒有机碳）的浓度变化，估算五种不同土地利用类型下泉-池系统因生物碳泵产生的不同的固碳能力。

2.2.2 研究内容

研究内容主要包括以下四部分：

（1）不同土地利用类型下喀斯特水环境的水化学和同位素受水生植物新陈代谢作用影响的时空变化；

（2）喀斯特水生生态系统水面碳交换通量的时空动态变化；

（3）五组泉-池系统生物碳泵效应作用机制及差异原因；

（4）碳酸盐风化背景下的水生光合作用 DIC 施肥效应。

2.2.3 技术路线

为了获得预期的研究目标，我们在普定喀斯特生态实验站修建了大型的水-碳通量模拟试验场，用来模拟喀斯特地区主要的五种不同的土地利用类型（1#裸岩地、2#裸土地、3#农耕地、4#草地、5#灌丛地）下的泉-池系统水循环和碳循环过程。通过对五种不同土地利用类型的泉-池系统的水化学昼夜监测和同位素测定的数据分析研究，得到五个泉-池系统中因水生植物的光合作用和呼吸作用对水化学和同位素在昼夜和季节不同时间尺度下的影响变化特征，同时利用静态箱法测定五个小池温室气体交换通量（模拟陆地水生生态系统水-气界面的碳交换）。最后利用质量守恒法估算这个过程中因土地利用类型的不同而导致的水生植物通过光合作用所固定的溶解无机碳量的差异。据此拟定的研究技术路线如图 2.1 所示，具体包括：

（1）通过野外的高分辨率自动监测数据记录得到不同季节五个泉-池系统中 pH、T、EC（电导率）、DO（溶解氧）的昼夜变化规律。

（2）在实验室对水样进行离子浓度分析，并结合滴定数据建立五个泉-池系统离子浓度与电导率之间的关系，根据 WATSPEC 程序计算喀斯特水中 CO_2 分压和方解石饱和指数。

（3）每个季度进行一次野外的昼夜自动监测、水样采集和水-气界面静态箱内 CO_2/CH_4 浓度测定。

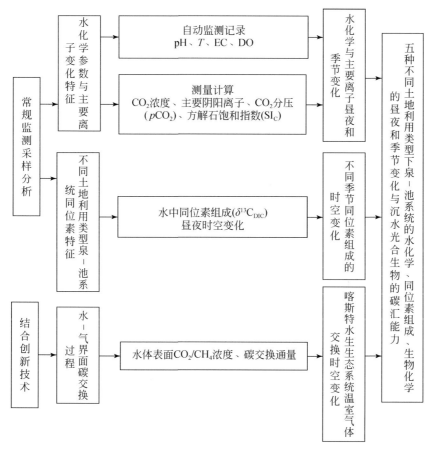

图 2.1 研究技术路线图

（4）水样的实验室分析溶解无机碳稳定碳同位素（$\delta^{13}C_{DIC}$）、$\Delta^{14}C$ 以及 $\delta^{15}N$。同时测定五个泉-池系统中的 DOC/POC/TOC 浓度时空变化，利用水-气界面静态箱内 CO_2 浓度测定数据计算水气界面的碳交换通量，最后计算不同土地利用类型下的因水生生物碳泵效应而产生的碳汇通量。

（5）实验结果的分析、讨论和总结。

2.3 模拟试验场概况

本研究所修建的沙湾水-碳通量模拟试验场位于中国科学院普定喀斯特生态系统观测研究站（普定站）内（图 2.2），该研究站地处贵州省安顺市普定县沙湾村，位于普定县城关镇陇财村沙湾，距普定县城约 6 km，距高速公路普定县出口约 5 km，主要由观测站主站区、后寨河流域监测研究区、高羊河流域石漠化治理试验示范区三个区域组成。普定站主站区址面积为 168 亩[①]，其中征用土地面积为 28 亩。

---

① 1 亩 ≈ 666.67 m²。

图 2.2 普定喀斯特生态系统观测研究站实景照片

2.3.1 地理位置及气候特征

普定喀斯特生态系统观测研究站位置为 26°14′~26°15′N，105°42′~105°43′E，平均海拔为 1200 m，区内多年平均气温为 15.1 ℃，最冷月（1 月）平均气温 5.2 ℃，最热月（7 月）平均气温 23 ℃。多年年平均日照时数为 1201 h，无霜期平均 289d，全年太阳辐射总量为 3537 MJ/(a·m^2)，为我国太阳辐射年总量最小值地区之一。多年年平均降水量为 1396.9 mm，多年平均蒸发量为 929.4 mm。降水时空分布很不均匀，雨季在 5~10 月，占降水总量的 85%~88.2%；旱季在 11 月至翌年 4 月，占降水总量的 11.8%~17%，雨季雨量集中在 6 月、7 月、8 月三个月，旱季雨量集中在 4 月下旬。降水的变率很大，降雨时间推迟，往往出现春旱。该区属北亚热带季风湿润气候区，季风交替明显，气候温和，冬无严寒，夏无酷暑，春干秋凉，无霜期长，雨量充沛，云雾多，日照、辐射能量低（Zhao et al.，2010；朱辉等，2015）。

2.3.2 沙湾水-碳通量模拟试验场

沙湾水-碳通量模拟试验场的设计应保证以下 10 点要求：①具备相对完整的喀斯特水文地质单元；②易观测地下水位，易开展地下水动态监控；③具有相同的喀斯特含水介质结构；④以隔水边界圈闭，可作为单独的水-碳均衡单元；⑤补给径流排泄条件明确，可以精确观测；⑥试验场对降水有一定的调蓄能力，并且在特大暴雨条件下不应发生蓄满产流；⑦含水介质上部可以设置不同利用类型的土地（如 1#裸岩地、2#裸土地、3#农耕地、4#草地和 5#灌丛地等）；⑧在模拟试验场的排泄出口处，水流的溶蚀潜力基本上全部释放（碳酸盐岩快速的溶解动力学特性使得具有一定调蓄能力的试验场可以满足该要求）；⑨具有相似的气候条件；⑩池体材料不会与地下水发生化学反应（曾成和刘再华，2013）。

为此，沙湾水-碳通量模拟试验场由 5 块 20 m×5 m×3 m 钢混结构的大池模拟系统边界，池体表面涂抹环氧树脂并铺设 HDPE 膜使边界隔水（材料不会与地下水发生反应），采集普定县陈旗乡的中三叠关岭组白云质灰岩模拟喀斯特含水介质结构（因成本原因，试验使用碎石，未能模拟管道流）。大池（1#裸岩地除外）灰岩上部铺设50 cm厚石灰土（模拟石漠化治理后的坡耕地），并种植不同种类植物。设置水文及土壤CO_2观测孔，铺设排水管网以模拟表层喀斯特泉出流，从而开展不同土地利用（1#裸岩地、2#裸土地、3#农耕地、4#草地和5#灌丛地）对喀斯特水–碳通量影响的试验研究（朱辉等，2015）（图2.3）。

图2.3 沙湾水–碳通量模拟试验场全景图

试验场1号池（P1）为1#裸岩地，未覆盖土壤；2号池到5号池（P2～P5）的土地利用类型依次为2#裸土地、3#农耕地、4#草地和5#灌丛地。2014年1月在5号池5#灌丛地扦插刺梨苗，并在4号池播撒紫花苜蓿种子，3号池种植玉米并撒化肥。1号不作任何处理。

同时每个大池一一对应一个种有沉水植物的小池，小池（3 m×0.5 m×0.5 m）中的水由模拟表层喀斯特泉铺设的排水管网供给，并在小池末端设置等高的排水口，池体表面和大池一样涂抹环氧树脂并铺设HDPE膜使边界隔水。小池中种植同等的引自普定后寨地表河流域的优势沉水植物（以轮藻、金鱼藻、黑藻、水绵为主）。由此形成了五个相互独立的不同土地利用类型下的泉-池喀斯特水生生态系统。本次进行昼夜自动监测的时间是从2015年7月到2016年4月，监测期间天气都晴好。

2.4　研究方法及样品采集

2.4.1　野外监测

大池泉出口处采用Eureka公司Manta2 Sub2.0型多参数水质自动记录仪，分别监测出口断面水位、电导率、pH和水温，监测频率为每15 min自动记录一次，其精度分别为0.01 m、0.1 S/cm、0.01和0.1 ℃，电导率为由温度自动补偿25 ℃时的值。小池出口水化学的自动记录使用德国WTW公司生产的Multiline P3多参数仪350i型，可以自动记录水温、pH、电导率和水中溶解氧，分辨率分别为0.1 ℃、0.004、1 μs/cm和0.01 mg/L。仪器在自动记录之前进行校正，其pH用4和7两种标准缓冲溶液进行校正，而仪器的电导率用1412 μs/cm标准校正液校正，实验结束后将仪器的pH和电导探头再放入标准液中进行验证，数据虽然有一定偏差，但仍在5%以内。采用Davis公司Weatherlink Vantage Pro2型气象站，测定试验场的气象数据，并辅以人工记录数据交叉对比测定气温和降水等数据，监测频率为每30 min自动记录一次，其精度分别为0.1 ℃和0.2 mm。同时采用VAISALA公司VAISALAMI 70型手持式土壤CO_2测定仪，测定不同土地利用条件下土壤CO_2的变化情况，测定频率为1次/月，其精度为10×10^{-6}。

2.4.2　样品采集

为了更加系统和详细地了解整个沙湾水-碳通量模拟试验场的水化学特征及不同土地利用类型下的喀斯特碳汇强度，除了自动监测获取的水化学参数以外，还需要对五个不同泉-池系统进行取样，以测试分析其基本离子含量及同位素。研究期间，分春、夏、秋、冬四个季节开展水样的实地采集工作，每次所采集的样品，分别用于泉水主要的离子含量、溶解无机碳浓度测试、颗粒有机碳浓度测试、溶解无机碳同位素测试、硝态氮-氮同位素测试以及放射性碳十四同位素测试，另外还包括水中Ca^{2+}和HCO_3^-浓度的现场滴定。

环境地球化学研究是以实验分析数据为主要手段,来观察研究地球环境中发生的各种地质、生物、化学过程,而采样设备及样品储存器皿的材质都有可能对样品造成污染。为了避免这种情况的发生,在水样的采集前和采集过程中,应做好充分的准备工作,包括取样器材的用材选择、净化处理等。

本研究所采用的取样瓶由高致密聚乙烯材料制成,样品过滤采用 0.45 μm 的微孔滤膜。采样前,将可能使用到的过滤器和采样瓶用 10% 的稀硝酸浸泡 48 h 以上,再用去离子水多次清洗后浸泡 48 h,之后放入烘箱 50 ℃烘干为止;采样时,先使用现场样品原水充分荡洗过滤器及采样瓶 3 次以上后再行采集;当过滤样品时,滤膜和滤器先行用原水淋滤,以减少更换滤膜的次数,尽可能用一张滤膜完成水样的过滤,更换滤膜后,若需要继续过滤和收集水样,则重复上述操作过程;样品收集工作结束后,在取出滤膜时,先将膜上的水样抽完,切忌未干取膜。

本研究所用于测试阴、阳离子含量的两组水样都在现场进行过滤,以避免水中的悬浮颗粒物等堵塞测试仪器的毛细管道。过滤完成后分别装入容量为 60 mL 的聚乙烯塑料瓶中,其中用于阴离子含量测试的样品直接密封后放于暗箱中保存;用于阳离子含量测试的样品加入超纯 HNO_3 并酸化至 pH<2,以防止离子络合以及沉淀,然后再密封放于暗箱中保存。

利用有机玻璃采水器获取了泉水和池水水样,用于 POC、DOC 的浓度和其他相关分析。这部分样品使用大体积有机玻璃过滤器过滤大约 5 L 体积的水,用预先灼烧(450 ℃,4 h)和称重的玻璃纤维滤膜(Whatman GF/F,0.7 μm,47 mm 直径收集颗粒物)。过滤完后,滤膜用铝箔纸包好后放入冰箱冷冻保存(-20 ℃),带回实验室做下一步处理。

此外,用于硝态氮-氮同位素、$\delta^{13}C_{DIC}$ 和 $\Delta^{14}C$ 分析的水样过滤后密封放于 4 ℃暗箱中保存直至实验室分析,同时用于 $\delta^{13}C_{DIC}$ 和 $\Delta^{14}C$ 分析的,需先加入过饱和 $HgCl_2$ 溶液后保存分析。

2.4.3 样品分析

样品的分析工作主要包括现场测定和实验室分析两部分。

2.4.3.1 碱度和硬度的现场滴定

喀斯特水系中的 pH 和 HCO_3^- 浓度对于水中二氧化碳分压(pCO_2)及方解石饱和指数(SI_C)的计算影响很大,当样品脱离原来的喀斯特水系之后,其 pH 会随样品储存时间的增加而发生变化,其变化非常迅速且变幅较大,样品经长时间放置后,其中 CO_2 分压会迅速降低,而 HCO_3^- 浓度也将减少(袁道先等,1996)。为了准确计算喀斯特水系中的 pCO_2 及 SI_C,避免样品取回实验室过程中 pH 迅速变化产生的影响,就需要对取样点喀斯特水的 Ca^{2+} 以及 HCO_3^- 浓度进行现场滴定,并实测即时的 pH 和电导率,以便建立 Ca^{2+}、HCO_3^- 浓度和电导率的线性关系,用于系统中 pCO_2 及 SI_C 的模拟计算。

本研究中,HCO_3^- 和 Ca^{2+} 浓度的滴定分别采用德国 Merck 公司生产的 Aquamerck 碱度测试套件和硬度测试套件,其滴定的视读分辨率分别为 0.1 mmol/L(6.1 mg/L)以及 2 mg/L（Zolotov et al.，2002；Banks and Frengstad，2006；Liu et al.，2007）。

2.4.3.2 水面静态箱 CO_2/CH_4 浓度测定

设计一个可浮在水面的气体静态箱，在收集气体前，先让静态箱与空气中气体平衡，然后将静态箱罩在水面上进行气体的采集。采集时间设置为第 0 min、2 min、4 min、6 min、8 min，在气体的采集过程中确保静态箱密封，不让外界大气混入箱内。气体样品用气相色谱仪（型号：安捷伦 7890A）进行分析。

2.4.3.3 阴、阳离子的实验室分析

实验室分析项目包括样品的阴、阳离子浓度测试，其中阴离子测试项有 Cl^- 浓度、SO_4^{2-} 浓度和 NO_3^- 浓度；阳离子测试项主要包括 K^+ 浓度、Na^+ 浓度、Ca^{2+} 浓度和 Mg^{2+} 浓度。

本研究中野外采集的样品带回实验室后通过美国 Dionex 公司生产的 ICS-90 型离子色谱仪进行阴离子含量的测试。离子色谱分析是最简单的测定所有带一价或二价电荷的实验方法，可以联机检测各种不同溶液中的阴、阳离子浓度，部分有机分子浓度，矿物包裹体中的阴、阳离子含量，以及部分过渡金属离子浓度的微量甚至痕量分析，检测限为 0.01 mg/L。

样品的主要阳离子含量的分析是通过美国 Varian 公司生产的 Vista MPX 型 ICP-OES 电感耦合等离子体光谱仪进行的。ICP-OES 可以同时连续覆盖有效波长范围为 175~786 nm，并且所有波长能够一次同时完成测定，分析速度快，预热时间短；还可以根据需要选择某元素的谱线测定，有效避开基线干扰，适合不同浓度的样品分析而不需要改变观察方式，检测限为 0.01 mg/L。

2.4.3.4 溶解无机碳/颗粒有机碳浓度实验室分析

将用于 POC 分析的水样在现场立即经孔径为 0.7 μm、直径为 25 mm 的玻璃纤维滤膜（GF/F）过滤，获取的滤膜用锡箔纸包好立即冷冻保存（-20 ℃），带回实验室进行下一步分析。POC 的 C、N 含量的测试用的是德国 Elementar 公司的 CHNOS analyzer（Model：Vario EL III）。其前处理方法：将现场过滤后带有颗粒物质的 GF/F 玻璃纤维滤膜冷冻干燥后，用浓盐酸的酸蒸气酸化约 12 h，然后用去离子水润洗滤膜，放入烘箱中低温（40 ℃）烘干。干燥后的颗粒物样品从玻璃纤维膜中刮下，包入锡纸中上机测试，获得悬浮颗粒物中的有机碳和总氮百分含量（POC% 和 PN%）。每升水中的 POC 含量则通过公式 $\rho(POC)=$ TSM×POC% 计算得出。

用于 DOC 分析的水样在现场立即经孔径为 0.7 μm、直径为 47 mm 的玻璃纤维滤膜（GF/F）过滤，过滤后的水样装入聚乙烯瓶冷冻保存（-20 ℃），带回实验室进行下一步分析。过滤后的 DOC 样品，加酸（pH≈2）以去除无机碳，用于 DOC 含量的测试，DOC 含量由 Analytik-Jena 公司生产的 Multi N/C 3100 总有机碳分析仪测定，利用高温催化燃烧氧化法。利用非色散红外吸收法（NDIR）进行检测，检出限为 4×10^{-12}，测定相对标准偏差±2%。最后，TOC 的含量=DOC+POC。

2.4.3.5 溶解无机碳稳定碳同位素实验室分析

带回实验室的 $\delta^{13}C_{DIC}$ 野外水样在 4 ℃ 低温中放置，保存时尽量保持采集水样瓶内不留空气，以避免大气 CO_2 的混入。处理好的样品采用不纯碳酸盐的碳氧同位素分析方法进行测试。全部的 $\delta^{13}C_{DIC}$ 均在中国科学院地球化学研究所环境地球化学国家重点实验室测定。碳同位素值均相对于国际通用的 V-PDB 标准，测得的 $\delta^{13}C_{DIC}$ 用千分比单位（‰），分析误差小于 0.15‰。

其计算式为

$$\delta^{13}C_{DIC}(‰) = [(R_{样品} - R_{PDB})/R_{PDB}] \times 1000 \tag{2.1}$$

式中，$R_{样品}$ 为样品的同位素比值；R_{PDB} 为标样的同位素比值。

2.4.4 模型计算

在喀斯特水化学特征的研究中，二氧化碳分压（pCO_2）和方解石饱和指数（SI_C）是非常重要的指标。就目前而言，这两个参数尚不能通过仪器直接读取，需要结合喀斯特水即时的 pH、温度（T）以及 7 种主要的离子浓度采用 WATSPEC 程序（Wigley, 1977）计算给出。

SI_C 和 pCO_2 的计算所需的模型为 WATSPEC 程序，所用到的基本参数包括监测点水样的 pH、T、K^+、Na^+、Ca^{2+}、Mg^{2+}、HCO_3^-、Cl^- 和 SO_4^{2-} 浓度数据（Wigley, 1977）。其中 pH 和 T 可以通过野外监测仪器自动记录；而通常情况下，喀斯特水中 K^+、Na^+、Cl^- 和 SO_4^{2-} 的含量都相对较低，它们的浓度随时间的变化可暂不考虑，因而可以通过对样品室内分析得到的浓度取平均值连续代入计算模型中（Liu et al., 2007）；Ca^{2+}、Mg^{2+} 和 HCO_3^- 浓度由于变动较大，需要通过现场滴定和实验室分析数据来与实测的电导率建立相应的线性关系，以此计算出三者连续的浓度值。

根据上述过程所取得各项参数任何时段的连续值，就可以计算出该时段内连续的二氧化碳分压（pCO_2）和方解石饱和指数（SI_C），其计算式分别如下：

$$pCO_2 = \frac{(HCO_3^-)(H^+)}{K_1 K_{CO_2}} \tag{2.2}$$

式中，K_1 和 K_{CO_2} 分别为 H_2CO_3 和 CO_2 的平衡常数。

$$SI_C = \lg\left(\frac{(Ca^{2+})(CO_3^{2-})}{K_C}\right) \tag{2.3}$$

式中，K_C 为方解石平衡常数；当 $SI_C = 0$ 时，表示溶液中的方解石达到平衡状态；当 $SI_C > 0$ 时，表示溶液中方解石过饱和，可能产生方解石沉淀；当 $SI_C < 0$ 时，表示溶液中方解石未达到饱和，溶液对碳酸钙还具有较强的侵蚀性。

本研究中，水的 EC 主要受 Ca^{2+} 和 HCO_3^- 的浓度变化影响，因此 Ca^{2+}、HCO_3^- 与 EC 有很好的相关性。对于沙湾水-碳通量模拟试验场，存在以下线性关系式（表 2.1）。

表 2.1 不同泉池-系统主要离子与电导关系式（离子浓度=$a\times$EC+b）

监测点		1#裸岩地	2#裸土地	3#农耕地	4#草地	5#灌丛地
[Ca^{2+}] vs. EC	a	0.20±0.01	0.15±0.02	0.18±0.01	0.16±0.00	0.18±0.01
	b	−7.78±1.34	−0.72±0.16	−3.82±0.74	−0.82±0.09	−4.47±0.92
	R^2	0.85	0.82	0.87	0.90	0.91
[Mg^{2+}] vs. EC	a	0.01±0.00	0.04±0.00	0.01±0.00	0.05±0.00	0.02±0.00
	b	6.78±0.10	0.20±0.01	8.76±0.12	0.16±0.01	7.12±0.13
	R^2	0.76	0.79	0.81	0.75	0.78
[HCO_3^-] vs. EC	a	0.66±0.02	0.63±0.02	0.61±0.02	0.61±0.02	0.63±0.02
	b	−7.8±9.5	−4.9±6.7	2.1±4.1	4.6±6.5	2.7±3.7
	R^2	0.88	0.91	0.89	0.87	0.89

为了准确计算水的 pCO_2 及 SI_C，计算时将采用现场滴定的 Ca^{2+} 和 HCO_3^- 与根据关系式得出的计算值进行校正。

2.5 沙湾喀斯特水化学及 $\delta^{13}C_{DIC}$ 的昼夜动态变化及影响因素

喀斯特水化学的变化受到物理和生物因素共同作用。水温的昼夜变化会影响水中其他水化学参数以及水中溶解气体的变化（Han et al., 2010），如 pH、pCO_2 和 DO。一般而言，在白天随温度升高，水中 pCO_2 和 DO 降低；在晚上表现相反的规律。而由于喀斯特水中 pCO_2 要远高于大气，CO_2 脱气作用导致水中 pH 在白天升高，晚上降低。同时 DIC 和 $\delta^{13}C_{DIC}$ 的昼夜变化也受到了水的物理特性变化的影响，如脱气作用导致水中 DIC 的浓度降低，而水中的气体交换、碳酸盐岩的溶解沉淀等也会影响到 $\delta^{13}C_{DIC}$。De Montety 等（2011）认为在昼夜时间尺度上，主要控制喀斯特水中的 DO、水中 DIC 和水中 $\delta^{13}C_{DIC}$ 变化的直接因素是水中光合生物的光合作用和呼吸作用，而水温以及脱气作用影响较小。

2.5.1 喀斯特水化学的昼夜动态变化及影响因素

喀斯特水化学参数包括 pH、EC、pCO_2、SI_C 和 DO 等。水化学的变化受物理因子（水温和脱气）和生物因子（水生植物新陈代谢）的共同作用，但在昼夜时间尺度上，水中光合生物的光合作用和呼吸作用占主导，水温和脱气作用相对来说影响较小。

2.5.1.1 春季的泉-池系统水化学昼夜动态变化

为了获得春季普定喀斯特生态系统观测研究站内沙湾水-碳通量模拟试验场五种不同土地利用类型下的泉-池系统的喀斯特水化学昼夜动态变化规律，于 2016 年 4 月 26～28 日，对五种不同土地利用类型下的泉-池系统进行了高分辨率的水化学昼夜动态监测。数据经过 SigmaPlot 12.0 软件处理后得到图 2.4 和图 2.5。水化学参数昼夜变化特征整理得到表 2.2。从图 2.4 和表 2.2 可见，五个泉水的物理-化学参数的昼夜变化在春季都很小，大部分的水化学参数在监测期间（48 h）的 CV（变率）都接近于零，SI_C、pCO_2 和 DO 有较

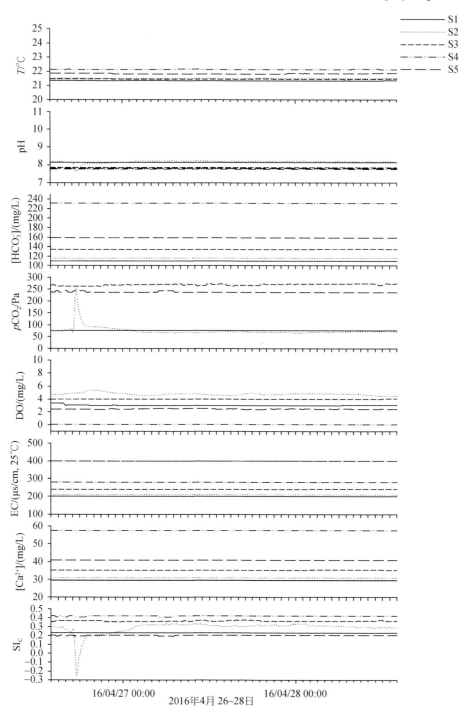

图 2.4 春季普定站沙湾水-碳通量模拟试验场泉-池系统泉水的物理-化学参数的昼夜变化

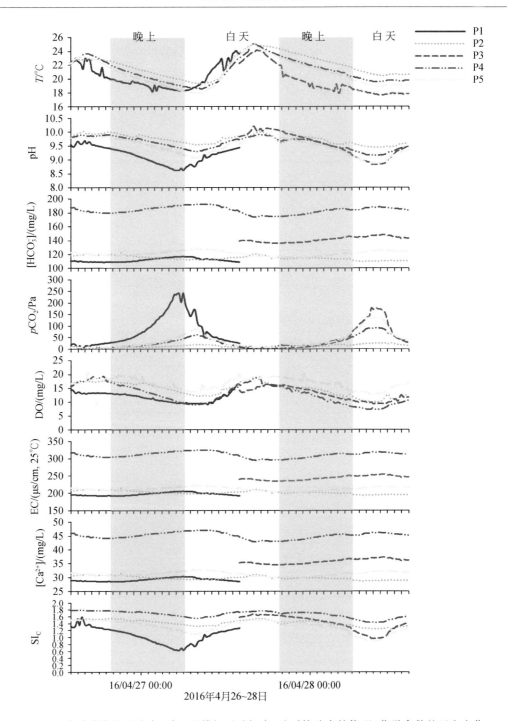

图 2.5 春季普定站沙湾水–碳通量模拟试验场泉–池系统池水的物理–化学参数的昼夜变化

小的变化（CV>1%）。同时，我们发现，4 号泉（S4）中的 DO 在监测期间一直处于很低的水平，几乎为零。这是由于 S4 上面覆盖的植被是紫花苜蓿，为生长旺盛的草被，土壤呼吸剧烈，严重消耗土壤中的氧气，使得土壤中的氧气处于一个很低的水平，这样能溶解进入泉水中的氧就更少,几乎没有。从另外一个角度上来说,我们可以通过泉水中的溶解氧浓度(或者其他溶解气体的含量)得到出露泉上覆植被的生长状况或者其植被类型构成。五个泉水(S1~S5)的水温基本相同,S1(1#裸岩地覆盖)、S2(2#裸土地覆盖)和S3(3#农耕地覆盖)中的pH在春季监测基本一致,而S4(4#草地覆盖)和S5(5#灌丛地覆盖)的pH平均值都是7.8,略低于其他三个泉(pH=7.9~8.2)。这是由于在春季监测期间,只有S4和S5上的土地覆盖类型生长有植被,土壤呼吸相比其他三个大池要强,呼吸产生CO_2溶解进入水中之后,泉水的pH降低;另外,再加上S4和S5上的植被根系会分泌有机酸,也会导致泉水的pH下降。而S4中的EC、HCO_3^-、Ca^{2+}和pCO_2在春季监测期间,平均达到了410 μs/cm、290 mg/L、59 mg/L和830 Pa,明显高于其他四个泉水。其次是S5,后面依次是S3>S2>S1,这表明上覆植被的差异决定了地下水(本书中的五个泉水)的水化学特征,上覆植被生长越是茂盛的,由于土壤呼吸越强,溶解了更多的碳酸盐岩,HCO_3^-、Ca^{2+}等离子浓度也就越高;而剧烈的土壤呼吸,导致了S4中的pCO_2是其他几个泉的4~136倍。

与五个泉水处不同,五个小池池水水化学在春季监测期间昼夜变化比较明显,pH、电导率(EC)、二氧化碳分压(pCO_2)、方解石饱和指数(SI_C)和溶解氧(DO)的变异系数(CV)均>1%,pCO_2的变异系数最高甚至达到了120%,溶解氧的CV也高达27.2%(表2.2)。五个小池的水温、pH、DO、SI_C在白天均显著增加,在夜间显著降低;而EC、HCO_3^-、Ca^{2+}和pCO_2在白天显著下降,夜间显著上升。水温变化为18.0~25.1 ℃(图2.5)。其中最低温出现在4月27日7:00~9:00,最高值出现在4月27日16:00左右。pH、DO、SI_C的最高值与温度几乎在同一时间出现。然而,EC、HCO_3^-、Ca^{2+}和pCO_2表现出了与温度相反的变化规律,其值在白天随升温而下降,直至达到当天最低值,出现在4月27日16:00左右。从图2.5中可以发现,4月27日上午,池水的DO、pH和SI_C与水温的变化是同步的,且都是随着水温上升而上升,而pCO_2呈相反的变化;EC、Ca^{2+}、HCO_3^-变化虽然与温度变化相一致,且基本是同步的,但我们发现,在4月28日,池水因天气变化的原因(晴天变为阴天),五个池水的主要水化学参数都受到了较大影响,水温、pCO_2下降尤为明显。与泉水的水化学形成鲜明对照,池水化学明显的昼夜变化与水生光合生物的光合呼吸作用过程表现出一致性(由溶解氧的变化体现),说明池水的昼夜变化主要是受光合水生生物新陈代谢的影响。

同时,五个小池之间的水化学特征在春季监测期间也存在明显差异。从表2.2可以发现,由于受到所注入泉水的影响,池水的EC、HCO_3^-、Ca^{2+}和pCO_2一部分继承了泉水的特征。其中,4号池的EC平均值达到了311.4 μs/cm,是1号池的1.6倍,其他的参数与EC特征表现一致。从五个泉水的DO水平可以看出,5号池和2号池的净光合作用在春季相比其他三个小池大,DO最高达到了20.8 mg/L和18.7 mg/L,平均值达到了16.6 mg/L和14.6 mg/L。

2.5.1.2 夏季的水化学昼夜动态变化

同样,为了获得夏季普定站内沙湾水-碳通量模拟试验场五种不同土地利用类型下的泉-池系统的喀斯特水化学昼夜动态变化规律,于2015年7月19~21日,对五个不同土

表 2.2 春季普定站沙湾水-碳通量模拟试验场泉-池系统水化学参数昼夜变化统计

监测点	1号泉	2号泉	3号泉	4号泉	5号泉	1号池	2号池	3号池	4号池	5号池
$T/℃$	21.3~21.4 (21.3)①[0.1]②	21.5~21.5 (21.5)[0.0]	21.5~21.5 (21.5)[0.0]	20.9~21.0 (20.9)[0.1]	20.4~20.5 (20.5)[0.2]	18.2~24.1 (20.3)[8.3]	19.3~25.1 (21.9)[7.2]	17.7~24.2 (19.8)[10.8]	18.6~25.1 (21.3)[8.2]	18.0~24.9 (20.9)[9.3]
pH	8.2~8.2 (8.2)[0.0]	7.6~8.2 (8.2)[0.9]	7.9~7.9 (7.9)[0.1]	7.8~7.8 (7.8)[0.0]	7.8~7.8 (7.8)[0.0]	8.6~9.5 (9.2)[3.3]	9.4~10.0 (9.7)[1.7]	8.8~10.2 (9.6)[4.5]	9.2~9.9 (9.6)[2.4]	8.9~9.8 (9.5)[3.1]
EC /(μs/cm)	210.1~210.5 (210.4)[0.0]	219.3~219.7 (219.5)[0.0]	250.1~250.9 (250.5)[0.1]	410.3~410.6 (410.5)[0.0]	290.3~290.6 (290.5)[0.0]	192.7~206.0 (197.5)[2.1]	193.0~214.0 (201.8)[2.5]	236.0~255.0 (244.4)[2.5]	295.0~325.0 (311.4)[2.6]	203.0~223.0 (212.0)[2.6]
[Ca^{2+}]/(mg/L)③	31.6~31.0 (31.0)[0.0]	32.3~32.3 (32.3)[0.0]	36.3~36.7 (36.6)[0.1]	59.0~59.0 (59.0)[0.2]	42.2~42.2 (42.2)[0.2]	28.5~30.4 (29.2)[2.0]	28.6~31.5 (29.8)[2.4]	34.6~37.3 (35.8)[2.4]	42.9~47.1 (45.2)[2.5]	30.0~32.8 (31.2)[2.5]
[HCO_3^-]/(mg/L)③	115.8~116.0 (116.0)[0.0]	121.4~121.6 (121.5)[0.1]	140.2~140.7 (140.4)[0.1]	237.9~238.1 (238.0)[0.0]	164.7~164.9 (164.8)[0.0]	108.9~117.4 (112.1)[2.4]	109.2~122.4 (114.7)[2.8]	136.3~148.3 (141.6)[2.7]	173.5~192.4 (183.8)[2.8]	115.5~128.1 (121.2)[2.9]
SI_C	0.2~0.2 (0.2)[0.2]	-0.2~-0.3 (0.3)[23.5]	0.4~0.4 (0.4)[1.3]	0.1~0.1 (0.1)[2.0]	0.4~0.4 (0.4)[1.4]	0.6~1.6 (1.1)[22.2]	1.2~1.6 (1.4)[6.6]	1.0~1.7 (1.4)[16.2]	1.4~1.8 (1.7)[6.1]	0.9~1.5 (1.3)[13.2]
pCO_2/Pa	76.0~76.2 (76.2)[0.1]	65.8~262.4 (74.5)[25]	261~274 (269)[1.4]	804~828 (830)[0.6]	195~200 (198)[1.1]	0.2~242.1 (77)[86.7]	3.3~26.8 (11.5)[54.8]	1.8~177 (45)[120.0]	7~92 (30)[78.3]	7.2~138 (36)[96.5]
DO /(mg/L)	3.0~3.3 (3.0)[2.3]	4.4~5.4 (4.8)[4.0]	2.4~3.0 (2.6)[4.2]	0.0~0.0 (0.0)[0.0]	0.1~0.5 (0.2)[71.1]	9.2~16.5 (11.9)[14.8]	10.1~18.7 (14.6)[16.5]	9.4~16.4 (12.9)[18.3]	7.4~19.3 (12.9)[27.2]	12.7~20.8 (16.6)[11.7]
$\delta^{13}C_{DIC}$/‰④	-3.4~-3.1 (-3.2)[3.3]	-4.4~-4.0 (-4.2)[3.5]	-2.9~-2.8 (-2.8)[2.2]	-12.1~-11.8 (-11.9)[1.3]	-8.3~-8.0 (-8.2)[1.1]	-5.3~-3.5 (-4.5)[10.5]	-10.0~-7.5 (-8.9)[8.1]	-5.9~-3.4 (-5.1)[15.2]	-10.0~-7.8 (-7.8)[7.8]	-10.0~-6.3 (-8.1)[12.8]
Q /(L/min)	0.13	0.05	0.05	0.06	0.02	0.13	0.05	0.05	0.06	0.02

①样品平均值（$n=192$）；②CV＝（标准偏差/平均值）×100%；③根据方程计算出来的理论值；④同位素样品测试值。

地利用覆盖条件下的泉-池系统进行了高分辨率的水化学昼夜动态监测（由于仪器故障，P2 和 P3 连续监测的水化学数据缺失）。数据经过 SigmaPlot 12.0 软件处理后得到图 2.6 和图 2.7。水化学参数昼夜变化特征整理得到表 2.3。从图 2.6 和表 2.3 可见，与春季相似，

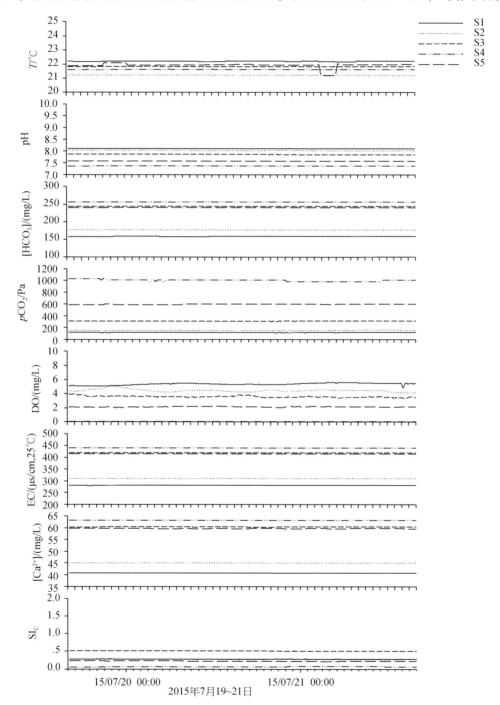

图 2.6 夏季普定站沙湾水-碳通量模拟试验场泉-池系统泉水的物理-化学参数的昼夜变化

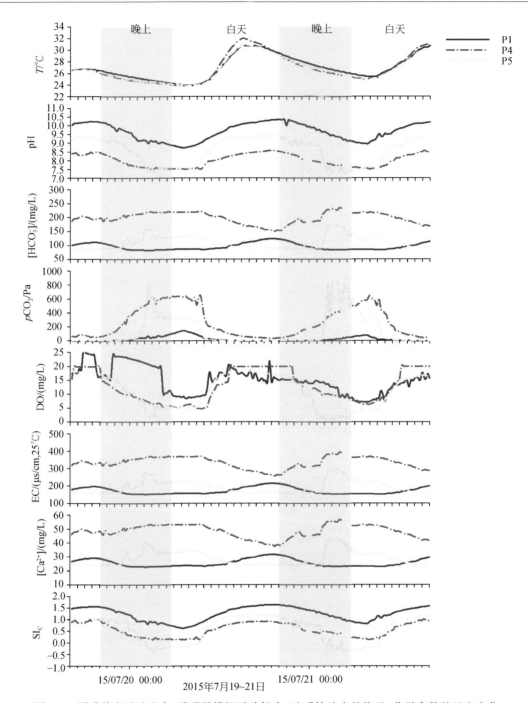

图 2.7 夏季普定站沙湾水-碳通量模拟试验场泉-池系统池水的物理-化学参数的昼夜变化

泉水的物理-化学参数几乎没有昼夜变化。除了二氧化碳分压、方解石饱和指数、溶解氧的变异系数有部分大于1%外,其他参数的变异系数皆小于1%,这是因为这些水化学参数实际值比较低,即使变幅很小,变异系数也会表现出大于1%的特征,但并不能说明存在明显的昼夜变化。

表 2.3 夏季普定站沙湾水-碳通量模拟试验场泉-池系统水化学参数昼夜变化统计

监测点	1号泉	2号泉	3号泉	4号泉	5号泉	1号池	2号池	3号池	4号池	5号池
$T/℃$	22.2~22.2 (22.2)①[0.1]②	21.2~21.2 (21.1)[0.1]	21.8~21.9 (21.8)[0.1]	21.6~21.7 (21.6)[0.0]	21.2~22.1 (21.9)[0.7]	24.0~30.9 (27.0)[7.6]			23.9~32.1 (26.9)[9.0]	23.9~30.9 (26.7)[7.7]
pH	8.1~8.1 (8.1)[0.0]	8.0~8.0 (8.0)[0.1]	7.9~7.9 (7.9)[0.1]	7.4~7.4 (7.4)[0.1]	7.6~7.6 (7.6)[0.1]	8.7~10.4 (9.7)[5.2]			7.5~8.6 (8.0)[4.7]	7.3~9.4 (8.6)[9.0]
EC /(μs/cm)	279.8~280.6 (208.3)[0.1]	310.1~310.4 (310.3)[0.8]	420.1~420.4 (420.3)[0.0]	440.1~440.5 (440.3)[0.0]	415.1~415.6 (415.3)[0.0]	152.4~217.0 (172.7)[11.6]			259.0~394.0 (335.2)[9.9]	157.7~290.0 (194.5)[19.0]
[Ca^{2+}] /(mg/L)③	40.7~40.8 (40.8)[0.1]	45.0~45.0 (45.0)[0.0]	60.4~60.4 (60.4)[0.0]	63.2~63.2 (63.2)[0.0]	59.7~59.7 (59.7)[0.0]	22.9~31.9 (25.7)[10.9]			37.8~56.7 (48.5)[9.6]	23.6~42.2 (28.8)[18.0]
[HCO_3^-] /(mg/L)③	158.3~158.8 (158.6)[0.1]	176.8~177.0 (176.9)[0.0]	243.9~244.1 (244.0)[0.0]	256.1~256.3 (256.2)[0.1]	240.8~241.1 (240.9)[0.0]	83.6~124.3 (96.4)[13.0]			150.8~235.3 (198.8)[10.5]	87.0~170.3 (110.1)[21.2]
SI_C	0.3~0.3 (0.3)[0.7]	0.3~0.3 (0.3)[2.7]	0.5~0.5 (0.5)[0.9]	0.1~0.1 (0.1)[9.2]	0.2~0.2 (0.2)[2.5]	0.6~1.3 (1.3)[24.5]			0.1~1.0 (0.6)[53.0]	0.4~1.2 (0.6)[98.4]
pCO_2 /Pa	116~119 (118)[0.5]	149~160 (155)[1.8]	309~316 (312)[1.1]	984~1030 (1002)[1.4]	589~604 (598)[1.0]	0.8~147 (27)[134.8]			38~656 (267)[82.2]	2.1~853 (146)[152]
DO /(mg/L)	4.9~5.6 (5.4)[2.9]	4.1~5.1 (4.5)[4.3]	3.4~4.0 (3.6)[3.0]	0.1~0.1 (0.1)[2.0]	2.0~2.3 (2.2)[2.2]	7.2~25.7 (15.1)[31.6]			4.9~20.0 (13.2)[43.3]	0.9~18.6 (11.1)[54.1]
$\delta^{13}C_{DIC}$ /‰④	-3.2~-2.8 (-3.0)[4.2]	-3.6~-3.1 (-3.4)[5.0]	-4.0~-3.2 (-3.5)[7.4]	-15.1~-14.8 (-15.0)[0.8]	-8.4~-7.9 (-8.2)[2.6]	-9.9~-2.9 (-6.9)[37.0]	-14.7~-4.4 (-0.4)[45.5]	-10.0~-3.5 (-0.9)[41]	-14.9~-9.0 (-11.0)[17]	-7.0~-5.2 (-6.1)[12]
Q /(L/min)	0.6	0.5	0.4	0.3	0.4	0.6	0.5	0.4	0.3	0.4

① 样品平均值 ($n=192$);② CV=(标准偏差/平均值)%;③ 根据方程计算出来的理论值;④ 同位素样品测试值。

相反地，池水水化学特征昼夜变化就比较明显，pH、EC、pCO$_2$、SI$_C$ 和 DO 的 CV 均大于1%，pCO$_2$ 的 CV 甚至达到了152%。其中4号池和5号池的水温、pH、DO、SI$_C$ 在白天均显著增加，在夜间显著降低；而 EC、HCO$_3^-$、Ca^{2+} 和 pCO$_2$ 在白天显著下降，夜间显著上升。温度变化为23.9~32.1 ℃。最低值出现在7月20日7:00左右，最高值出现在7月20日16:00左右。在这个过程中，水生植物光合作用一直占据主导，直至大约18:00，随后呼吸作用开始占主导。EC、HCO$_3^-$、Ca^{2+} 和 pCO$_2$ 表现出了与温度相反的变化规律，其值在白天一直都随时间下降，直至达到当天最低值，最低值出现在7月25日18:00左右。在夜间，EC、HCO$_3^-$、Ca^{2+} 和 pCO$_2$ 逐渐上升，最高值出现在7月25日8:00左右。池水化学明显的昼夜变化与水生光合生物的光合呼吸作用过程表现出一致性（由溶解氧的变化体现），说明池水的昼夜变化主要是受光合水生生物的影响。与4号池和5号池不同，1号池的 EC、HCO$_3^-$、Ca^{2+} 在白天上升，而在夜晚下降；而水温、pH、DO、SI$_C$ 却是在白天下降，晚上上升。引起这一现象的可能原因是与4号池和5号池中生长的水生植物类型不同，经鉴定，1号池池水生光合生物优势种为水生植物水绵（*Spirogyra*），很多时候主要利用空气中的 CO$_2$ 作为无机碳源，在强光合作用的白天，因为水绵利用空气（水气交界处的空气），导致空气中的 CO$_2$ 大量溶解进入1号池，使得1号池中的 EC、HCO$_3^-$ 上升；晚上则相反。而4号池和5号池中则主要是沉水植物轮藻（*Chara Fragilis*）和金鱼藻（*Ceratophyllum demersum* L.），其对水中碳的利用存在 CO$_2$ 富集机制（CCM），与普通的 C$_3$ 植物不同，即使在很低浓度的 CO$_2$ 条件下，也能进行光合作用（Gattuso et al.，1999；Kufel and Kufel，2002），类似陆地 C$_4$ 植物，但又不同于 C$_4$ 植物。其叶子在形态学上不存在陆地 C$_4$ 植物的花环结构，所以其 C$_4$ 循环和卡尔文循环是独立存在于不同的细胞中（Bowes and Salvucci，1989）。

在白天，水生光合生物消耗 DIC，促进碳酸钙沉积；在夜间，水生植物没有光合作用，主要是呼吸产生 CO$_2$，加速了碳酸钙溶解。此过程中发生了以下反应：

$$Ca^{2+}+2HCO_3^- \rightleftharpoons CaCO_3+x(CO_2+H_2O)+(1-x)(CH_2O+O_3)（白天） \quad (2.4)$$

$$CaCO_3+CO_2+H_2O \rightleftharpoons Ca^{2+}+2HCO_3^-（晚上） \quad (2.5)$$

$$6H_2O+6CO_2 \rightleftharpoons C_6H_{12}O_6+6O_2 \quad (2.6)$$

$$C_6H_{12}O_6+6O_2 \rightleftharpoons 6H_2O+6CO_2 \quad (2.7)$$

白天，在有光照的条件下，如式（2.4），沉水植物消耗水中的 HCO$_3^-$，加速了碳酸钙沉淀，EC、Ca^{2+}、HCO$_3^-$ 减少。一部分 HCO$_3^-$ 被沉水植物通过利用磷酸烯醇式丙酮酸（PEPC）经 CCM 途径固定下来，再通过 CA（碳酸酐酶）把 HCO$_3^-$ 转化成 CO$_2$，最后再由卡尔文循环固碳（Reiskind et al.，1989；Magnin et al.，1997；Liu Z et al.，2010），如式（2.4）所示；CO$_2$ 部分再通过式（2.6）被固定，其他释放进入空气中。晚上由于没有光照，不能进行光合作用，只有呼吸作用产生 CO$_2$［式（2.7）］，一部分 CO$_2$ 经由式（2.5）溶解沉淀的碳酸钙，转化成为 HCO$_3^-$，其他的则直接释放到大气中，EC、Ca^{2+}、HCO$_3^-$ 增加。而1号池在夏季监测期间，水绵在光合作用剧烈的下午则主要进行式（2.6）。

2.5.1.3 秋季的水化学昼夜动态化

同样的，在 2015 年秋季的 10 月 25~27 日对普定喀斯特生态系统观测研究站内沙湾水-碳通量模拟试验场五种不同土地利用类型下的泉-池系统的喀斯特水化学昼夜动态变化规律进行监测。自动监测数据经过 SigmaPlot 12.0 软件处理后得到图 2.8 和图 2.9。水化学参数昼夜变化特征整理后得到表 2.4。

从图 2.8 和表 2.4 可见，五个不同土地利用条件下的泉水水化学在两昼夜的监测期间依然没有多大变化，每个泉水都保持稳定。

与春夏季相似，但秋季的五个小池水化学特征昼夜变化最为明显，且在两个昼夜内具有很好的重现性。T、EC、pCO_2、SI_C 和 DO 的 CV 基本上都大于 5%，pCO_2 的 CV 最高甚至达到了 105.9%（P3）。从图 2.9 可以看出，五个小池的水温、pH、DO、SI_C 在白天均显著增加，在夜间显著降低；而 EC、HCO_3^-、Ca^{2+} 和 pCO_2 在白天显著下降，夜间显著上升。温度变化从 17.0 ℃（P1）到 24.9 ℃（P3）。每个小池的水温第一个最低值出现在 10 月 25 日 7:00~8:00，在 26 日 7:00~8:00 左右又出现了温度第二个最低值。同时大约在 10 月 25 日 16:00 达到了温度的最高值，分别为 21.1 ℃（P1）、24.9 ℃（P2）、24.8 ℃（P3）、24.8 ℃（P4）、24.3 ℃（P5）。其中，1 号池的变幅最大，CV 达到 6.5%，而其他四个小池基本一致，CV 在 5.6%~5.8%。虽然 pH、DO、SI_C 与温度的变化趋势一致，但是最低值和最高值并不与温度同步出现。最低值都要比温度提前大约 1 h，如在 25 日最低值出现在 6:00~7:00（温度最低值出现在 7:00~8:00）；最高值却延迟了大约 1 h，在 25 日温度最高值出现在 16:00 左右，而 pH、DO、SI_C 最高值却是在 17:00 左右才出现。之所以出现 pH、DO、SI_C 与温度的最高值和最低值不同步，是因为在白昼，以光合作用占主导的水生植物新陈代谢是积累的过程，在温度上升到最高后下降时，光合作用仍然在进行，表征水生植物光合作用的 DO 和 pH 继续上升；但在夜间，呼吸作用消耗占主导的是一个瞬时过程，DO、pH 随着水生植物的呼吸作用消耗减少至最低，在凌晨 6:00~7:00 就已经达到最低的阈值。EC、HCO_3^-、Ca^{2+} 和 pCO_2 表现出了与温度相反的变化规律，其值在白天一直都随时间下降，直至达到当天最低值，最低值出现在 10 月 25 日 18:00 左右。在夜间，EC、HCO_3^-、Ca^{2+} 和 pCO_2 逐渐上升，最高值出现在 10 月 25 日 8:00 左右，基本上与温度同步。与夏季相比，秋季的光照时间较短，能进行光合作用的时间也就相对要少，作为衡量水生植物新陈代谢过程的主要指标参数，DO 和 pH 在 10 月 25 日 17:00 左右就已经达到了其峰值。秋季小池水化学明显的昼夜变化与水生光合生物的光合呼吸作用过程表现出一致性（由溶解氧的变化体现），同样说明小池水化学的昼夜变化主要是受光合水生生物的影响。在秋季进行的昼夜监测我们可以发现，水化学的昼夜变化重现性较好，EC、HCO_3^-、Ca^{2+} 和 pCO_2 的峰值和谷值出现的时间基本是相同的。温度、DO、pH 和 SI_C 虽然存在一定时间的推迟或者提前，但也重现了相同的规律。

2.5.1.4 冬季的水化学昼夜动态化

在 2016 年冬季的 1 月 23~25 日，对普定喀斯特生态系统观测研究站内沙湾水-碳通量模拟试验场五种不同土地利用类型下的泉-池系统的喀斯特水化学昼夜动态变化规律进

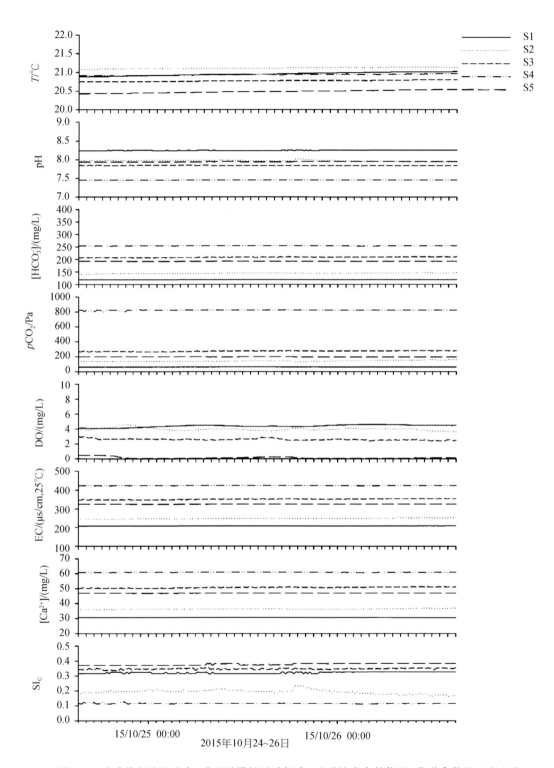

图 2.8 秋季普定站沙湾水-碳通量模拟试验场泉-池系统泉水的物理-化学参数的昼夜变化

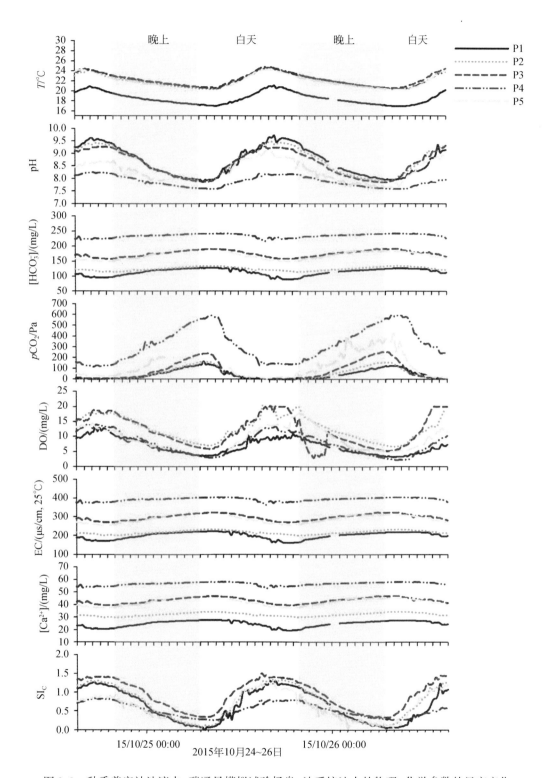

图 2.9 秋季普定站沙湾水–碳通量模拟试验场泉–池系统池水的物理–化学参数的昼夜变化

表 2.4 秋季普定站沙湾水-碳通量模拟试验场泉-池系统水化学参数昼夜变化统计

监测点	1号泉	2号泉	3号泉	4号泉	5号泉	1号池	2号池	3号池	4号池	5号池
$T/℃$	20.9~21.0 (21.0)[0.2]②	21.1~21.1 (21.1)[0.1]	20.8~20.8 (20.8)[0.1]	20.9~21.0 (20.9)[0.1]	20.4~20.5 (20.5)[0.2]	17.0~21.1 (18.5)[6.5]	20.3~24.9 (22.0)[5.8]	20.6~24.8 (22.3)[5.7]	20.5~24.8 (22.2)[5.8]	20.3~24.3 (22.1)[5.6]
pH	8.2~8.3 (8.2)[0.1]	7.9~8.0 (8.0)[0.2]	7.8~7.9 (7.8)[0.1]	7.5~7.5 (7.5)[0.0]	7.9~8.0 (7.9)[0.1]	7.9~9.7 (8.7)[6.7]	7.9~9.5 (8.7)[6.2]	7.9~9.3 (8.6)[5.9]	7.9~8.3 (7.9)[2.7]	7.6~9.1 (8.3)[5.1]
EC /(μs/cm)	207.9~208.8 (208.4)[0.1]	243.7~253.2 (248.2)[0.8]	246.1~355.0 (351.1)[0.7]	421.9~424.9 (423.4)[0.1]	323.6~325.0 (324.2)[0.1]	162.7~223.0 (200.8)[9.2]	201.7~234.0 (217.5)[4.6]	271.0~325.0 (298.7)[5.6]	364.0~405.0 (393.0)[2.5]	256.0~312.0 (284.2)[6.7]
$[Ca^{2+}]$ /(mg/L)③	30.7~30.8 (30.7)[0.1]	35.7~37.0 (36.3)[0.8]	50.0~51.3 (50.7)[0.6]	60.6~61.0 (60.8)[0.1]	46.9~47.1 (47.0)[0.1]	24.3~32.8 (24.7)[8.7]	29.7~34.3 (32.0)[4.3]	39.5~47.1 (43.4)[6.0]	52.5~58.3 (56.6)[2.4]	37.4~45.2 (41.4)[6.5]
$[HCO_3^-]$ /(mg/L)③	118.6~119.2 (118.9)[0.1]	141.2~147.1 (144.0)[0.9]	205.7~211.3 (208.8)[0.7]	253.4~255.3 (254.4)[0.1]	191.5~192.4 (191.9)[0.1]	90.1~128.1 (114.1)[10.2]	114.3~135.0 (124.6)[5.0]	158.4~192.4 (175.8)[6.0]	216.9~242.8 (235.2)[2.6]	148.9~184.2 (166.7)[7.2]
SI_C	0.3~0.3 (0.3)[1.6]	0.2~0.2 (0.2)[7.2]	0.3~0.4 (0.3)[1.2]	0.1~0.1 (0.1)[2.0]	0.4~0.4 (0.4)[1.4]	0.1~1.3 (0.6)[66.5]	0.1~1.4 (0.7)[60.9]	0.3~1.5 (0.9)[42.9]	0.3~0.8 (0.5)[36.0]	0.1~1.3 (0.7)[52.7]
pCO_2 /Pa	61~63 (62)[1.1]	130~160 (142)[5.1]	265~284 (273)[1.6]	804~828 (830)[0.6]	195~200 (198)[1.1]	0.8~162 (45)[101.8]	2.5~167 (51)[104.1]	5.1~252 (78)[105.9]	113~596 (325)[47.9]	9.4~426 (116)[99.7]
DO /(mg/L)	4.1~4.6 (4.4)[3.4]	3.6~4.6 (4.0)[4.8]	2.4~3.0 (2.6)[4.2]	0.0~0.0 (0.0)[0.0]	0.1~0.5 (0.2)[71.1]	3.3~13.2 (6.8)[38.9]	6.7~20.0 (12.7)[31.2]	3.0~20.0 (11.8)[43.2]	2.3~14.0 (7.8)[45.7]	5.0~17.6 (9.9)[35.5]
$\delta^{13}C_{DIC}$ /‰④	−3.0~−2.2 (−2.6)[7.6]	−3.6~−3.1 (−3.3)[3.3]	−4.5~−4.1 (−4.3)[3.3]	−15.7~−15.0 (−15.4)[1.2]	−8.9~−9.5 (−9.7)[1.0]	−3.7~−1.6 (−2.5)[27.8]	−4.8~−2.2 (−3.7)[25.9]	−4.0~−2.6 (−3.1)[14.3]	−14.7~−13.4 (−14.1)[3.1]	−8.7~−6.6 (−7.6)[8.4]
Q /(L/min)	0.4	0.3	0.3	0.2	0.3	0.4	0.3	0.3	0.2	0.3

①样品平均值 ($n=192$); ②CV = (标准偏差/平均值)%; ③根据方程计算出来的理论值; ④同位素样品测试值。

行了监测。数据经过 SigmaPlot 12.0 软件处理后得到图 2.10 和图 2.11。水化学参数昼夜变化特征整理得到表 2.5。从图 2.10 和表 2.5 可见，五个泉水的物理-化学参数的昼夜变化很小，泉水的水温在四个季节是最低的。

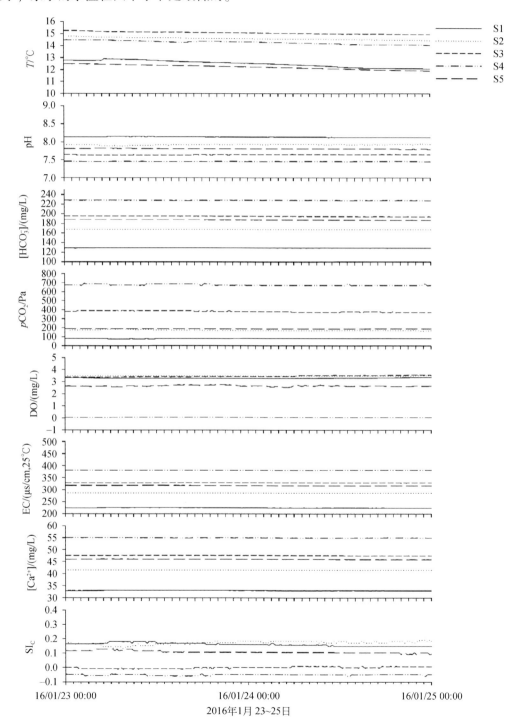

图 2.10　冬季普定站沙湾水-碳通量模拟试验场泉-池系统泉水的物理-化学参数的昼夜变化

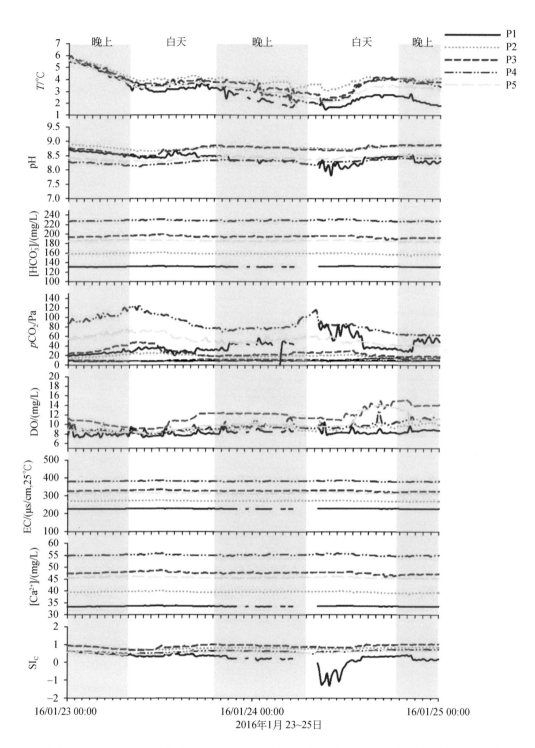

图 2.11 冬季普定站沙湾水–碳通量模拟试验场泉–池系统池水的物理–化学参数的昼夜变化

表 2.5 冬季普定站沙湾水-碳通量模拟试验场泉-池系统化学参数昼夜变化统计

监测点	1号泉	2号泉	3号泉	4号泉	5号泉	1号池	2号池	3号池	4号池	5号池
$T/℃$	12.1~12.9 (12.5)①[2.2]②	14.4~14.8 (14.6)[0.6]	14.9~15.3 (15.1)[0.6]	14.1~14.5 (14.3)[0.9]	11.9~12.5 (12.2)[1.5]	1.5~5.5 (3.0)[33.5]	3.1~5.9 (4.1)[14.2]	2.0~6.0 (3.8)[19.9]	1.9~5.6 (3.5)[23.7]	2.1~5.6 (3.4)[22.1]
pH	8.1~8.2 (8.1)[0.1]	7.9~7.9 (7.9)[0.2]	7.6~7.7 (7.6)[0.1]	7.4~7.5 (7.4)[0.1]	7.8~7.8 (7.8)[0.1]	7.8~8.7 (8.4)[1.9]	8.6~8.9 (8.8)[0.6]	8.5~8.9 (8.7)[0.6]	8.1~8.4 (8.3)[0.9]	8.3~8.5 (8.4)[0.8]
EC /(μs/cm)	223.9~225.1 (224.5)[0.1]	285.1~285.5 (285.3)[0.1]	328.0~329.1 (328.6)[0.1]	381.1~382.2 (381.7)[0.1]	316.4~318.4 (317.4)[0.1]	228.0~231.0 (229.4)[0.4]	266.0~277.0 (272.0)[0.7]	316~338.0 (329.8)[1.0]	379.0~389.0 (383.5)[0.6]	312.0~319.0 (315.2)[0.6]
$[Ca^{2+}]$ /(mg/L)③	32.9~33.1 (33.0)[0.1]	41.5~41.5 (41.5)[0.1]	47.5~47.6 (47.6)[0.1]	54.9~55.1 (55.0)[0.1]	45.9~46.1 (46.0)[0.2]	33.5~33.9 (33.7)[0.4]	38.8~40.3 (39.6)[0.6]	45.8~48.9 (47.7)[1.0]	54.6~56.0 (55.3)[0.6]	45.2~46.2 (45.7)[0.6]
$[HCO_3^-]$ /(mg/L)③	128.7~129.4 (129.1)[0.2]	167.2~167.5 (167.4)[0.1]	194.3~195.0 (194.6)[0.1]	227.7~228.4 (228.1)[0.1]	187.0~188.2 (187.6)[0.2]	131.3~133.2 (132.1)[0.4]	155.2~162.1 (159.1)[0.7]	186.7~200.6 (195.4)[1.1]	226.4~232.7 (229.2)[0.6]	184.2~188.6 (186.2)[0.6]
SI_C	0.1~0.2 (0.2)[6.4]	0.1~0.2 (0.2)[7.5]	0.1~0.1 (0.1)[0.1]	0.1~0.1 (0.1)[8.6]	0.1~0.1 (0.1)[7.3]	0.1~0.6 (0.3)[12.9]	0.6~0.9 (0.8)[6.0]	0.7~1.0 (0.9)[9.9]	0.5~0.7 (0.6)[10.9]	0.4~0.7 (0.6)[10.5]
pCO_2 /Pa	77~82 (70)[2.2]	165~190 (173)[3.1]	372~391 (382)[1.9]	671~689 (676)[1.0]	237~253 (246)[1.4]	19~58 (34)[26.4]	14~31 (19)[14.8]	17~49 (26)[30.4]	63~128 (87)[18.4]	39~78 (54)[17.8]
DO /(mg/L)	0.1~3.4 (3.3)[9.4]	3.5~3.5 (3.5)[2.1]	0.0~3.6 (3.4)[8.8]	0.0~0.1 (0.1)[0.1]	0.0~2.8 (2.6)[21.0]	7.3~10.5 (8.3)[10.5]	7.7~11.7 (9.2)[19.8]	9.1~15.3 (11.8)[28.9]	8.0~12.9 (9.5)[22.8]	8.3~14.0 (10.0)[20.0]
$\delta^{13}C_{DIC}$ /‰④	-4.0~-3.3 (-3.6)[7.0]	-5.4~-4.8 (-5.2)[3.8]	-4.4~-4.2 (-4.3)[1.7]	-13.2~-12.4 (-12.7)[2.4]	-9.3~-8.9 (-9.2)[1.4]	-4.2~-3.7 (-3.9)[3.8]	-4.3~-3.7 (-4.0)[4.7]	-2.4~-1.9 (-2.2)[6.7]	-11.7~-11.2 (-11.5)[1.4]	-8.5~-7.0 (-7.9)[6.5]
Q /(L/min)	0.2	0.1	0.2	0.1	0.1	0.2	0.1	0.2	0.1	0.1

①样品平均值($n=192$); ②CV=(标准偏差/平均值)%; ③根据方程计算出来的理论值; ④同位素样品测试值。

由于冬季温度过低,池水的水温最高只有 6.0 ℃ (P3),最低低至 1.5 ℃ (P1)。相比春、夏、秋三个季节,在冬季监测期间,五个小池水化学在昼夜尺度上的变化很小。pH、EC、HCO_3^-、Ca^{2+} 基本没有变化(大部分的 CV<1%);pCO_2、SI_C 和 DO 的 CV 依然明显大于 1%。在冬季低温的条件下,生物活动明显受到抑制,物理的交换过程也明显减弱,但五个小池的 pCO_2 和 DO 的 CV 依然在 10% 以上。小池的水温、pH、DO、SI_C 在白天有略微的增加,在夜间降低;而 EC、和 pCO_2 在白天下降,夜间上升。而且,小池的 pCO_2 在监测期间,在下午的时候,比空气中的要低(P1、P2、P3、P5),最低时只有 14 Pa(P2),这说明在白天的时候,仍然有微弱的光合作用在进行,仍然主导着池水的水化学昼夜变化。

2.5.1.5 不同季节泉-池系统池水 pCO_2-DO 关系

从表 2.2 ~ 表 2.5 中的水化学数据我们可以看出,五个小池在四个季节的昼夜变化监测期间,以 pCO_2 和 DO 的变化幅度最大。为了能进一步分析这一现象,从中找出其作用机理和控制因素,本研究利用 SigmaPlot 12.0 软件分别对四个季节五个小池的 pCO_2 和 DO 数据进行处理后得到图 2.12 ~ 图 2.15。

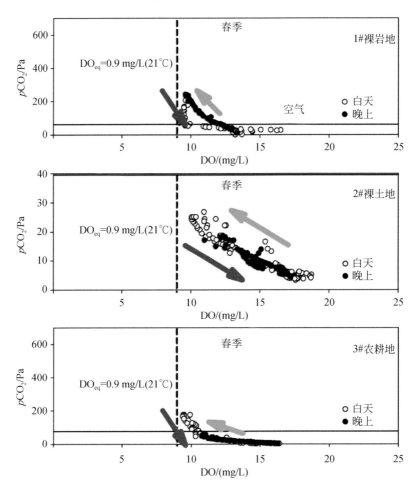

第 2 章 生物碳泵效应的土地利用调控模拟试验研究

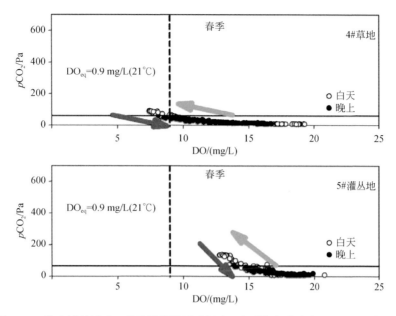

图 2.12 普定站沙湾水-碳通量模拟试验场泉-池系统春季池水 $p\mathrm{CO}_2$-DO 关系图

红色趋势箭头代表白天；绿色趋势箭头代表夜晚

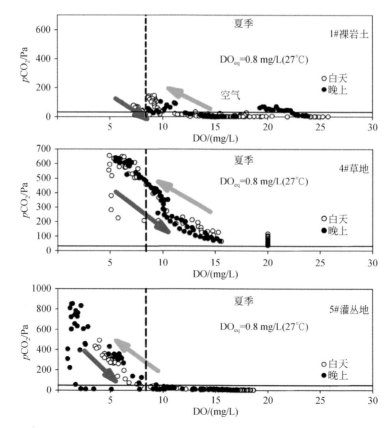

图 2.13 普定站沙湾水-碳通量模拟试验场泉-池系统夏季池水 $p\mathrm{CO}_2$-DO 关系图

红色趋势箭头代表白天；绿色趋势箭头代表夜晚

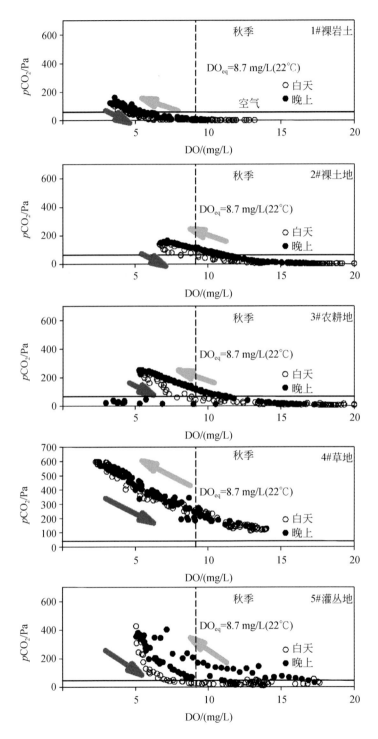

图 2.14 普定站沙湾水–碳通量模拟试验场泉–池系统秋季池水 pCO_2-DO 关系图
红色趋势箭头代表白天；绿色趋势箭头代表夜晚

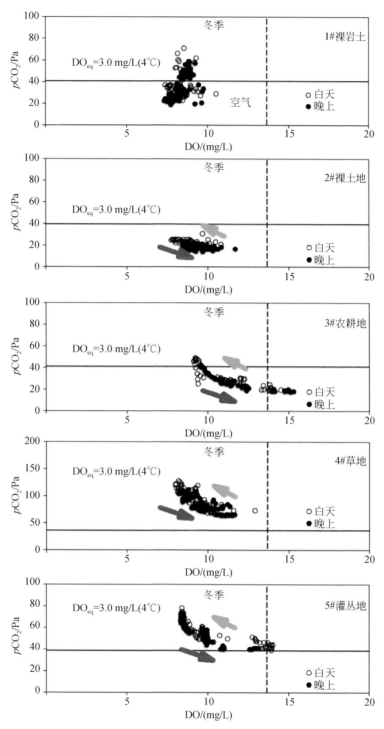

图 2.15 普定站沙湾水-碳通量模拟试验场泉-池系统冬季池水 $p{\rm CO}_2$-DO 关系图

红色趋势箭头代表白天；绿色趋势箭头代表夜晚

从图 2.12~图 2.15 中可以发现,除了冬季外,其他三个季节,五个小池的 $p\mathrm{CO_2}$ 在白天的时候随着 DO 的增加(光合作用强度增大)而降低;夜间则相反,由于生物的呼吸作用占据优势,$p\mathrm{CO_2}$ 则随着耗氧的增加而增加。此外,五种不同土地利用条件所对应的小池 $p\mathrm{CO_2}$ 与 DO 之间的关系在不同季节所表现的变化特征并不相同。春季监测期间,从图 2.12 可以看出,由于这段时间小池的 $p\mathrm{CO_2}$ 都比较低,$p\mathrm{CO_2}$ 随 DO 变化明显。除 4#草地外池水的 DO 浓度比 $\mathrm{DO_{eq}}$(平衡浓度)都高,这说明在这段时间净光合作用较大,小池一直在累积生成有机物。与之相反的是冬季,除 3#农耕地外的小池的 DO 浓度比 $\mathrm{DO_{eq}}$(平衡浓度)都低,这说明在这段时间几乎没有净光合作用,小池一直在消耗生成的有机物。

2.5.1.6 普定站沙湾水-碳通量模拟试验场泉-池系统 $\mathrm{NO_3^-}$-DO 关系

普定站沙湾水-碳通量模拟试验场泉-池系统中五个小池水生植物通过光合作用合成有机质,可能发生了以下两个反应(Gammons et al., 2011):

$$5.7\mathrm{CO_2} + \mathrm{NO_3^-} + \mathrm{H^+} + 4.4\mathrm{H_2O} \longrightarrow \mathrm{C_{5.7}H_{9.8}O_{2.3}N} + 8.25\mathrm{O_2} \tag{2.8}$$

$$4.7\mathrm{CO_2} + \mathrm{HCO_3^-} + \mathrm{NH_4^+} + 2.4\mathrm{H_2O} \longrightarrow \mathrm{C_{5.7}H_{9.8}O_{2.3}N} + 6.25\mathrm{O_2} \tag{2.9}$$

通过四个季节的采样和测试发现,P4 和 P5 两个小池 $\mathrm{NO_3^-}$ 浓度低于检测线,但其他三个小池 $\mathrm{NO_3^-}$ 浓度表现出了有规律的时空变化。图 2.16~图 2.19 展示了一个水文年中,P1、P2 和 P3 中 $\mathrm{NO_3^-}$ 与 DO 的相互关系(P3 小池的 $\mathrm{NO_3^-}$ 在春季监测采样期间也低于实验室检测线)。从图 2.16~图 2.19 中我们发现,除冬季外,三个小池的 $\mathrm{NO_3^-}$ 与 DO 呈现明显的负相关($R^2 > 0.5$),也即是随着光合作用的进行,$\mathrm{NO_3^-}$ 逐渐被消耗,氧气不断产生,使得水中溶解氧上升。对比图 2.16~图 2.18,发现 P1、P2 和 P3 三个小池 $\mathrm{NO_3^-}$ 消耗速率呈现出夏季高于春季高于秋季的趋势。在冬季,三个小池的 $\mathrm{NO_3^-}$ 与 DO 之间并没有明显的相关性。冬季出现 $\mathrm{NO_3^-}$ 与 DO 间相关性降低的原因可能与温度过低,池水中的水生生物活性受到抑制有关。

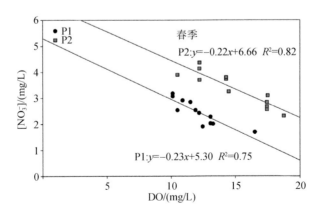

图 2.16 春季小池(P1、P2)$\mathrm{NO_3^-}$ 与 DO 相互关系图

第 2 章　生物碳泵效应的土地利用调控模拟试验研究

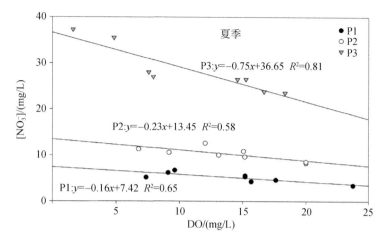

图 2.17　夏季小池（P1～P3）NO_3^- 与 DO 相互关系图

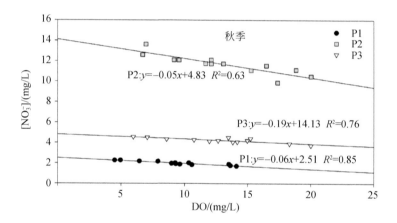

图 2.18　秋季小池（P1～P3）NO_3^- 与 DO 相互关系图

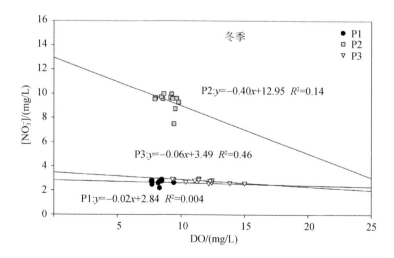

图 2.19　冬季小池（P1～P3）NO_3^- 与 DO 相互关系图

P1、P2 和 P3 三个小池比较，NO_3^- 与 DO 的相关变化率在四个季节中也存在差异，总体表现为 P3 的 NO_3^- 消耗速率高于 P2 高于 P1。这一差异性体现了池中的生物量差异，即生物量越高，NO_3^- 消耗与 DO 生成速率越高；反之则越低。其他两个小池（P4 和 P5），由于 NO_3^- 浓度低于 0.1 mg/L（实验室检测线），极有可能发生了式（2.9）所示的反应，利用池中的 NH_4^+ 作为氮源，但这需要更进一步的监测确认。

2.5.2 不同季节 $\delta^{13}C_{DIC}$ 的昼夜动态变化及影响因素

喀斯特地区溶解无机碳主要来自碳酸盐风化。不同的 DIC 来源其碳同位素组成不同，而水中溶解无机碳同位素组成能够直接反映水中物理、化学和生物过程的变化（Han et al., 2010）。通过测定地表水中 $\delta^{13}C_{DIC}$ 可以了解碳的源、汇以及交换通量（Aravena et al., 1992；Taylor and Fox, 1996）。

$\delta^{13}C_{DIC}$ 的昼夜变化也受到了水的物理特性变化的影响，如脱气作用导致水中 DIC 的浓度降低，而水中的气体交换、碳酸盐岩的溶解沉淀等也会影响到 $\delta^{13}C_{DIC}$。De Montety 等（2011）认为在昼夜时间尺度上，控制喀斯特水 DIC 和 $\delta^{13}C_{DIC}$ 变化的主要因素是水中光合生物的光合和呼吸作用，水温以及脱气作用等物理因素的影响可以忽略。

2015 年 7 月~2016 年 4 月，我们对普定站沙湾水-碳通量模拟试验场五种不同土地利用类型下的泉-池系统水化学的昼夜动态监测的同时，也对水中溶解无机碳同位素进行了采样和实验室测试分析，发现了不同季节 $\delta^{13}C_{DIC}$ 的昼夜动态变化规律及其在季节上的差异。

2.5.2.1 春季 $\delta^{13}C_{DIC}$ 的昼夜动态变化

图 2.20 和表 2.2 表征了春季普定站试验场五种不同土地利用类型下的泉-池系统在 2016 年 4 月 26~28 日两个昼夜的 $\delta^{13}C_{DIC}$ 时空变化。

从表 2.2 中我们发现，五个泉口处的 $\delta^{13}C_{DIC}$ 变化比较小（相比小池），最高的仅有 0.4‰（P2），最低则只有 0.1‰（P3）。但五个泉水的 $\delta^{13}C_{DIC}$ 变异系数在春季监测期间都大于 1%，这说明五个泉水在春季昼夜监测期间受土壤呼吸和脱气等作用的影响，其地下水的 $\delta^{13}C_{DIC}$ 表现出了昼夜动态变化。此外，从表 2.2 我们还可以发现，五种不同土地利用条件下的泉水 $\delta^{13}C_{DIC}$ 之间存在明显差异：泉水的 $\delta^{13}C_{DIC}$ 平均值分别为 -3.2‰（S1）、-4.2‰（S2）、-2.8‰（S3）、-11.9‰（S4）和 -8.2‰（S5）。地下水的 DIC 主要来自土壤呼吸产生的 CO_2 溶解碳酸盐岩产生的 HCO_3^-，其 $\delta^{13}C_{DIC}$ 值一定程度上能反映这两个端源对地下水 DIC 的贡献。从表 2.2 和图 2.20 可知，S1、S2 和 S3 的 DIC 主要来自碳酸盐岩的溶解，来自土壤呼吸产生的 CO_2 溶解的 DIC 较少。这与其对应的土地利用类型是相一致的，S1 上的土地利用类型为 1#裸岩地，S2 为 2#裸土地，S3 为 3#农耕地。而在春季，3#农耕地上还未种植玉米，基本情况与 2#裸土地相同。但由于 3#农耕地中有部分有机酸（玉米根系残留下来），这无疑促进了碳酸盐岩的溶解，使得 S3 中的 DIC 碳同位素偏正，

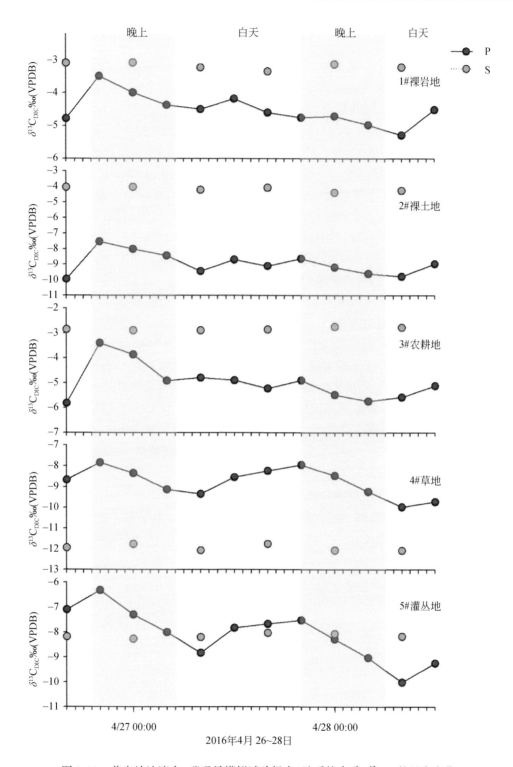

图 2.20 普定站沙湾水-碳通量模拟试验场泉-池系统春季 $\delta^{13}C_{DIC}$ 的昼夜变化

S3 中的 DIC 浓度（140.4 mg/L）较高，也从另一个方面证实了这一观点。S4 中的 DIC 很大一部分便是来自因土壤呼吸而溶解的 CO_2，其 pCO_2 平均值达到了 830 Pa，远远高于其他几个泉水。这使得 S4 中的 $\delta^{13}C_{DIC}$ 更接近土壤呼吸产生的 $\delta^{13}C_{DIC}$（$\delta^{13}C_{CO2}$ = −22.4‰）（Han et al., 2010）。这与其他研究结果（Atekwana and Krishnamurthy, 1998；Doctor et al., 2008；Tobias and Böhlke, 2011）相似，反映了泉水的 DIC 主要来自土壤呼吸产生的 CO_2 溶解分馏。

与泉水不同，五个小池水的 $\delta^{13}C_{DIC}$ 昼夜变化比较明显（图 2.20），$\delta^{13}C_{DIC}$ 的变异系数都大于 1%，变幅最大的 P5 达到了 3.7‰。影响 $\delta^{13}C_{DIC}$ 变化的因素包括生物过程（光合和呼吸作用）、与大气的气体交换、方解石的沉淀和溶解（Spiro and Pentecost, 1991）。五个小池水 $\delta^{13}C_{DIC}$ 在两昼夜的春季监测取样期间，最高值出现在 20:00，然后晚上再逐渐降低，白天开始上升的变化规律。池中的水生植物光合利用 DIC 并使之降低时，由于优先利用低能量的 ^{12}C（Tobias and Böhlke, 2011；Falkowski and Raven, 2013），导致池水 DIC 累积 ^{13}C，因此，$\delta^{13}C_{DIC}$ 随光合作用的进行逐渐升高（Pawellek and Veizer, 1994）。有趣的是，五个小池的 $\delta^{13}C_{DIC}$ 最高值（同位素最偏正时）并没有出现在光合作用最强的时间（16:00），而是出现在了 20:00，光合作用可进行的最后时刻。这说明在 16:00~20:00 这段时间，由于光合作用继续进行，池水 DIC 还在累积 ^{13}C，使得池水 $\delta^{13}C_{DIC}$ 越来越偏正。而到了晚上，由于没有光照，不能进行光合作用，只有呼吸作用产生 CO_2，而其 $\delta^{13}C$ 更多地指示了水生生物的 $\delta^{13}C$ 基本特征，$\delta^{13}C_{DIC}$ 越来越偏负，这使得水的 $\delta^{13}C_{DIC}$ 降低。五个小池都是在早 8:00 左右 $\delta^{13}C_{DIC}$ 达到最低值，这一现象指示了池中的水生植物在这段时间呼吸效应累积达到最大。

同时我们发现，在春季监测和取样的 2016 年 4 月 26~28 日两个昼夜期间，五个小池的 $\delta^{13}C_{DIC}$ 变化与水化学昼夜变化一致，同时反映了这两天的气温变化的影响：26 日气温较高，$\delta^{13}C_{DIC}$ 昼夜变化更明显，$\delta^{13}C_{DIC}$ 变化幅度更大；27 日气温较低，$\delta^{13}C_{DIC}$ 昼夜变化较弱，$\delta^{13}C_{DIC}$ 变化幅度变小。

此外，从表 2.2 和图 2.20 中可以看出，五个小池的 $\delta^{13}C_{DIC}$ 在一定程度上继承了泉水 $\delta^{13}C_{DIC}$ 的信息。春季监测期间，P1、P2 和 P3 中的 $\delta^{13}C_{DIC}$ 要比在泉水中偏负，而 P4 则是比泉水中的 $\delta^{13}C_{DIC}$ 要偏正，P5 在光合作用累积最大时比泉水偏正，但在呼吸作用累积最大时比泉水偏负，这与五个小池中的水生植物群落构成有关。

2.5.2.2 夏季 $\delta^{13}C_{DIC}$ 的昼夜动态变化

图 2.21 和表 2.3 表征了五个泉-池系统在 2015 年 7 月 19~21 日两昼夜的 $\delta^{13}C_{DIC}$ 时空变化。可以看出，相比池水，五个泉水 $\delta^{13}C_{DIC}$ 的变化幅度都很小，最小的仅有 0.3‰（S4），最大也只有 0.8‰。但五个泉水的 $\delta^{13}C_{DIC}$ 变异系数在夏季监测期间都大于 1%，这说明五个泉水在夏季昼夜监测期间受土壤呼吸和脱气等作用的影响，其地下水的 $\delta^{13}C_{DIC}$ 表现出了昼夜动态变化，这与春季相似。并且，总的来说，夏季五个泉水 $\delta^{13}C_{DIC}$ 变幅（变异系数）都要比春季的大。此外，从表 2.3 我们还可以发现，五个泉水的 $\delta^{13}C_{DIC}$ 平均值分别为 −3.0‰（S1）、−3.4‰（S2）、−3.5‰（S3）、−15.0‰（S4）和 −8.2‰（S5），五种不同土地利用条件下的泉水 $\delta^{13}C_{DIC}$ 之间存在明显差异，在季节上也有变化（P5 除外）。在夏季时，土壤根系和土壤微生物的呼吸作用强，土壤呼吸产生 CO_2，溶解后导致泉水中

$\delta^{13}C_{DIC}$相比春季偏负。

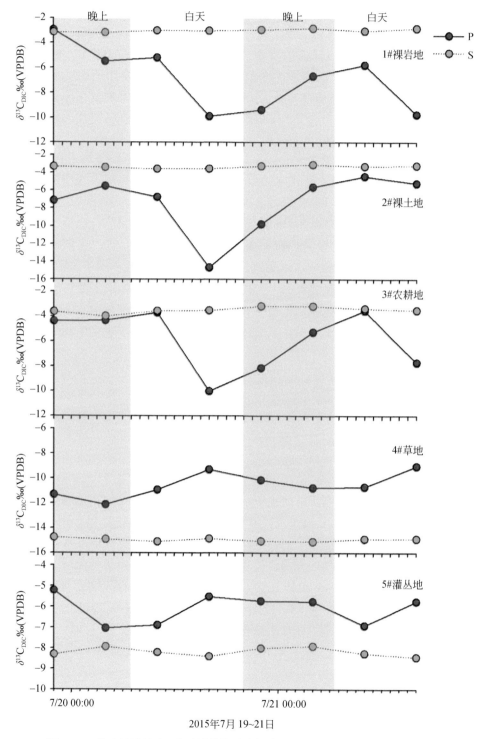

图 2.21 普定站沙湾水-碳通量模拟试验场泉-池系统夏季 $\delta^{13}C_{DIC}$ 的昼夜变化

而五个小池的$\delta^{13}C_{DIC}$变化依然明显（图 2.21），$\delta^{13}C_{DIC}$的变异系数都大于1%，变幅最大的 P2 甚至达到了 45.5%。P1、P2 和 P3 三个小池 $\delta^{13}C_{DIC}$ 在夏季昼夜连续监测期间变化幅度都很大，变化幅度分别为 7.0‰、7.3‰ 和 6.5‰，远远高于春季。与春季相似，P1~P3 三个小池的 $\delta^{13}C_{DIC}$ 在两昼夜的夏季监测期间，皆比泉水的 $\delta^{13}C_{DIC}$ 值偏负。从图 2.21 我们发现，P1、P2 和 P3 与另外两个小池最大的不同是在光合作用最强的 16:00 左右，$\delta^{13}C_{DIC}$ 在这个时间最为偏负，而在第二天 8:00，呼吸作用累积最高时 $\delta^{13}C_{DIC}$ 值最偏正。造成这一结果的主要原因是不同小池中水生植物群落差别，因而存在了利用无机碳源形式的差别。三个小池从 pCO_2 的值可以看出（由于仪器故障，缺失 P2 和 P3 的连续监测数据），P1 的 pCO_2 平均值只有 27 Pa，低于大气，且 P1 的 DIC 浓度比较低，平均只有 96 mg/L，所以在很多时候，P1 小池中的水生植物（主要是水绵）更多地是利用大气中的 CO_2 进行光合作用。与春季不同的是，P4 和 P5 两个小池的 $\delta^{13}C_{DIC}$ 值都比泉水偏正。这是在夏季监测期间，P4 和 P5 所对应的两个泉水 S4 和 S5 上覆的紫花苜蓿和刺梨生长旺盛，两种土地利用类型的土壤呼吸都比较强，导致其地下水 $\delta^{13}C_{DIC}$ 主要受土壤呼吸产生的 CO_2 溶解的影响，整体都偏负。而 P4 和 P5 中的沉水植物因为光合作用更多地利用了水中的 $^{12}C_{DIC}$（P4 和 P5 在夏季监测期间 DIC 浓度更高），导致水中 $\delta^{13}C_{DIC}$ 随光合作用强度增加而越来越偏正。这两个小池的 $\delta^{13}C_{DIC}$ 的变化作用机理与春季时相同。五个小池 $\delta^{13}C_{DIC}$ 在下午时因更强的水生植物光合作用较春季偏正，但在早晨较春季偏负，也反映了水生生物的呼吸作用在夏季更强。

2.5.2.3　秋季 $\delta^{13}C_{DIC}$ 的昼夜动态变化

图 2.22 和表 2.4 表征了秋季五种不同土地利用类型下的泉-池系统在 2015 年 10 月 24~26 日水的 $\delta^{13}C_{DIC}$ 昼夜变化。为了获得泉-池水 $\delta^{13}C_{DIC}$ 更高精度的昼夜变化规律，对野外水样进行了加密采集和测定，采样时间间隔缩短到 2 小时一次，更直观地反映了 $\delta^{13}C_{DIC}$ 的变化差异。

我们发现，五种不同土地利用下的地下水 $\delta^{13}C_{DIC}$ 的变化幅度在秋季监测采样期间都比较小，最小的仅有 0.4‰（S3），最大也只有 0.8‰（S1）。但五个泉水的 $\delta^{13}C_{DIC}$ 变异系数在秋季监测期间都大于 1%，最高的（S1）达到了 7.6‰。这说明五个泉水在秋季昼夜监测期间受土壤呼吸和脱气等作用的影响，其地下水的 $\delta^{13}C_{DIC}$ 表现出了昼夜动态变化，这与春、夏季相似。此外，从表 2.4 我们还可以发现，五个泉水的 $\delta^{13}C_{DIC}$ 平均值分别为 -2.6‰（S1）、-3.3‰（S2）、-4.3‰（S3）、-15.4‰（S4）和 -9.7‰（S5），五种不同土地利用条件下的泉水 $\delta^{13}C_{DIC}$ 之间存在明显差异，在季节上也有变化。在秋季时，土壤根系和土壤微生物的呼吸作用相比夏季减弱，土壤呼吸产生 CO_2 量减少，溶解后导致泉水中 $\delta^{13}C_{DIC}$ 相比夏季偏正。这是由于在秋季时，土壤根系和土壤微生物的呼吸作用不如夏季强，但泉-池系统上覆的植被仍然生长良好，特别是 S4 所对应的 4#草地。所以总的来说，五种不同土地利用类型下的泉在秋季监测采样期间，其 $\delta^{13}C_{DIC}$ 较春季偏负，与夏季相似。

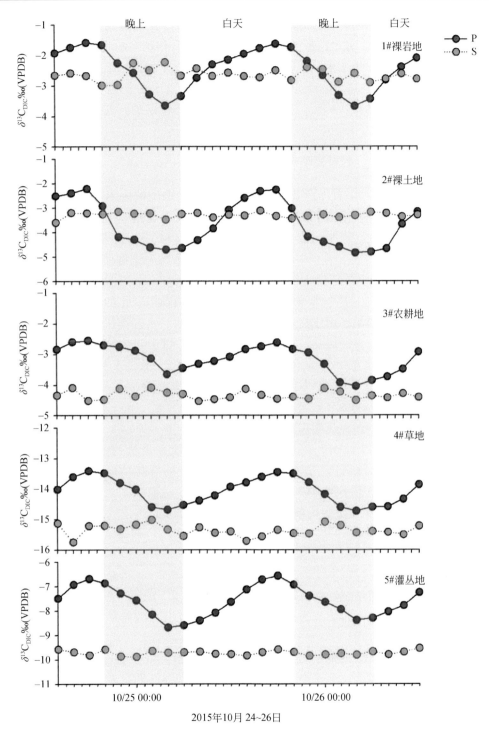

图 2.22 普定站沙湾水-碳通量模拟试验场泉-池系统秋季 $\delta^{13}C_{DIC}$ 的昼夜变化

而五个小池的 $\delta^{13}C_{DIC}$ 变化在秋季监测取样期间依然明显（图 2.22），且两昼夜的 $\delta^{13}C_{DIC}$ 具有很好的重现性。五个小池 $\delta^{13}C_{DIC}$ 的变异系数都大于 1‰，变幅最大的 P1 高达

27.8%。与春、夏季不同的是，P3～P5 三个小池的 $\delta^{13}C_{DIC}$ 在两昼夜的监测期间，皆比泉水的 $\delta^{13}C_{DIC}$ 值偏正。而 P1 和 P2 两个小池的 $\delta^{13}C_{DIC}$ 在光合作用强的时间里比泉水偏正，在呼吸作用占主导的夜间比泉水偏负，其作用机理与春夏季 P4 和 P5 相同。从图 2.22 发现，五个小池在光合作用最强的 16：00 左右，$\delta^{13}C_{DIC}$ 的值在这个时间最为偏正；而在第二天 8：00，呼吸作用累积最高时，$\delta^{13}C_{DIC}$ 值最偏负。这说明，在秋季，五个小池中的植物群落生长都已稳定。

2.5.2.4　冬季 $\delta^{13}C_{DIC}$ 的昼夜动态变化

从图 2.23 和表 2.5 可以看出，五种不同土地利用类型下的泉水 $\delta^{13}C_{DIC}$ 变化在冬季监测期间都比较小，最小的仅有 0.2‰（S3），最大也只有 0.8‰（S4）。但五个泉水的 $\delta^{13}C_{DIC}$ 变异系数在春夏季监测期间都大于 1%，最高的（S1）达到了 7.0‰。泉水 $\delta^{13}C_{DIC}$ 在冬季的变化规律与其他三个季节相似，且在一个水文年之内，每个泉水的 $\delta^{13}C_{DIC}$ 值都相对比较稳定。

在冬季监测取样期间，五个小池影响池水 $\delta^{13}C_{DIC}$ 昼夜动态变化的作用机理与其他三个季节也是相似的。不同的是，由于在监测期间，五个小池的水温都比较低，水面甚至出现了结冰现象。由于受到低温的影响，小池中的水生植物一部分进入休眠，光合作用被严重抑制。但即使如此，池水的 $\delta^{13}C_{DIC}$ 仍表现出了昼夜变化，虽然变幅较小，最高的只有 1.5‰（P5）。此外，冬季小池的 $\delta^{13}C_{DIC}$ 基本上是四个季节中最偏正的，这与泉水相一致。这一结果说明泉水和池水的 $\delta^{13}C_{DIC}$ 受到气候影响较大时（地下水上覆植被的土壤呼吸微弱，而池水中的水生植物新陈代谢作用明显受到抑制），更多地需要考虑物理因素（如温度）的影响（S1～S5，P1～P4）。但我们发现，P5 即使在极低的温度条件下，池水的 $\delta^{13}C_{DIC}$ 的昼夜变化依然比较明显，这很可能是由于 P5 生物群落结构相对比较复杂，使得有部分水生植物能在低温下正常地进行光合和呼吸作用，从而控制池水的溶解无机碳同位素的变化。因此，P5 的 $\delta^{13}C_{DIC}$ 变化幅度是几个小池中最高的。

2.5.3　小结

本节主要描述了普定站试验场五种不同土地利用类型下的泉-池系统水化学及溶解无机碳同位素（$\delta^{13}C_{DIC}$）在不同季节的昼夜动态变化规律，并在此基础上分别讨论了影响其变化的主要因素及控制机理。

高分辨率的水化学监测结果显示，五种不同土地利用类型下的地下水出口处（泉水）的水化学昼夜变化并不显著。但五个泉水处的水化学之间存在明显差异，受到其对应的土地利用类型差异的控制。然而在水生植物生长良好的五个小池中，pH、DO、SI_C 在白天呈逐渐增加趋势，在夜间逐渐降低，与水生生物的光合作用和呼吸作用进程相一致，而 EC、HCO_3^-、Ca^{2+} 和 pCO_2 呈现相反的变化规律：白天下降，晚上上升。池水不管是在春季，还是在夏秋季，水化学的昼夜变异系数都比较大，特别是水的 pCO_2，基本上在 30% 以上（冬季除外）。同时，水化学在季节上也表现出了差异性，夏秋季水化学的变幅相对春冬季的要大，这与池中的水生植物的季节生长过程也是相一致的：夏秋季为水生植物的旺盛生

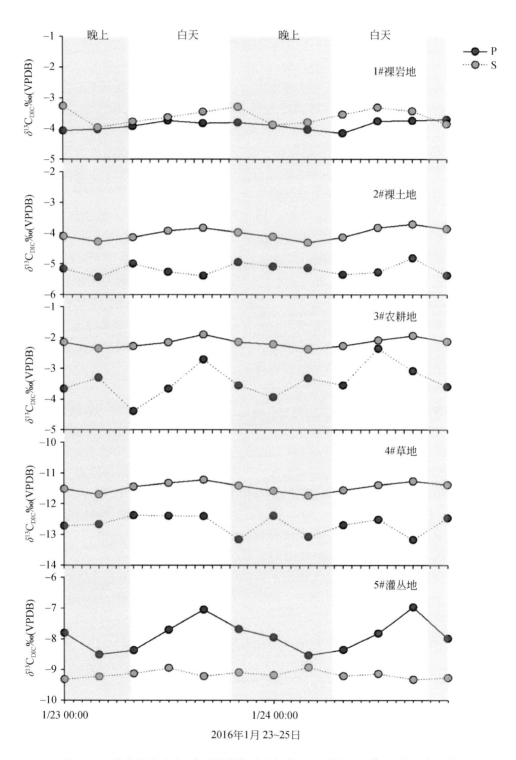

图 2.23　普定站沙湾水-碳通量模拟试验场泉-池系统冬季 $\delta^{13}C_{DIC}$ 的昼夜变化

长季，而春冬季为部分休眠期。但由于池中的水生植物类型差异，植物群落结构稳定性的不同，五个不同小池除了在季节上表现了不同的变化特征之外，每个小池之间也存在着显著差异。这些差异更深层次的则是归因于水生植物光合利用 DIC（CO_2）的途径和方式不同，同时继承不同的泉水水化学信息差异。

水中溶解无机碳同位素在生长有大量水生植物的五个小池中昼夜动态变化明显，表现在光合作用强的中午和下午因水生植物优先利用较轻的碳同位素（^{12}C）而使得池水中较重的碳同位素（^{13}C）富集，且 $\delta^{13}C_{DIC}$ 偏正，晚上没有光合作用而只进行呼吸作用，释放较多的 ^{12}C，使得池水 $\delta^{13}C_{DIC}$ 偏负。这在春、夏、秋、冬四个季节均表现出几乎相同的昼夜变化规律（但在不同季节上所表现的程度有差异）。泉口处的 $\delta^{13}C_{DIC}$ 在很大程度上受到陆地土壤呼吸溶解的 CO_2 和碳酸盐岩溶解的影响。

总的来说，普定站模拟试验场五种不同土地利用类型下的泉-池系统的水化学和 $\delta^{13}C_{DIC}$ 都是在生长有大量水生植物的小池中昼夜变化显著，季节上存在差异。而在没有任何水生植物的地下水出口处（模拟泉），水化学和 $\delta^{13}C_{DIC}$ 的昼夜变化明显减弱（甚至可以忽略其昼夜变化）。夏秋季 $\delta^{13}C_{DIC}$ 泉口和小池较偏负，而春冬季较偏正。五个小池中，P4 中的 $\delta^{13}C_{DIC}$ 是总体最为偏负（四个季节），这很大一部分归因于其对应的泉水（S4）是五个泉水出口处 $\delta^{13}C_{DIC}$ 值最低，其次是常年生长有刺梨的 5# 灌丛地。泉水的水化学和同位素信息能很好地反映其覆盖的土地利用类型差异，而池水的水化学和同位素信息则能更好地揭示池水中水生生态系统的生物作用过程差异。

2.6 水-气界面碳交换通量及生物碳泵碳汇效应估算

越来越多的研究发现，喀斯特动力系统中碳酸盐岩在传统的无机喀斯特作用［水-岩（土）-气相互作用］和生物作用（水生光合生物光合与呼吸作用）的协同下，积极地参与到全球碳循环中，成为大气 CO_2 源与汇的重要环节之一（Liu and Dreybrodt，1997，2015；袁道先，1999；Liu and Zhao，2000；Liu Y et al.，2010；Liu Z et al.，2011）。随着研究的深入，刘再华等进一步创新性地提出了表征碳酸盐风化碳循环过程的水-岩（土）-气-生相互作用新模式（Liu and Dreybrodt，2015），认为该碳循环过程，是水、碳酸盐岩、CO_2 气体，以及水生光合生物各要素之间相互耦联、共同作用的结果，并特别强调了陆地水生光合作用（生物碳泵效应）在其中所发挥的重要作用。

2.6.1 模拟试验场泉-池系统池水 CO_2 通量时空变化

通过测定池水的 CO_2 在不同时间（早晨、中午和晚上）的浓度变化，获得了普定站沙湾水-碳通量模拟试验场泉-池系统池水的 CO_2 交换通量。测量方法是利用水面静态箱法：在测量水面 CO_2 浓度之前，先让静态箱与空气中气体平衡，然后将静态箱罩在水面上进行气体的采集。每隔两分钟取一个气体样品，采集的气体样品密封保存。在 CO_2 浓度测定过程中确保水面静态箱密封，不让外界大气混入箱内。

由此，我们得到了 2015 年 7 月至 2016 年 4 月一个水文年五种不同土地利用类型下的小池水面在不同季节静态箱内的 CO_2 浓度变化。表 2.6~表 2.9 分别表示了春、夏、秋、冬四个季节的水面静态箱内 CO_2 浓度值。根据浓度值利用 SigmaPlot 12.0 绘图软件绘制了浓度变化趋势图（图 2.24，图 2.25）。

表 2.6 春季普定站沙湾水-碳通量模拟试验场泉-池系统池水 CO_2 浓度昼夜变化

（单位：$\times 10^{-6}$）

时间	监测点				
	P1	P2	P3	P4	P5
早晨（0 min）	362	312	414	229	258
（2 min）	382	329	476	263	401
（4 min）	396	388	582	300	482
（6 min）	435	392	649	405	567
中午（0 min）	428	396	378	356	361
（2 min）	378	351	337	324	360
（4 min）	339	288	310	258	318
（6 min）	279	294	270	238	252
晚上（0 min）	134	141	607	392	458
（2 min）	295	185	512	385	427
（4 min）	342	215	495	296	417
（6 min）	356	254	376	295	382

表 2.7 夏季普定站沙湾水-碳通量模拟试验场泉-池系统池水 CO_2 浓度昼夜变化

（单位：$\times 10^{-6}$）

时间	监测点				
	P1	P2	P3	P4	P5
早晨（0 min）	192	198	243	331	355
（2 min）	213	305	326	338	371
（4 min）	251	316	331	434	448
（6 min）	320	318	334	546	489
中午（0 min）	462	392	518	367	481
（2 min）	338	335	395	353	390
（4 min）	296	310	383	270	310
（6 min）	259	211	381	252	202
晚上（0 min）	350	323	404	318	339

续表

时间	监测点				
	P1	P2	P3	P4	P5
(2 min)	370	305	410	442	354
(4 min)	383	338	460	464	374
(6 min)	510	417	504	459	394

表2.8 秋季普定站沙湾水-碳通量模拟试验场泉-池系统池水 CO_2 浓度昼夜变化

（单位：$\times 10^{-6}$）

时间	监测点				
	P1	P2	P3	P4	P5
早晨（0 min）	423	332	417	371	366
(2 min)	443	386	451	409	351
(4 min)	507	399	475	466	377
(6 min)	523	439	490	439	409
中午（0 min）	250	391	337	331	337
(2 min)	227	347	307	318	295
(4 min)	212	261	216	291	258
(6 min)	198	259	192	266	227
晚上（0 min）	401	498	434	357	411
(2 min)	445	491	410	345	396
(4 min)	449	481	319	330	367
(6 min)	489	476	266	317	361

表2.9 冬季普定站沙湾水-碳通量模拟试验场泉-池系统池水 CO_2 浓度昼夜变化

（单位：$\times 10^{-6}$）

时间	监测点				
	P1	P2	P3	P4	P5
早晨（0 min）	490	512	450	499	460
(2 min)	505	520	479	503	475
(4 min)	506	529	472	512	483
(6 min)	518	546	493	528	487
中午（0 min）	380	416	411	429	409
(2 min)	372	407	406	417	411
(4 min)	371	405	401	419	403
(6 min)	367	400	397	413	392

续表

时间	监测点				
	P1	P2	P3	P4	P5
晚上（0 min）	398	458	413	422	405
（2 min）	402	460	414	421	407
（4 min）	399	462	420	424	406
（6 min）	406	468	422	432	413

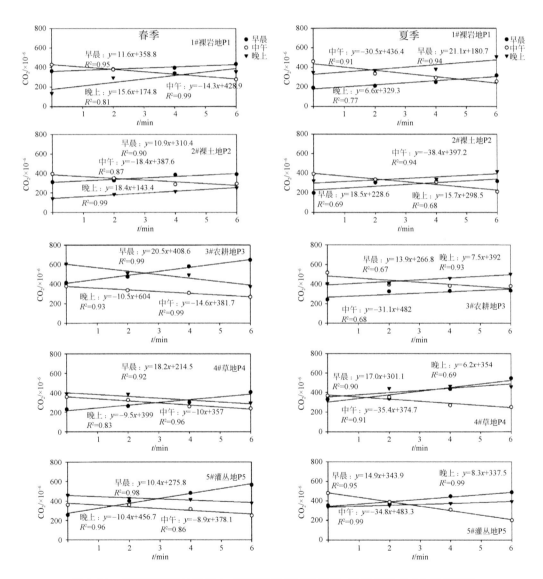

图 2.24 春夏季普定站沙湾水–碳通量模拟试验场泉–池系统池水 CO_2 浓度变化

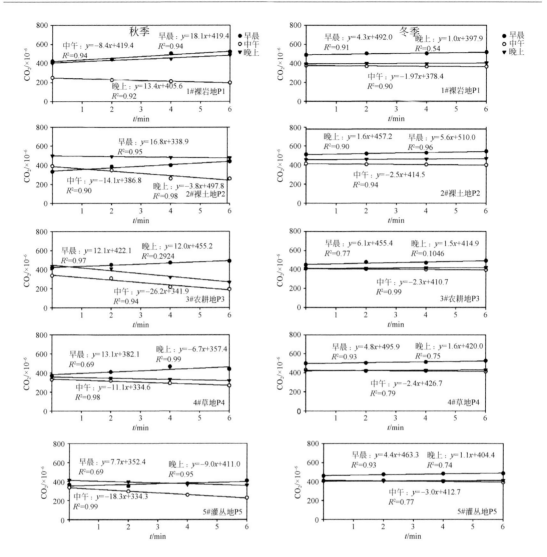

图2.25　秋冬季普定站沙湾水-碳通量模拟试验场泉-池系统池水 CO_2 浓度变化

从图2.5、图2.7、图2.9和图2.11可以看出,夏季从7月19日中午监测开始直至20:00,池水 pCO_2 始终较低,从中午开始随着光合作用继续进行,水中 pCO_2 一直低于空气的 pCO_2,即40 Pa,直至每日20:00左右。说明在这段时间内,小池中的水生光合生物(不同池中水生植物优势种有所区别)不但利用了水中的 HCO_3^-,还从大气中吸收了 CO_2。随后夜间由于没有光照,光合作用停止,生物呼吸作用占主导,水中 pCO_2 上升,至凌晨7:00左右上升到最高(P5在夜间4:00左右就出现了),最高的池中达到了800 Pa左右,之后逐渐降低至最低值(P1和P5接近0 Pa)。同样地,在秋季(10月24~26日)也出现了与夏季相类似的规律:10月24日从监测的中午开始,水中 pCO_2 也是一度低于空气(P4由于继承了S4高 pCO_2 的特征,P4的 pCO_2 在整个监测期间,一直高于空气),这一过程持续到24日22:00,然后开始向空气中释放 CO_2,水中 pCO_2 开始上升,之后再重现这一过程。与夏季相比,秋季五个池中 pCO_2 都有下降,其中最高值只有大约600 Pa(P4),

要比夏季（最高值800 Pa）明显降低。这主要是由以下两个原因造成：首先，秋季相对夏季来说，每个泉-池系统所对应的土地利用覆盖土壤呼吸有所减弱，经过土壤淋滤溶解的 CO_2 浓度随之降低。此外，秋季池水中生物量和生物的活性比夏季也是降低的，因此几乎每个池中的 pCO_2 表现出来了夏季高、秋季低的现象。对于冬季，五个池中的 pCO_2 波动幅度较小，其作用机理与夏秋季相类似，主要是因冬季水中生物量和生物的活性最低，且经土壤呼吸而淋滤溶解在水中的 CO_2 浓度也最低所造成的。春季观测期间（4月26~28日），五种不同土地利用类型所对应的小池，池水 pCO_2 相比冬季要高，但比夏季和秋季要低很多，pCO_2 最高时也只有不到250 Pa，而且池水 CO_2 通量在中午和晚上也表现为负值，这说明五个小池在温度适宜时，水生光合作用都表现明显，生物碳泵效应显著。

图2.24和图2.25表征了不同季节普定站沙湾水-碳通量模拟试验场的五个泉-池系统池水面在早晨、中午和晚上的 CO_2 浓度的变化。可以看出：春季时，五个小池中，除了P1和P2之外，其他的三个小池在中午时段（14:00~14:30）和晚上测定时段（20:00~20:30）水面 CO_2 呈现下降趋势，且在中午时段（14:00~14:30），P3、P4和P5三个小池的水面 CO_2 浓度一直低于大气中的 CO_2 浓度，最高时也只有 $378×10^{-6}$（P3）；而最低时分别只有 $278×10^{-6}$（P3）、$295×10^{-6}$（P4）和 $252×10^{-6}$（P5）。说明在中午的监测取气期间，五个小池都呈现有 CO_2 负通量，也就是说五个小池在光合作用最强烈的中午都表现了从空气中吸收 CO_2 的特征。同时，其中的三个小池（P3、P4和P5）在晚上时也表现出了和中午一样的过程，皆有 CO_2 负通量。夏季监测期间五种不同土地利用条件下的小池水面 CO_2 在中午时段呈现下降，且基本上是低于空气中 CO_2，最低时仅有 $202×10^{-6}$（P5）；而与春季不同的是，在早晨和晚上都略微有上升的趋势。相似地，秋季在中午时段和晚上测定时段，小池水面 CO_2 浓度都呈下降趋势，早晨上升。而冬季只有在中午测定时段，小池水面 CO_2 浓度表现出略微下降的趋势，在早晨和晚上都表现出上升的特征。

同时我们发现，在四个不同季节的昼夜监测过程中，五个小池在中午时段，夏季水面 CO_2 下降的速率最快，春季略高于秋季，冬季最慢。这说明在生长有大量水生植物的五个小池中，在光合作用较强的中午时段，水面 CO_2 表现负通量，即从空气中吸收 CO_2 作为部分无机碳源进行光合作用合成有机物。另外，五个小池由于水生植物量以及水生植物种类的差别（主要是不同土地覆盖利用类型的差异造成水中营养元素和DIC浓度等条件的差异），五个小池水面 CO_2 浓度变化速率（CO_2 通量）之间也存在差异。在春季，表现为P3>P5>P2>P1>P4；在夏季，很明显地表现出P1>P2>P5>P4>P2的特征；在秋季，则表现为P3>P5>P4>P2>P1；而在冬季，五个小池之间差异不大，CO_2 浓度变化速率都比较小。

引起水中DIC变化的原因包括方解石沉积/溶解、与空气中的 CO_2 交换以及水生植物的新陈代谢（光合作用与呼吸作用）（Spiro and Pentecost，1991）。而从图2.4~图2.11可以看出，地下水从五个泉出口流出到达对应的五个小池中，DIC的浓度都降低了。为了获得每个小池的生物碳泵固碳量（AOC），除了需要计算五组泉到小池的DIC浓度变化，我们还要计算水面 CO_2 的交换通量。

测定不同季节水面静态箱内 CO_2 在连续一段时间内的浓度变化值（由于连续取气的样点比较多，为了尽量保证五个小池能在几乎同一时间采气，设置采样时间为6 min，也即是每隔 2 min 取一个气体样,详情见方法部分),作图得出变化斜率(CO_2浓度变化速率),利用式(2.10)可计算得到水面的 CO_2 交换通量 F:

$$F=\frac{\mathrm{d}\left(\frac{c\times10^{-6}\times V}{22.4}\times44\times10^3\right)}{\mathrm{d}t\times60\times A}=3.2738\times10^{-5}(\mathrm{d}c/\mathrm{d}t)(V/A) \qquad (2.10)$$

式中,V 为静态箱的体积,经测量为 125 L;A 为静态箱的面积 1.25 m^2;44 为 CO_2 的分子量;$\mathrm{d}c/\mathrm{d}t$ 为静态箱内 CO_2 浓度的变化速率。

分别计算得到普定站沙湾水-碳通量模拟试验场泉-池系统五种不同土地利用类型下的小池早晨、中午和晚上的 CO_2 交换通量,取平均,得到一天的 CO_2 碳通量值。计算结果如表 2.10~表 2.13 所示。

表 2.10 春季普定站沙湾水-碳通量模拟试验场泉-池系统水面 CO_2 通量 F 计算值

取样点	时间	$\mathrm{d}c/\mathrm{d}t(\times10^{-6}/\mathrm{min})$	$F/[\mathrm{mg}/(m^2\cdot h)]$	$F/[\mathrm{mg}/(m^2\cdot d)]$
P1	早晨	11.6	136.7	331.7
	中午	-14.3	-168.5	
	晚上	15.6	183.9	
P2	早晨	10.9	128.5	280.3
	中午	-18.4	-216.9	
	晚上	18.4	216.9	
P3	早晨	20.5	241.6	-118.3
	中午	-14.6	-172.1	
	晚上	-10.5	-123.8	
P4	早晨	18.2	214.5	-33.4
	中午	-10.0	-117.9	
	晚上	-9.5	-112.0	
P5	早晨	10.4	122.6	-228.9
	中午	-10.4	-122.6	
	晚上	-8.9	-104.9	

表 2.11 夏季普定站沙湾水-碳通量模拟试验场泉-池系统水面 CO_2 通量 F 计算值

取样点	时间	$\mathrm{d}c/\mathrm{d}t(\times10^{-6}/\mathrm{min})$	$F/[\mathrm{mg}/(m^2\cdot h)]$	$F/[\mathrm{mg}/(m^2\cdot d)]$
P1	早晨	21.1	248.7	-72.0
	中午	-30.5	-359.5	
	晚上	6.6	77.8	
P2	早晨	18.5	218.0	-108.0
	中午	-38.4	-452.6	
	晚上	15.7	185.0	

续表

取样点	时间	$dc/dt(\times 10^{-6}/min)$	$F/[mg/(m^2 \cdot h)]$	$F/[mg/(m^2 \cdot d)]$
P3	早晨	13.9	163.8	
	中午	-31.1	-366.5	-326.6
	晚上	7.5	88.4	
P4	早晨	17.0	200.4	
	中午	-35.4	-417.2	-468.0
	晚上	6.2	73.1	
P5	早晨	14.9	175.6	
	中午	-34.8	-410.1	-401.1
	晚上	8.3	97.8	

表 2.12 秋季普定站沙湾水−碳通量模拟试验场泉−池系统水面 CO_2 通量 F 计算值

取样点	时间	$dc/dt(\times 10^{-6}/min)$	$F/[mg/(m^2 \cdot h)]$	$F/[mg/(m^2 \cdot d)]$
P1	早晨	18.1	42.8	
	中午	-8.4	-27.6	351.8
	晚上	13.4	28.8	
P2	早晨	16.8	32.9	
	中午	-14.1	-30.1	223.8
	晚上	-3.8	25.1	
P3	早晨	12.1	42.9	
	中午	-26.2	-84.3	-146.3
	晚上	12.0	23.1	
P4	早晨	-11.1	23.5	
	中午	-6.7	-44.7	-41.4
	晚上	6.2	16.1	
P5	早晨	11.9	23.9	
	中午	-18.3	-79.3	-302.5
	晚上	2.0	17.6	

表 2.13 冬季普定站沙湾水−碳通量模拟试验场泉−池系统水面 CO_2 通量 F 计算值

取样点	时间	$dc/dt(\times 10^{-6}/min)$	$F/[mg/(m^2 \cdot h)]$	$F/[mg/(m^2 \cdot d)]$
P1	早晨	4.3	50.2	
	中午	-1.2	-13.8	105.4
	晚上	1.0	11.9	

续表

取样点	时间	$dc/dt (\times 10^{-6}/min)$	$F/[mg/(m^2 \cdot h)]$	$F/[mg/(m^2 \cdot d)]$
P2	早晨	5.6	66.4	122.4
	中午	−2.5	−29.0	
	晚上	1.6	18.7	
P3	早晨	6.1	71.8	145.5
	中午	−2.2	−25.3	
	晚上	1.7	20.3	
P4	早晨	4.8	56.6	98.7
	中午	−2.4	−28.1	
	晚上	1.4	16.7	
P5	早晨	4.4	51.5	65.1
	中午	−3.0	−35.0	
	晚上	1.1	13.3	

从表 2.10~表 2.13 可以看出，不同季节在测定普定站沙湾水-碳通量模拟试验场泉-池系统水面 CO_2 在早晨、中午和晚上三个不同时段的浓度变化表现有异同。很明显，不管是在春、夏、秋季还是在冬季，在中午-下午监测期间，五种不同土地利用条件下的小池水面 CO_2 通量皆表现为负值，即从大气中吸收了 CO_2；而相反地，在早晨和晚上，小池水面 CO_2 通量表现为正值，即向大气中释放 CO_2。五个小池在季节上也表现出了较大的差异，小池水面 CO_2 通量表现为夏季>秋季>春季>冬季，这与亚热带季风气候特征表现一致。此外，五个小池之间由于所对应的土地利用方式差异，池水水生植物群落结构和生物量也存在不同，使得池与池之间水面 CO_2 通量在春季表现为 P1>P2>P5>P3>P4（其中，P1 和 P2 小池为正通量，其他三个小池为负通量）；而夏季则是 P4>P5>P3>P2>P1（五个小池均为负通量）；秋季为 P1>P5>P2>P3>P4（其中 P1 和 P2 为正通量，其他三个小池为负通量）；冬季为 P1>P3>P2>P4>P5（全部为正通量）。这一结果与 Zhai 等（2007）、Yao 等（2007）和 Khadka 等（2014）所观测的流域水面 CO_2 通量变化规律相反，而与 Liu 等（2015）和 Yang 等（2015）研究的茂兰泉-池系统结果一致。而 Liu 等（2015）和 Yang 等（2015）所研究的茂兰泉-池系统水生生态系统与本研究区的水-碳通量模拟试验场相类似，池水中的水生植物以大型沉水植物为主。而 Zhai 等（2007）、Yao 等（2007）和 Khadka 等（2014）所研究的长江流域以及圣菲河流域可能以浮游植物或者蓝绿藻等为主，且生物量要远小于普定站沙湾水-碳通量模拟试验场中的小池系统。因此，前三者所观测的结果表现为长江和圣菲河流域每年向大气中排放了 CO_2，成了碳源；但本研究的不同土地利用条件下的泉-池系统以及茂兰天然泉-池系统则表现出了每年大量吸收空气中的 CO_2，发挥着碳汇的作用。

2.6.2 模拟试验场泉-池系统溶解有机碳时空变化

在四个季节的昼夜连续监测取样期间，我们还对普定站沙湾水-碳通量模拟试验场五个不同泉-池系统取样进行 DOC 的测试分析。取样间隔为每隔 4 h 一次，DOC 与 DIC 的关系图如图 2.26~图 2.29 所示。

在春季昼夜监测采样期间，五个小池 DOC 浓度呈现出昼夜动态变化，P1 和 P2 DOC 变化范围为 1.2~1.8 mg/L，变化幅度较小；而 P3~P5 中 DOC 变化范围为 1.6~6.6 mg/L，变化幅度较大。且五个小池的 DOC 浓度总体上呈现出白天浓度逐渐升高，夜间浓度逐渐降低的变化趋势。夜晚，由于没有光合作用，非自养的生物消耗了 DOC，造成了 DOC 的下降，这种消耗速率取决于微生物种类、温度和有机碳分子的大小（Hung et al., 2000）。而在白天，水生植物由于光合作用合成的 DOC 超过了呼吸作用所消耗的 DOC，造成了 DOC 浓度的升高。

夏季三个小池的 DOC 浓度也呈现了昼高夜低的变化规律。DOC 与 DIC 的浓度变化呈明显的反相关（DOC 浓度上升，而 DIC 浓度下降），水生植物利用 DIC 作为碳源光合作用合成 DOC，且这一生成量大于因呼吸所消耗的 DOC。

秋季与冬季五个小池 DOC 与 DIC 的昼夜变化规律与作用机理与春夏季相似，但冬季由于受物理因素影响（低温），变化幅度是四个季节中最小的。

五个不同的泉在监测期间，泉水中的 DOC 浓度在昼夜尺度上变化不大。小池 DOC 浓度除了在昼夜和季节上表现出差异外，各池之间的 DOC 浓度也明显不同。从图 2.26~图 2.29 可以看出，P1 与 P2 两个小池 DOC 浓度基本相同，平均浓度为 1.5 mg/L（春季）、6.0 mg/L（夏季）、1.6 mg/L（秋季）和 1.0 mg/L（冬季）；而 P3 与 P5 相似，除夏季外，DOC 平均浓度在 2.0~3.0 mg/L；最高为 P4，在四个季节 DOC 的平均浓度分别达到了：5.5 mg/L（春季）、7.8 mg/L（夏季）、5.6 mg/L（秋季）、3.6 mg/L（冬季）。这说明不同土地利用所调控的五个自养型小池中，P4（4#草地利用类型调控）的 DOC 净合成量为五个池中最高，其次是 P3（3#农耕地利用类型调控）和 P5（5#灌丛地利用类型调控），较低的为 P1（1#裸岩地调控）和 P2（2#裸土地调控）。这与五个小池的 DIC 浓度差异呈正相关，即小池中的 DIC 浓度越高，自养型小池中生成的 DOC 越高，小池的固碳能力越强。这对碳酸盐岩地区，特别是西南石漠化严重的碳酸盐岩地区植被修复（增加 DIC 浓度）与增汇（水生光合稳碳和固碳）有重要的指示意义。

2.6.3 模拟试验场泉-池系统 POC 浓度时空变化

一般而言，河流生态系统 POC 主要来源包括土壤有机碳、原地浮游植物、上游或下游输送来的浮游植物碎屑（Savoye et al., 2012）。普定站沙湾水-碳通量模拟试验场泉-池系统中五种不同土地利用类型控制下的泉和池，POC 浓度的时空变化在一定程度上可以反映五个小池在积累有机碳时的差异以及作用机理。四个不同季节五个泉和池的 POC 的浓度昼夜变化整理如图 2.30~图 2.33 所示。四个季节中五种不同土地利用控制下的泉水中

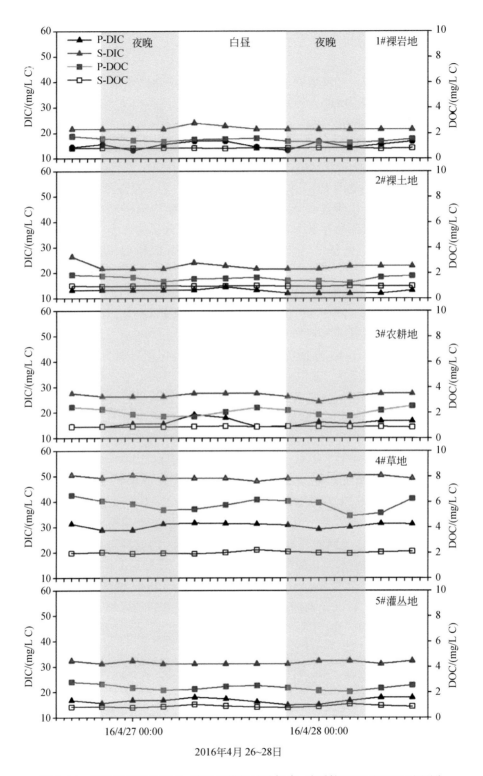

图 2.26 春季普定站沙湾水-碳通量模拟试验场泉-池系统 DOC 和 DIC 过程图

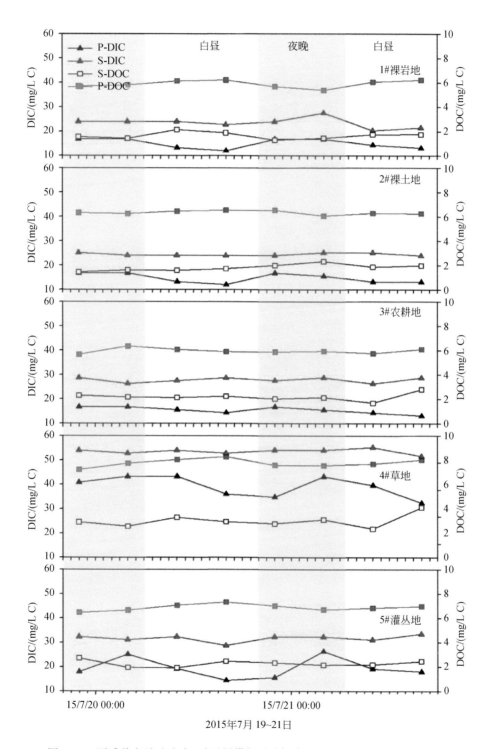

图 2.27 夏季普定站沙湾水-碳通量模拟试验场泉-池系统 DOC 和 DIC 过程图

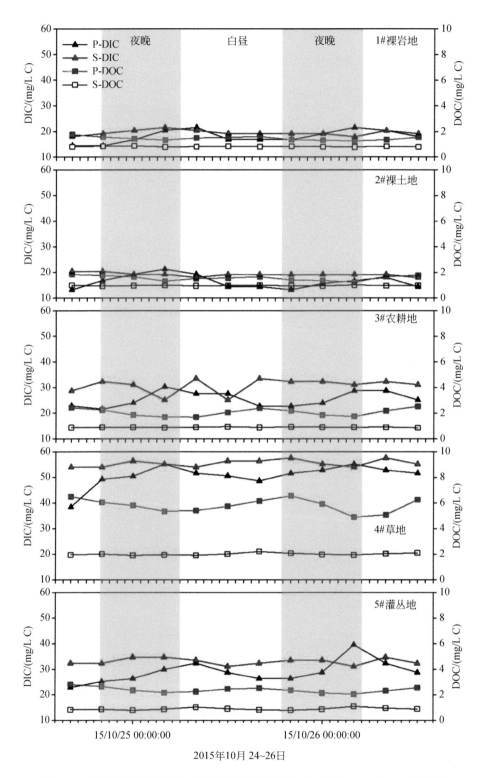

图 2.28 秋季普定站沙湾水-碳通量模拟试验场泉-池系统 DOC 和 DIC 过程图

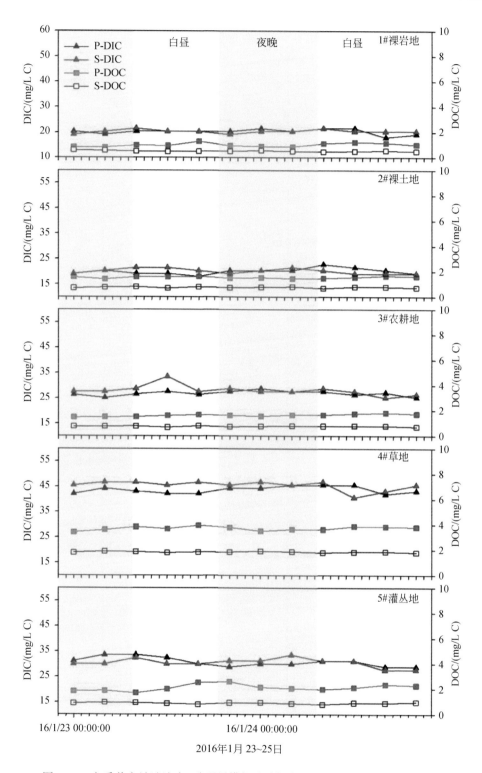

图 2.29 冬季普定站沙湾水-碳通量模拟试验场泉-池系统 DOC 和 DIC 过程图

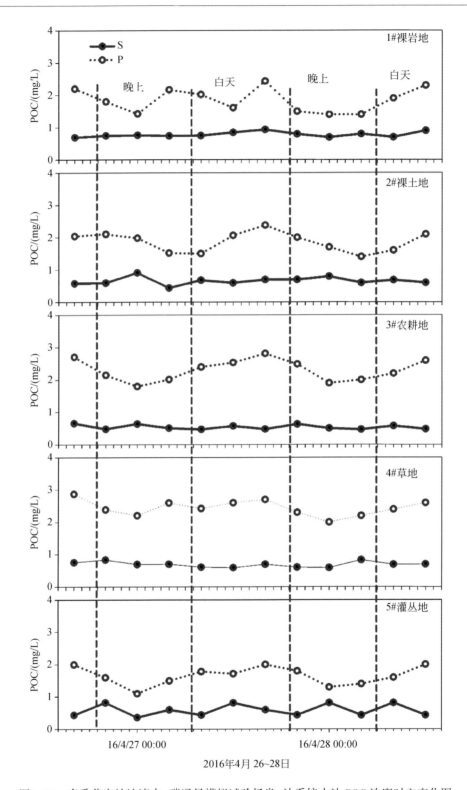

图 2.30 春季普定站沙湾水-碳通量模拟试验场泉-池系统小池 POC 浓度时空变化图

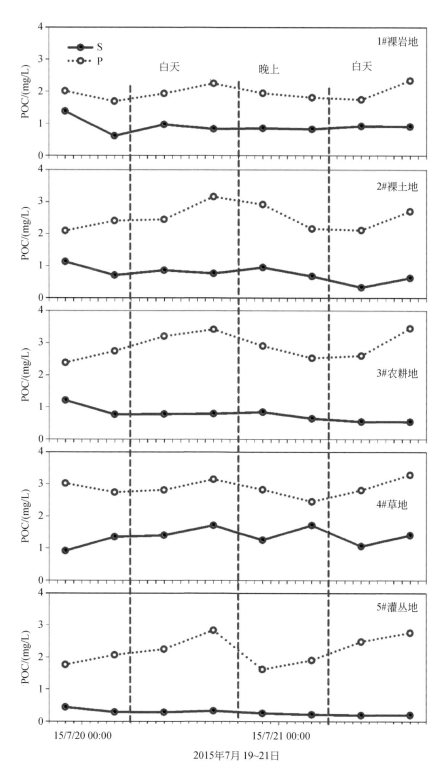

图 2.31　夏季普定站沙湾水-碳通量模拟试验场泉-池系统小池 POC 浓度时空变化图

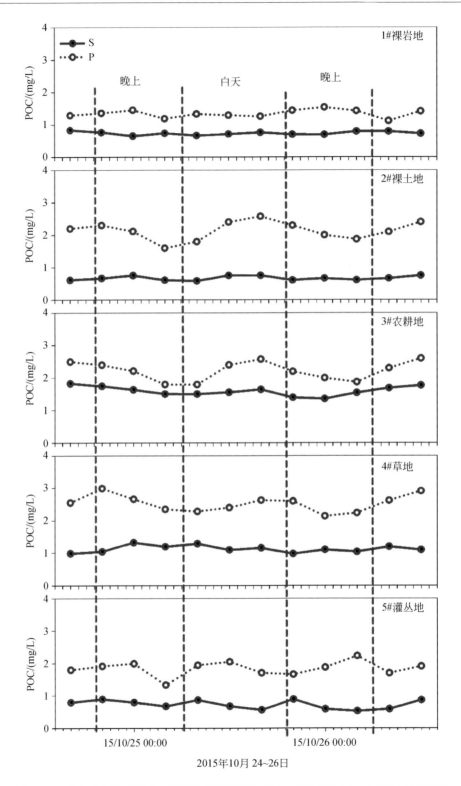

图 2.32　秋季普定站沙湾水-碳通量模拟试验场泉-池系统小池 POC 浓度时空变化图

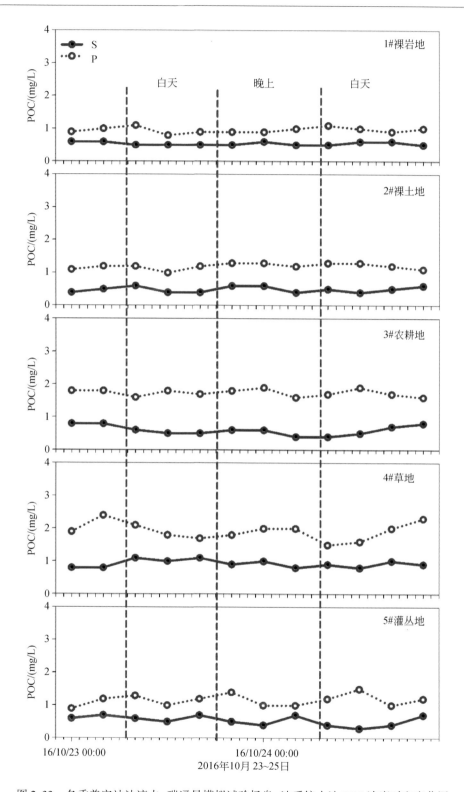

图 2.33　冬季普定站沙湾水-碳通量模拟试验场泉-池系统小池 POC 浓度时空变化图

的 POC 浓度变化规律与 DOC 相似，几乎没有变化。这说明泉水总有机碳（POC+DOC）在没有天气事件时（比如暴雨事件），其浓度在昼夜尺度上是几乎保持恒定的，土壤溶滤有机质在短时间尺度上可以认为是稳定的。进一步说明在非暴雨期间，普定站沙湾水-碳通量模拟试验场不同土地利用控制条件下泉-池系统中五个小池来自外源（土壤有机质冲刷淋滤）有机质的量基本上是不变的，且浓度较低（S1~S5 在春、夏、秋、冬四个季节中 POC 的浓度为 0.5~1.5 mg/L）。

与泉不同的是，五个小池的 POC 浓度昼夜变化明显。春季，P1 的 POC 浓度变化为 1.4~2.4 mg/L，平均达到了 1.8 mg/L；P2 略微高于 P1，平均达到了 1.9 mg/L；而 P3 的 POC 浓度为 1.8~2.8 mg/L，平均浓度为 2.3 mg/L；P4 的平均浓度为 2.4 mg/L；P5 的 POC 平均浓度为 1.7 mg/L。夏季五个小池的 POC 浓度相比春季要高，最高时五个小池 POC 浓度达到了 3.3 mg/L（P4）；秋季五个小池的 POC 浓度及昼夜变化规律与春夏季相似，小池 POC 的平均浓度分别为 1.3 mg/L（P1）、2.1 mg/L（P2）、2.2 mg/L（P3）、2.5 mg/L（P4）和 1.8 mg/L（P5）。相比而言，冬季五个小池的 POC 浓度则要略低一些，最低时池中的 POC 仅有 0.8 mg/L，最高时也只有 2.4 mg/L（P4），但仍然高于所对应的泉水中的 POC 含量。虽然冬季时五个小池 POC 含量相对较低，但 POC 浓度在观测期间仍然呈现了昼高夜低的趋势；白天随温度逐渐上升，夜晚随温度逐渐降低，与春、夏、秋季变化规律相同。在确定 POC 的主要来源是来自生态系统自身合成/形成沉积物再分解之后，我们可以发现在春、夏、秋 3 个相对而言光照强、水温高的条件下，不同土地利用控制的小池系统中水生植物光合作用能力都较强（其中以夏季最为明显）。小池的 POC 之所以呈现出与温度变化相一致的规律（昼高夜低），可能是因为有大量的 DOC 在白天温度较高时转化生成了 POC，同时底层的微生物的活性在此时达到最高，大量分解沉积物生成 POC，使 POC 浓度升高（Mayer et al., 2006）；而夜间则相反。但冬季时，由于在监测采样期间温度低（1~5℃），生物光合和底层微生物分解的活动都受到了极大的抑制。但在冬季时，五个小池的 POC 依然呈现了昼高夜低的现象，底层微生物对沉积物的分解对池中 POC 含量的贡献可能要大于因光合作用而生成和转化的 POC。

除了气候条件控制池中的 POC 浓度变化，五种不同土地利用条件下的小池 POC 浓度在昼夜上存在变化而季节上存在差异。此外，由于人为活动的影响（土地利用和覆盖类型的差异），五个小池其 POC 浓度之间也明显不一样，主要体现为 4#草地利用条件下的小池（P4）的 POC 整体浓度要高于其他四个小池，其次是 3#农耕地，较低是 1#裸岩地和 2#裸土地（没有任何植被的土地利用类型）。这说明，在喀斯特地区，4#草地的植被覆盖利用方式除了对池中 DOC 含量（生成有机质）有明显的增长促进作用（相比其他四种土地覆盖类型）；同时也能明显地提高其所对应的喀斯特水生生态系统中 POC 含量。这一结果进一步说明了，在少有大型乔木生长的喀斯特地区，草地覆盖的土地利用类型能够有效地增加喀斯特水生生态系中有机碳的含量，也即是增加了碳酸盐风化碳汇的能力。

2.6.4 模拟试验场泉-池系统生物泵碳汇效应估算及控制机理分析

DIC 从泉口排出，除了方解石沉积（以 Ca^{2+} 减少表征）和与空气中 CO_2 进行交换外，其余部分通过生物碳泵效应以有机碳（OC）形式被固定下来。根据质量守恒定律，小池中因生物碳泵产生的有机碳计算公式如下：

$$M_{OC} = \int \left(\frac{[DIC]_S - [DIC]_P}{5.08} \right)_t Qdt - \int \left(\frac{[Ca]_S - [Ca]_P}{3.337} \right)_t Qdt - \int \left(\frac{F}{3.664} \right) Adt - \int ([TOC]_S)_t Qdt$$

(2.11)

式中，M_{OC} 为一天生物碳泵所能固定下来的有机碳，mg/d；Q 为流量，L/d；$[DIC]_S$、$[DIC]_P$ 分别为泉水和小池的 HCO_3^- 浓度，mg/L；$[Ca]_S$、$[Ca]_P$ 分别代表泉水和小池的 Ca^{2+} 的浓度，mg/L，12/40 是钙换算为碳的因子；F 为与空气交换 CO_2 的通量，mg/($m^2 \cdot d$)；A 为小池水面的面积，m^2；$[TOC]_S$ 为泉水的总有机碳浓度，mg/L。

根据式（2.11）计算得到，春季五种不同土地利用调控下的小池中因为水生生物碳泵效应产生的有机碳（M_{OC}）分别为 P1 = 490 mg/d、P2 = 780 mg/d、P3 = 1400 mg/d、P4 = 1710 mg/d、P5 = 1280 mg/d；也即是 P1 = 119 t/($km^2 \cdot a$)、P2 = 190 t/($km^2 \cdot a$)、P3 = 341 t/($km^2 \cdot a$)、P4 = 416 t/($km^2 \cdot a$)、P5 = 311 t/($km^2 \cdot a$)。五个小池水生生态系统在春季时都成为碳汇，且生成的有机质表现为 P4>P3>P5>P2>P1（图 2.34）。

夏季三个（由于 P2 和 P3 连续监测数据缺失，故只有 P1、P4 和 P5）不同土地利用调控下的小池中因为水生生物碳泵效应产生的有机碳（M_{OC}）分别为 P1 = 1540 mg/d、P4 = 2530 mg/d、P5 = 2380 mg/d；也即是 P1 = 375 t/($km^2 \cdot a$)、P4 = 616 t/($km^2 \cdot a$)、P5 = 579 t/($km^2 \cdot a$)。三个监测采样小池的水生生态系统在夏季时都能成为碳汇，而生成的有机质表现为 P4>P5>P1（图 2.34）。

在秋季监测采样期间，五个不同土地利用调控下的小池中因为水生生物碳泵效应产生的有机碳（M_{OC}）分别为 P1 = 640 mg/d、P2 = 980 mg/d、P3 = 1700 mg/d、P4 = 2030 mg/d、P5 = 1640 mg/d；也即是 P1 = 156 t/($km^2 \cdot a$)、P2 = 238 t/($km^2 \cdot a$)、P3 = 414 t/($km^2 \cdot a$)、P4 = 494 t/($km^2 \cdot a$)、P5 = 399 t/($km^2 \cdot a$)。五个小池水生生态系统在秋季时都为碳汇，池中水生植物利用碳酸盐风化产生的 DIC 所生成的有机质表现为 P4>P3>P5>P2>P1，这与春季相同，且生成有机质的量也相近（图 2.35）。

冬季五个不同土地利用调控下的小池因为水生生物碳泵效应产生的有机碳（M_{OC}）分别为 P1 = -140 mg/d、P2 = -230 mg/d、P3 = -290 mg/d、P4 = -210 mg/d、P5 = -100 mg/d；也即是 P1 = -34 t/($km^2 \cdot a$)、P2 = -56 t/($km^2 \cdot a$)、P3 = -71 t/($km^2 \cdot a$)、P4 = -51 t/($km^2 \cdot a$)、P5 = -24 t/($km^2 \cdot a$)。与前面三个季节完全不同的是，五个小池水生生态系统在冬季时反而成为碳源，沉积物净被分解的量为 P3>P2>P4>P1>P5，但分解量相比其他三个季节小一个数量级（图 2.35）。

此外，Vollenweider 等（1974）利用黑白瓶法估算水生植物（轮藻）的光合作用净生产量（NPP）为 8.11 mg/g，而据 Pereyra-Ramos（1981）、Blindow（1992）、Królikowska（1997）对不同的以水生植物轮藻为优势种的碳酸盐型湖泊中轮藻的生物量估算，计算得到不同湖泊中轮藻的平均生物量，大约为 279 g/m^2。由此可计算得到一个因水生植物（大型沉水植物为主）的喀斯特水生生态系统中所产生的有机碳通量大约为 825 t/($km^2 \cdot a$)，与通过质量守恒定律方法计算的有机碳通量处于同一数量级，与夏秋季时小池因喀斯特生物碳泵效应所产生的有机碳通量比较接近。

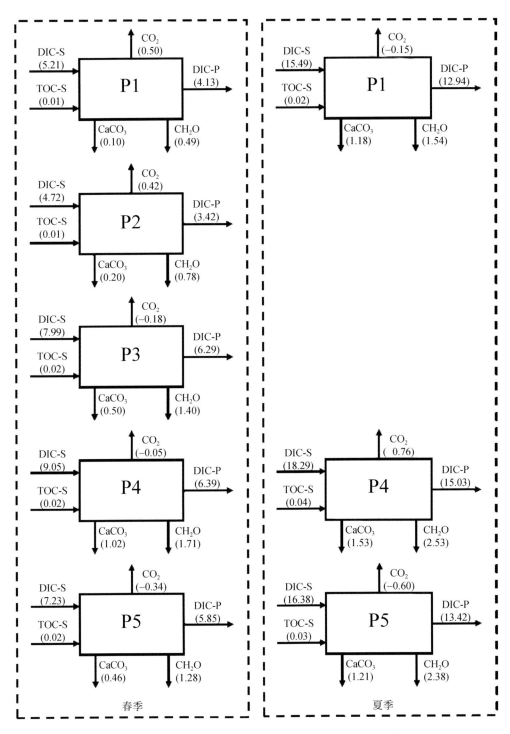

图 2.34 普定站沙湾水-碳通量模拟试验场泉-池系统春夏季碳转化关系图

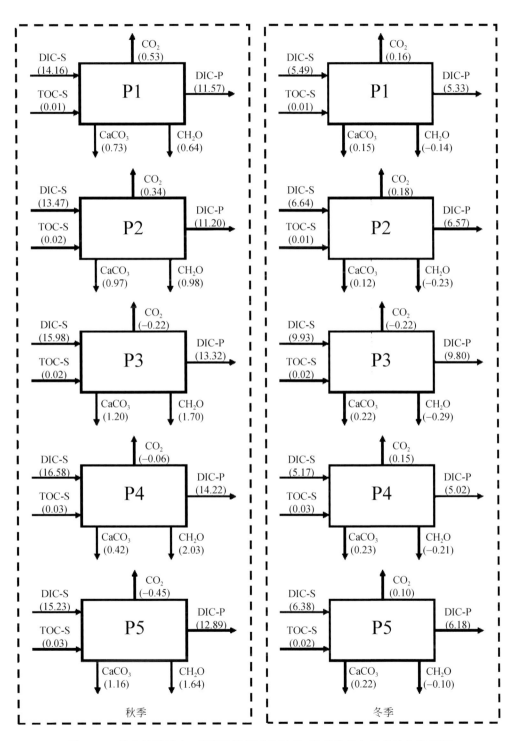

图 2.35 普定站沙湾水-碳通量模拟试验场泉-池系统秋冬季碳转化关系图

另外，普定站沙湾水-碳通量模拟试验场五种不同土地利用条件下泉-池系统有机质在四个季节生成的量与 Liu 等（2015）和 Yang 等（2015）分别计算的茂兰泉-池系统有机质生成的量 [-176 t/(km²·a) ~ 892 t/(km²·a)] 相近，也在同一个数量级。这说明在喀斯特地区，以沉水植物为水生植物优势种的喀斯特水生生态系统，沉水植物通过利用碳酸盐风化产物 DIC 所形成的有机质通量相比海洋要高。沉水植物作为喀斯特地区广泛分布的一种大型水生植物，其生物量以及对区域甚至全球碳循环所发挥的作用需要重点加以考虑。

四个不同季节五种不同土地利用条件下的泉-池系统水生植物通过生物碳泵效应所固定的有机碳呈现出了夏秋高而春冬低的趋势（冬季甚至出现了反向分解，也即是净消耗小池中所积累的有机物），之所以夏秋季五个不同小池产生的有机碳通量较春冬季高，是因为夏秋季研究区白天温度明显高于春冬季，而且夏季作为该地区的雨季，五个小池中的流量也是最高，碳酸盐风化溶解进入池中的 DIC 含量最高，同时溶解在小池中能被水生植物光合吸收的 CO_2 浓度最高，所以夏季小池中形成的有机质含量也是最大的。另外，从五个小池水面 CO_2 浓度变化也可以发现，在夏季小池水面静态箱内 CO_2 浓度变化是四个季节中最快的，CO_2 浓度变化斜率是最大的，即不同小池水面 CO_2 负通量在夏季最高，其次是秋季，然后为春季，冬季最低。综合来看，在亚热带季风气候条件下的普定站沙湾水-碳通量模拟试验场五种不同土地利用条件下的泉-池系统中，雨季（夏季和秋季）是其喀斯特水生生态系统生物碳泵效应最强的季节，而在旱季（春季和冬季）是相对较弱的季节，这说明研究区的喀斯特水生生态系统碳汇能力受到气候因子调控作用明显。

除了气候调控之外，我们还发现，由于五个小池所对应的土地利用覆盖类型的变化，水生生态系所固定的有机质存在明显差异。我们建立了不同小池因土地利用方式的差异而引起 DIC 的浓度变化与水生植物生成有机质含量（M_{OC}）之间的关系，如图 2.36 ~ 图 2.39 所示。我们可以看出，五个小池所固定下来的有机碳 M_{OC} 随着池水 DIC 浓度的增加而增加，DIC 施肥效应明显。且 M_{OC} 与 [DIC] 呈对数正相关，相关性在三个季节分别达到了：春季（$R^2 = 0.95$，$p < 0.05$）、夏季（$R^2 = 1$，$p < 0.0001$）、秋季（$R^2 = 0.99$，$p < 0.005$）。同时我们看到，在春季和夏季时，五个小池（夏季三个）的 M_{OC} 随 DIC 浓度增加呈现对数上升的过程中达到一个阈值，最后趋于平稳。说明小池中的 M_{OC} 在春、夏两个季节，由于其所对应的土地上覆植被的生长发育，对土壤营养物质的吸收和利用量大，能通过雨水淋滤进入泉-池系统的营养元素浓度较低，因而在小池中表现为营养盐限制（当 DIC 施肥达到临界时）M_{OC} 的继续生成。秋季则是土地上覆植被的季节变化，特别是玉米的收割、草地和灌木地的树叶凋落等原因，使得上覆植被对营养物质的利用量减少，相反的能淋滤进入小池的营养物质浓度升高，营养盐的含量在此时不是 M_{OC} 生成的限制因素。从图 2.40 我们可以看出，在生长季节（春、夏、秋），五个小池 M_{OC} 的生成量与小池水在的 DIC 浓度成对数关系；在不考虑其他条件限制时（如营养盐），M_{OC} 随 DIC 浓度增加的上升的阈值在模拟试验场还未达到。这表明在野外条件下，DIC 施肥效应是广泛存在的。而冬季作为碳源，且 M_{OC} 与 DIC 浓度之间没有相关性，M_{OC} 的净分解量可能与温度有关（图 2.39）。这一结果表明，在同一气候条件下（同一季节），喀斯特地区草地植被覆盖类型下的水生生态系统沉水植物固定的有机质含量最高，其次是 3#农耕地，之后是 5#灌丛

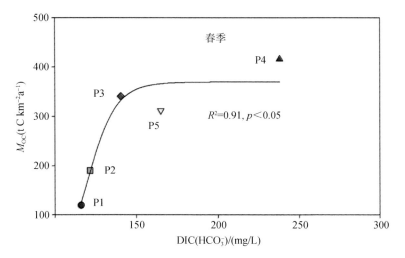

图 2.36　春季普定站沙湾水-碳通量模拟试验场泉-池系统 M_{OC} 与 DIC（HCO_3^-）关系图

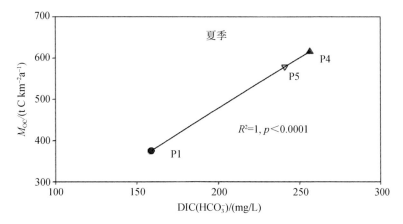

图 2.37　夏季普定站沙湾水-碳通量模拟试验场泉-池系统 M_{OC} 与 DIC（HCO_3^-）关系图

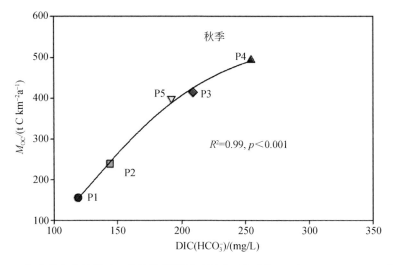

图 2.38　秋季普定站沙湾水-碳通量模拟试验场泉-池系统 M_{OC} 与 DIC（HCO_3^-）关系图

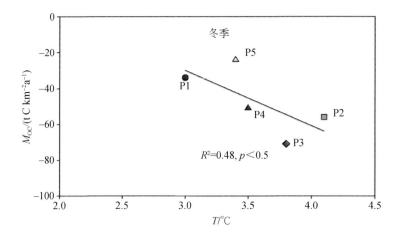

图 2.39　冬季普定站沙湾水-碳通量模拟试验场泉-池系统 M_{OC} 与水温关系图

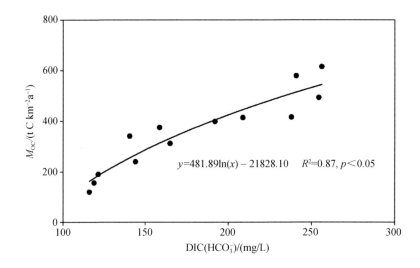

图 2.40　普定站沙湾水-碳通量模拟试验场生长季节泉-池系统 M_{OC} 与 DIC（HCO_3^-）关系图

地，2#裸土地和1#裸岩地较低。

总之，水生生物碳泵效应受气候条件和土地利用方式共同控制。

2.6.5　小结

从不同土地利用条件下的泉（地下水）所流出的溶解无机碳，分别经不同小池后其浓度降低，减少的 DIC 一部分转换为碳酸钙沉积，一部分通过脱气作用以 CO_2 释放到空气中，还有一部分被水生生物通过光合作用转化为有机碳（OC）。在分布有大量水生植物的五个对应小池中，在白天进行光合作用时，水生植物不仅利用 DIC，还能从空气中吸收大气 CO_2 作为无机碳源。

不同土地利用所调控的这五个自养型小池中，DIC 浓度越高，池中生成的 DOC 越高，水生生态系统的固碳能力越强。而在少有大型乔木生长的喀斯特地区（模拟试验场），4#草地覆盖的土地利用类型能够最有效地增加喀斯特水生生态系统中颗粒有机碳的含量，也即是最能稳定碳酸盐风化碳汇。

通过计算得到四个季节五个小池水中因喀斯特生物碳泵效应所产生的有机碳通量分别如下所示。

春季：P1 = 119 t/(km²·a)、P2 = 190 t/(km²·a)、P3 = 341 t/(km²·a)、P4 = 416 t/(km²·a)、P5 = 311 t/(km²·a)；

夏季：P1 = 375 t/(km²·a)、P4 = 616 t/(km²·a)、P5 = 579 t/(km²·a)；

秋季：P1 = 156 t/(km²·a)、P2 = 238 t/(km²·a)、P3 = 414 t/(km²·a)、P4 = 494 t/(km²·a)、P5 = 399 t/(km²·a)；

冬季：P1 = -34 t/(km²·a)、P2 = -56 t/(km²·a)、P3 = -71 t/(km²·a)、P4 = -51 t/(km²·a)、P5 = -24 t/(km²·a)。

生物碳泵稳-固碳能力在一个水文年中表现为夏季>秋季>春季>冬季，反映出显著的气候调控作用。水生生态系统光合固定的有机质含量和DIC含量之间呈明显的正相关关系，即DIC浓度越高，M_{OC}也就越高，体现出水生生态系统DIC施肥效应显著。同时，生物量越高，NO_3^-消耗越快；反之则越慢。但不同浓度营养盐对喀斯特地区沉水植物生物量的影响以及水生植物对不同形态的营养盐的利用状况仍需要进一步的研究证明。

总之，普定站沙湾水-碳通量模拟试验场泉-池系统生物碳泵效应受气候条件和土地利用方式共同控制。

2.7 结论与展望

2.7.1 结论

为了更好地理解和进一步验证基于水-岩（土）-气-生相互作用的碳酸盐风化碳汇新模式，同时揭示气候和土地利用对喀斯特水生生态系统稳碳和固碳能力的调控作用，从而为陆地生态系统碳汇的准确评估提供新思路和新证据，为喀斯特石漠化生态修复增汇提供科学依据，本书以贵州普定县喀斯特生态系统观测研究站内的水-碳通量大型模拟试验场为研究对象，基于高分辨率的水化学昼夜监测手段，研究了喀斯特地区主要的五种土地利用条件下（1#裸岩地、2#裸土地、3#农耕地、4#草地和5#灌丛地）泉-池系统的水化学（包括DOC、POC）和$\delta^{13}C_{DIC}$在不同季节的昼夜变化规律，并利用静态箱法测定池水面CO_2的交换通量，估算了不同土地利用覆盖类型下喀斯特水生生态系统生物碳泵的强度，得出的主要结论如下：

（1）在不同土地利用覆盖下的模拟泉水处，水化学昼夜变化不显著。在水生植物大量生长的五个小池中，pH、DO、SI_C在白天呈逐渐增加趋势，在夜间逐渐降低，与水生生物的光合作用和呼吸作用进程相一致；而EC、HCO_3^-、Ca^{2+}和pCO_2呈现相反的变化规律：白天下降，晚上上升。

（2）水中溶解无机碳同位素在生长有大量水生植物的五个小池中昼夜动态变化明显，光合作用优先利用较轻的碳同位素（^{12}C）而使水中富集较重碳同位素（^{13}C）使得 $\delta^{13}C_{DIC}$ 偏正；呼吸作用释放富集较轻的碳同位素（^{12}C）使得 $\delta^{13}C_{DIC}$ 偏负。春夏季 $\delta^{13}C_{DIC}$ 泉口和池水较偏负，而秋冬季较偏正。

（3）不同土地利用条件下的五组泉-池系统在同一季节，其水化学和 $\delta^{13}C_{DIC}$ 之间差异明显，主要表现为4#草地中的 EC、HCO_3^-、Ca^{2+} 和 pCO_2 最高，其次是3#农耕地，之后是5#灌丛地，最后是2#裸土地和1#裸岩地。$\delta^{13}C_{DIC}$ 则是4#草地最偏负，其次是5#灌丛地，之后是3#农耕地、2#裸土地和1#裸岩地相近。这一实验结果反映了土地利用覆盖类型对喀斯特泉-池系统的控制作用。

（4）不同土地利用所调控的五个自养型小池中，P4 的 DOC 和 POC 净合成量为五个小池中最高，其次是 P3 和 P5，最低为 P1 和 P2。与五个小池中的 DIC 浓度呈正相关，即小池中的 DIC 浓度越高，自养型小池系统中生成的 DOC 和 POC 越高，水生生态系统的固碳能力越强。这对碳酸盐岩地区，特别是西南石漠化严重的碳酸岩地区植被修复与增汇有重要的指示意义。

（5）在五个小池中水生植物生长旺盛的季节，在白天进行光合作用时，水生植物不仅能利用 DIC，还能从空气中吸收大气 CO_2 作为无机碳源进行光合作用固碳。喀斯特水生生态系统水生碳泵固碳能力在一个水文年中表现为夏季>秋季>春季>冬季，且 P4>P3>P5>P2>P1。五个不同土地利用类型下的小池系统分别如下所示。

春季：P1 = 119 t/（$km^2 \cdot a$）、P2 = 190 t/（$km^2 \cdot a$）、P3 = 341 t/（$km^2 \cdot a$）、P4 = 416 t/（$km^2 \cdot a$）、P5 = 311 t/（$km^2 \cdot a$）；

夏季：P1 = 375 t/（$km^2 \cdot a$）、P4 = 616 t/（$km^2 \cdot a$）、P5 = 579 t/（$km^2 \cdot a$）；

秋季：P1 = 156 t/（$km^2 \cdot a$）、P2 = 238 t/（$km^2 \cdot a$）、P3 = 414 t/（$km^2 \cdot a$）、P4 = 494 t/（$km^2 \cdot a$）、P5 = 399 t/（$km^2 \cdot a$）；

冬季：P1 = -34 t/（$km^2 \cdot a$）、P2 = -56 t/（$km^2 \cdot a$）、P3 = -71 t/（$km^2 \cdot a$）、P4 = -51 t/（$km^2 \cdot a$）、P5 = -24 t/（$km^2 \cdot a$）。

（6）水生生态系统沉水植物固定的有机质含量与溶解无机碳含量之间呈明显的对数正相关关系，DIC 浓度越高，M_{OC} 也就越高，喀斯特地区水生生态系统 DIC 施肥效应显著。M_{OC} 生成量的阈值在对应上覆植被生长旺盛期时（春季、夏季）受营养盐的限制；相比在秋季时由于营养盐的限制作用不明显，M_{OC} 生成量在秋季监测采样区间没有达到其阈值。冬季五个小池的碳源效应可能受温度控制。普定站沙湾水-碳通量模拟试验场的泉-池系统生物碳泵效应受气候条件和土地利用方式共同控制。

2.7.2 本研究存在的问题与展望

通过研究，对不同土地利用覆盖类型下的泉-池系统水化学和溶解无机碳稳定碳同位素在不同季节的昼夜变化规律我们已经有了初步的了解，同时对喀斯特水生生态系统在基于碳酸盐风化碳汇新模式中的碳汇能力有一个粗略的估算。然而，自然界的喀斯特作用过程十分复杂,涉及水、岩、气、土、生各个方面,且各个因素之间又相互耦联,再加之本研究中某些主客观因素的限制,使得本研究尚存在一些不足之处,主要包括以下几点:

(1) 在对普定喀斯特生态系统观测研究站中的水-碳通量模拟试验场不同土地利用条件下的泉-池系统进行高分辨率的水化学昼夜监测时,仍缺失一些相配套的特别是反映水生植物新陈代谢过程的指标,如光照强度(PAR)和叶绿素含量。我们将在下一步的工作中对这些环节进行补充和验证。

(2) 虽然模拟试验场已经把一些边界条件进行了限定和优化,但其不可控性以及实验室仪器检测精度和检测线限制仍然存在,因此,本书对相关的营养盐浓度对水生植物光合和呼吸作用影响的定量分析没有囊括所有的泉-池系统(如4#草地和5#灌丛地)。这也将在接下来的工作中进行完善。另外,提升实验室仪器的检测精度和最小检出单位,做出不同形态营养盐的转化和利用分析。

(3) 在野外自动监测过程中,水化学数据存在少量的缺失现象(如夏季缺少P2和P3的自动监测数据),而监测过程中仪器也可能会发生故障。为此,需要加强野外自动监测仪器的保养和管理,希望杜绝类似现象再发生,以保证数据的连续性。

(4) 不同泉-池系统中的水生植物主要来自后寨地表河流域,引入时只考虑到尽可能地模仿野外条件。虽然在开始阶段五个小池种植的大型沉水植物种类和生物量是一致的,但不同泉-池系统之间由于DIC浓度和营养盐等因素的差异性,导致最后五个小池中水生植物种类和群落结构类型差异较大,对实验结果有干扰。因此,为了尽量避免实验偏差,需要尽量保证不同小池中水生植物(特别是沉水植物)为单一种类,这将更有利于讨论不同土地利用背景下泉-池系统对水生植物的生长发育的影响和控制。

(5) 生物碳泵效应把DIC转化成有机碳(OC),使得碳酸盐风化在长时间尺度上也可能具有碳汇效应(刘再华,2012)。但转化为有机碳包括了溶解有机碳和颗粒有机碳,其中DOC不稳定,容易被光辐射和生物降解(Bushaw et al., 1996; Lindell et al., 1996; Jiao et al., 2010),POC沉积下来也会有部分被微生物分解成为CO_2和CH_4等。因此,对于真正能够埋藏下来的稳定有机碳汇的定量分析仍需更多的观测研究和探索。

(6) 在分析因不同土地利用类型差异而导致喀斯特水生生态系统水生生物碳泵效应差异时,除了测试泉输入的OC以及小池的OC含量之外,没能有效地区分小池系统中内源碳和外源碳。因此,在以后继续的研究过程中,需要加入系统的区分内外源的技术方法,如生物标志物以及双碳同位素等。最后,在利用质量守恒方法计算季节/全年的有机碳生成时,同一个季节只有两个昼夜的连续监测和采样数据,且天气主要都是晴天(冬季除外),不能完全代表整个季节或者一个水文年的泉-池系统有机质生成和埋藏。所以,下一步需要综合考虑不同天气状况下的水生生物碳泵效应的有机质生成和埋藏。

参 考 文 献

陈泮勤. 2004. 地球系统碳循环. 北京: 科学出版社.

陈永根, 李香华, 胡志新, 等. 2006. 中国八大湖泊冬季水-气界面CO_2通量. 生态环境, 15 (4): 665-669.

郭李萍, 林而达. 1999. 减缓全球变暖与温室气体吸收汇研究进展. 地球科学进展, 14 (4): 384-390.

蒋忠诚, 蒋小珍, 雷明堂. 2000. 运用 GIS 和溶蚀试验数据估算中国岩溶区大气 CO_2 的汇. 中国岩溶, 19 (3): 212-217.

李哲, 白镭, 郭劲松, 等. 2013a. 三峡水库两条支流水-气界面 CO_2, CH_4 通量比较初探. 环境科学, 34 (3): 1008-1016.

李哲, 白镭, 蒋滔, 等. 2013b. 三峡澎溪河水域 CO_2 与 CH_4 年总通量估算. 水科学进展, 24 (4): 551-559.

李哲, 姚骁, 何萍, 等. 2014. 三峡水库澎溪河水-气界面 CO_2, CH_4 扩散通量昼夜动态初探. 湖泊科学, 26 (4): 576-584.

刘再华. 2012. 岩石风化碳汇研究的最新进展和展望. 科学通报, 57 (2): 95-102.

刘再华, Dreybrodt W, 王海静. 2007. 一种由全球水循环产生的可能重要的 CO_2 汇. 科学通报, 52 (20): 2418-2422.

刘再华, 何师意, 袁道先, 等. 1989. 土壤中的 CO_2 及其对岩溶作用的驱动. 水文地质工程地质, 8 (4): 42-45.

莫彬, 曹建华, 徐祥明, 等. 2006. 岩溶山区不同土地利用方式对土壤活性有机碳动态的影响. 生态环境, 15 (6): 1224-1230.

曲建升, 孙成权, 张志强, 等. 2003. 全球变化科学中的碳循环研究进展与趋向. 地球科学进展, 18 (6): 980-987.

宋金明. 2000. 中国的海洋化学. 北京: 海洋出版社.

宋金明. 2004. 中国近海生物地球化学. 济南: 山东科学技术出版社.

王效科, 白艳莹, 欧阳志云, 等. 2002. 全球碳循环中的失汇及其形成原因. 生态学报, 22 (1): 94-103.

肖时珍, 熊康宁, 蓝家程, 等. 2015. 石漠化治理对岩溶地下水水化学和溶解无机碳稳定同位素的影响. 环境科学, 36 (5): 1590-1597.

徐胜友, 蒋忠诚. 1997. 我国岩溶作用与大气温室气体 CO_2 源汇关系的初步估算. 科学通报, 42 (9): 953-956.

严国安, 刘永定. 2001. 水生生态系统的碳循环及对大气 CO_2 的汇. 生态学报, 21 (5): 827-833.

杨洪, 易朝路, 谢平, 等. 2004. 人类活动在武汉东湖沉积物中的记录. 中国环境科学, 24 (3): 261-264.

袁道先. 1993. 碳循环与全球岩溶. 第四纪研究, (1): 1-6.

袁道先. 1999. "岩溶作用与碳循环"研究进展. 地球科学进展, 14 (5): 425-432.

袁道先. 2011. 地质作用与碳循环研究的回顾和展望. 科学通报, 56 (26): 2157.

袁道先, 戴爱德, 蔡五田, 等. 1996. 中国南方裸露型岩溶峰丛山区岩溶水系统及其数学模型的研究. 桂林: 广西师范大学出版社.

曾成, 刘再华. 2013. 建设岩溶水-碳通量大型模拟试验场的构想. 资源环境与工程, 27 (2): 196-200.

曾思博, 蒋勇军. 2016. 土地利用对岩溶作用碳汇的影响研究综述. 中国岩溶, 36 (2): 153-163.

周广胜. 2003. 全球碳循环. 北京: 气象出版社.

朱辉, 曾诚, 刘再华, 等. 2015. 岩溶作用碳汇强度变化的土地利用调控规律——贵州普定岩溶水-碳通量大型模拟试验场研究. 水文地质工程地质, 42 (6): 120-125.

Abril G, Guérin F, Richard S, et al. 2005. Carbon dioxide and methane emissions and the carbon budget of a 10-year old tropical reservoir (Petit Saut, French Guiana). Global biogeochemical cycles, 19 (4): 11-25.

Ang B W, Choi K. 1997. Decomposition of aggregate energy and gase mission intensities for industry: A refined

Divisia Index Method. Energy Journal, 18 (3): 59-73.

Ang B W, Zhang F Q, Choi K H. 1998. Factoring changes in energy and environmental indicators through decomposition. Energy, 23 (6): 489-495.

Aravena R, Schiff S, Trumbore S E, et al. 1992. Evaluating dissolved inorganic carbon cycling in a forested lake watershed using carbon isotopes. Radiocarbon, 34 (3): 636-645.

Atekwana E, Krishnamurthy R. 1998. Seasonal variations of dissolved inorganic carbon and $\delta^{13}C$ of surface waters: Application of a modified gas evolution technique. Journal of Hydrology, 205 (3): 265-278.

Banks D, Frengstad B. 2006. Evolution of groundwater chemical composition by plagioclase hydrolysis in Norwegian anorthosites. Geochimica et cosmochimica acta, 70 (6): 1337-1355.

Battle M, Bender M, Tans P P, et al. 2000. Global carbon sinks and their variability inferred from atmospheric O_2 and $\delta^{13}C$. Science, 287 (5462): 2467-2470.

Bemer E K, Bemer R. 1987. The global water cycle, geochemistry and environment. NewJersey: Prentice-Hall.

Blindow I. 1992. Decline of charophytes during eutrophication: Comparison with angiosperms. Freshwater Biology, 28 (1): 9-14.

Borges A V, Delille B, Schiettecatte L S, et al. 2004a. Gas transfer velocities of CO_2 in three European estuaries. Limnology and Oceanography, 49 (5): 1630-1641.

Borges A V, Vanderborght J P, Schiettecatte L S, et al. 2004b. Variability of the gas transfer velocity of CO_2 in a macrotidal estuary (the Scheldt). Estuaries, 27 (4): 593-603.

Bowes G, Salvucci M E. 1989. Plasticity in the photosynthetic carbon metabolism of submersed aquatic macrophytes. Aquatic Botany, 34 (1): 233-266.

Broecker W S, Takahashi T, Simpson H J, et al. 1979. Fate of fossil fuel carbon dioxide and the global carbon budget. Science, 206 (4417): 409-418.

Buhl D, Neuser R, Richter D, et al. 1991. Nature and nurture: Environmental isotope story of the river Rhine. Naturwissenschaften, 78 (8): 337-346.

Bushaw K L, Zepp R G, Tarr M A, et al. 1996. Photochemical release of biologically available nitrogen from aquatic dissolved organic matter. Nature, 381 (6581): 404-407.

Butman D, Raymond P A. 2011. Significant efflux of carbon dioxide from streams and rivers in the United States. Nature Geoscience, 4: 839-842.

Caperon J, Meyer J. 1972. Nitrogen-limited growth of marine phytoplankton-II uptake kinetics and their role in nutrient limited growth of phytoplankton. Deep Sea Research, 19: 619-632.

Chen B, Yang R, Liu Z, et al. 2017. Coupled control of land uses and aquatic biological processes on the diurnal hydrochemical variations in five ponds at the Shawan Karst Test Site: Implications for the carbonate weathering-related carbon sink. Chemical Geology, 456: 58-71.

Cioffi F, Gallerano F. 2000. Response of Lake Piediluco to the change of hydrodynamic conditions and nutrient load reductions. Ecological Modelling, 135 (2): 199-229.

Clarke S J. 2002. Vegetation growth in rivers: influences upon sediment and nutrient dynamics. Progress in Physical Geography, 26: 159-172.

Cochran M F, Berner R A. 1996. Promotion of chemical weathering by higher plants: Field observations on Hawaiian basalts. Chemical Geology, 132 (1-4): 71-77.

Cole J J, Prairie Y T, Caraco N F, et al. 2007. Plumbing the global carbon cycle: Integrating inland waters into the terrestrial carbon budget. Ecosystems, 10: 172-185.

Dandurand J, Gout R, Hoefs J, et al. 1982. Kinetically controlled variations of major components and carbon and oxygen isotopes in a calcite-precipitating spring. Chemical Geology, 36 (3): 299-315.

De Montety, Martin J, Cohen M, et al. 2011. Influence of diel biogeochemical cycles on carbonate equilibrium in a karst river. Chemical Geology, 283 (1): 31-43.

Dillon P J, Molot L A. 1997. Dissolved organic and inorganic carbon mass balances in central Ontario lakes. Biogeochemistry, 36 (1): 29-42.

Doctor D H, Kendall C, Sebestyen S D, et al. 2008. Carbon isotope fractionation of dissolved inorganic carbon (DIC) due to outgassing of carbon dioxide from a headwater stream. Hydrological Processes, 22 (14): 2410-2423.

Downing J P, Meybeck M, Orr J C, et al. 1993. Land and water interface zones, in Terrestrial Biospheric Carbon Fluxes Quantification of Sinks and Sources of CO_2. Springer, 70 (1): 123-137.

Drysdale R, Lucas S, Carthew K. 2003. The influence of diurnal temperatures on the hydrochemistry of a tufa-depositing stream. Hydrological Processes, 17 (17): 3421-3441.

Duarte C M, Prairie Y T. 2005. Prevalence of heterotrophy and atmospheric CO_2 emissions from aquatic ecosystems. Ecosystems, 8 (7): 862-870.

Edward A G, James B, Josep G, et al. 2008. Vulnerability of permafrost carbon to climate change: Implications for the global carbon cycle. BioScience, 58 (8): 701-714.

Einsele G, Yan J, Hinderer M. 2001. Atmospheric carbon burial in modern lake basins and its significance for the global carbon budget. Global and Planetary Change, 30 (3): 167-195.

Eldridge D J, Bowker M A, Maestre F T, et al. 2011. Impacts of shrub encroachment on ecosystem structure and functioning: Towards a global synthesis. Ecology Letters, 14 (7): 709-722.

Falkowski P, Scholes R, Boyle E, et al. 2000. The global carbon cycle: A test of our knowledge of earth as a system. Science, 290 (5490): 291-296.

Falkowski P G, Raven J A. 2013. Aquatic photosynthesis. New Jersey: Princeton University Press.

Finlay J C. 2003. Controls of streamwater dissolved inorganic carbon dynamics in a forested watershed. Biogeochemistry, 62 (3): 231-252.

Frank A B, Liebig M A, Tanaka D L. 2006. Management effects on soil CO_2 efflux in northern semiarid grassland and cropland. Soil & Tillage Research, 89 (1): 78-85.

Gammons C H, Babcok J N, Parker S R, et al. 2011. Diel cycling and stable isotopes of dissolved oxygen, dissolved inorganic carbon, and nitrogenous species in a stream receiving treated municpal sewage. Chemical Geology, 283 (1-2): 44-55.

Gattuso J P, Allemand D, Frankignoulle M. 1999. Photosynthesis and calcification at cellular, organismal and community levels in coral reefs: A review on interactions and control by carbonate chemistry. American Zoologist, 39 (1): 160-183.

Gifford R. 1994. The global carbon cycle: A viewpoint on the missing sink. Functional Plant Biology, 21 (1): 1-15.

Giling D P, Grace M R, Thomson J R, et al. 2013. Effect of native vegetation loss on stream ecosystem processes: Dissolved organic matter composition and export in agricultural landscapes. Ecosystems, 17 (1): 82-95.

Guasch H, Armengol J, Martí E, et al. 1998. Diurnal variation in dissolved oxygen and carbon dioxide in two low-order streams. Water Research, 32 (4): 1067-1074.

Hagedorn B, Cartwright I. 2009. Climatic and lithologic controls on the temporal and spatial variability of CO_2 consumption via chemical weathering: An example from the Australian Victorian Alps. Chemical Geology, 260: 234-253.

Hagedorn B, Cartwright I. 2010. The CO_2 system in rivers of the Australian Victorian Alps: CO_2 evasion in relation to system metabolism and rock weathering on multi-annual time scales. Applied Geochemistry, 25: 881-899.

Hagen E M, McTammany M E, Webster J R, et al. 2010. Shifts in allochthonous input and autochthonous production in streams along an agricultural land-use gradient. Hydrobiologia, 655 (1): 61-77.

Han G, Tang Y, Wu Q. 2010. Hydrogeochemistry and dissolved inorganic carbon isotopic composition on karst groundwater in Maolan, southwest China. Environmental Earth Sciences, 60 (4): 893-899.

Heffernan J B, Cohen M J. 2010. Direct and indirect coupling of primary production and diel nitrate dynamics in a large spring-fed river. Limnology and Oceanography, 55: 677-688.

Herczeg A L, Fairbanks R G. 1987. Anomalous carbon isotope fractionation between atmospheric CO_2 and dissolved inorganic carbon induced by intense photosynthesis. Geochimica et Cosmochimica Acta, 51 (4): 895-899.

Hollander D J, Smith M A. 2001. Microbially mediated carbon cycling as a control on the $\delta^{13}C$ of sedimentary carbon in eutrophic Lake Mendota (USA): New models for interpreting isotopic excursions in the sedimentary record. Geochimica et Cosmochimica Acta, 65 (23): 4321-4337.

Houghton R A, Haekler J L. 1999. Emissions of carbon forestry and land use change in tropical Asia. Global Change Biol, 5: 481-492.

Houghton R A, Woodwell G M. 1989. Global climatic change. Scientific American, 260 (4): 18-26.

Humborg C, Conley D J, Rahm L, et al. 2000. Silicon retention in river basins: far-reaching effects on biogeochemistry and aquatic food webs in coastal marine environments. AMBIO: A Journal of the Human Environment, 29 (1): 45-50.

Hung J J, Lin P L, Liu K K. 2000. Dissolved and particulate organic carbon in the southern East China Sea. Continental Shelf Research, 20 (4): 545-569.

Huttunen J T, Alm J, Liikanen A, et al. 2003. Fluxes of methane, carbon dioxide and nitrous oxide in boreal lakes and potential anthropogenic effects on the aquatic greenhouse gas emissions. Chemsphere, 52 (3): 609-621.

Iglesias-Rodriguez M D, Halloran P R, Rickaby R E, et al. 2008. Phytoplankton calcification in a high CO_2 world. Science, 320 (5874): 336-340.

Jiang G, Guo F, Wu J, et al. 2008. The threshold value of epikarst runoff in forest karst mountain area. Environmental geology, 55 (1): 87-93.

Jiang Y, Hu Y, Schirmer M. 2013. Biogeochemical controls on daily cycling of hydrochemistry and $\delta^{13}C$ of dissolved inorganic carbon in a karst spring-fed pool. Journal of Hydrology, 478: 157-168.

Jiao N, Herndl G J, Hansell D A, et al. 2010. Microbial production of recalcitrant dissolved organic matter: Long-term carbon storage in the global ocean. Nature Reviews Microbiology, 8 (8): 593-599.

Khadka M, Martin J, Jin J. 2014. Transport of dissolved carbon and CO_2 degassing from a river system in a mixed silicate and carbonate catchment. Journal of Hydrology, 513: 391-402.

Kheshgi H S, Jain A K, Wuebbles D J. 1996. Accounting for the missing carbon-sink with the CO_2-fertilization effect. Climatic Change, 33 (1): 31-62.

King A W, Emanuel W R, Wullschleger S D, et al. 1995. In search of the missing carbon sink: A model of terrestrial biospheric response to land-use change and atmospheric CO_2. Tellus B, 47 (4): 501-519.

Knoll M A, James W C. 1987. Effect of the advent and diversification of vascular land plants on mineral weathering through geologic time. Geology, 15 (12): 1099-1102.

Kortelainen P, Pajunen H, Rantakari M, et al. 2004. A large carbon pool and small sink in boreal Holocene lake sediments. Global Change Biology, 10 (10): 1648-1653.

Królikowska J. 1997. Eutrophication processes in a shallow, macrophyte dominated lake-species differentiation, biomass and the distribution of submerged macrophytes in Lake Łuknajno (Poland). Hydrobiologia, 342: 411-416.

Kufel L, Kufel I. 2002. Chara beds acting as nutrient sinks in shallow lakes—a review. Aquatic Botany, 72 (3): 249-260.

Kurz M J, Montety D E, Martin J B, et al. 2013. Controls on diel metal cycles in a biologically productive carbonate-dominated river. Chemical Geology, 358: 61-74.

Lawler A. 1998. Research limelight falls on carbon cycle. Science, 280 (5370): 1683.

Lindell M J, Graneli H W, Tranvik L J. 1996. Effects of sunlight on bacterial growth in lakes of different humic content. Aquatic Microbial Ecology, 11 (2): 135-141.

Liu H, Liu Z, Macpherson G L, et al. 2015. Diurnal hydrochemical variations in a karst spring and two ponds, Maolan Karst Experimental Site, China: Biological pump effects. Journal of Hydrology, 522: 407-417.

Liu Y, Liu Z, Zhang J, et al. 2010. Experimental study on the utilization of DIC by Oocystis solitaria Wittr and its influence on the precipitation of calcium carbonate in karst and non-karst waters. Carbonates and Evaporites, 25 (1): 21-26.

Liu Z, Dreybrodt W. 1997. Dissolution kinetics of calcium carbonate minerals in H_2O-CO_2 solutions in turbulent flow: The role of the diffusion boundary layer and the slow reaction $H_2O + CO_2 \rightarrow HCO_3^- + H^+$. Geochimica et Cosmochimica Acta, 61 (14): 2879-2889.

Liu Z, Dreybrodt W. 2015. Significance of the carbon sink produced by H_2O carbonate CO_2 aquatic phototroph interaction on land. Science Bulletin, 60 (2): 182-191.

Liu Z, Zhao J. 2000. Contribution of carbonate rock weathering to the atmospheric CO_2 sink. Environmental Geology, 39 (9): 1053-1058.

Liu Z, Groves C, Yuan D, et al. 2004. Hydrochemical variations during flood pulses in the south-west China peak cluster karst: Impacts of $CaCO_3$-H_2O-CO_2 interactions. Hydrological Processes, 18 (13): 2423-2437.

Liu Z, Li Q, Sun H, et al. 2006. Diurnal variations of hydrochemistry in a travertine-depositing stream at Baishuitai, Yunnan, SW China. Aquatic Geochemistry, 12 (2): 103-121.

Liu Z, Li Q, Sun H, et al. 2007. Seasonal, diurnal and storm-scale hydrochemical variations of typical epikarst springs in subtropical karst areas of SW China: Soil CO_2 and dilution effects. Journal of Hydrology, 337 (1-2): 207-223.

Liu Z, Liu X, Liao C. 2008. Daytime deposition and nighttime dissolution of calcium carbonate controlled by submerged plants in a karst spring-fed pool: Insights from high time-resolution monitoring of physico-chemistry of water. Environmental Geology, 55 (6): 1159-1168.

Liu Z, Dreybrodt W, Wang H. 2010. A new direction in effective accounting for the atmospheric CO_2 budget: Considering the combined action of carbonate dissolution, the global water cycle and photosynthetic uptake of DIC by aquatic organisms. Earth-Science Reviews, 99 (3): 162-172.

Liu Z, Dreybrodt W, Liu H. 2011. Atmospheric CO_2 sink: silicate weathering or carbonate weathering?. Applied Geochemistry, 26: 292-294.

Liu Z, Zhao M, Yang R, et al. 2017. "Old" carbon entering the South China Sea from the carbonate-rich Pearl River Basin. Applied Geochemistry, 78: 96-104.

Lorah M M, Herman J S. 1988. The chemical evolution of a travertine-depositing stream: Geochemical processes and mass transfer reactions. Water Resources Research, 24 (9): 1541-1552.

Lynch J K, Beatty C M, Seidel M P, et al. 2010. Controls of riverine CO_2 over an annual cycle determined using direct, high temporal resolution pCO_2 measurements. Journal of Geophysical Research: Biogeosciences, 115: G03016.

Magnin N C, Cooley B A, Reiskind J B, et al. 1997. Regulation and localization of key enzymes during the induction of Kranz-less, C4-type photosynthesis in Hydrilla verticillata. Plant Physiology, 115 (4): 1681-1689.

Martin J H, Gordon R M, Fitzwater S E. 1990. Iron in Antarctic waters. Nature, 345 (6271): 156-158.

Matthews C J, Louis V L, Hesslein R H. 2003. Comparison of three techniques used to measure diffusive gas exchange from sheltered aquatic surfaces. Environmental Science & Technology, 37 (4): 772-780.

Mayer L M, Schick L L, Skorko K, et al. 2006. Photodissolution of particulate organic matter from sediments. Limnology and Oceanography, 51: 1064-1071.

Meybeck M. 1993. Riverine transport of atmospheric carbon: Sources, global typology and budget. Water, Air, and Soil Pollution, 70 (1-4): 443-463.

Monteith D T, Stoddard J L, Evans C D, et al. 2007. Dissolved organic carbon trends resulting from changes in atmospheric deposition chemistry. Nature, 450 (7169): 537-541.

Newcombe G, Drikas M, Hayes R. 1997. Influence of characterised natural organic material on activated carbon adsorption: II. Effect on pore volume distribution and adsorption of 2-methylisoborneol. Water Research, 31 (5): 1065-1073.

Norby R. 1997. Carbon cycle: inside the black box. Nature, 388 (6642): 522-523.

Parker S R, Gammons C H, Poulson S R, et al. 2007. Diel variations in stream chemistry and isotopic composition of dissolved inorganic carbon, upper Clark Fork River, Montana, USA. Applied Geochemistry, 22: 1329-1343.

Parker S R, Gammons C H, Poulson S R, et al. 2010. Diel behavior of stable isotopes of dissolved oxygen and dissolved inorganic carbon in rivers over a range of trophic conditions, and in a mesocosm experiment. Chemical Geology, 269: 22-32.

Passow U, Carlson C A. 2012. The biological pump in a high CO_2 world. Marine Ecology Progress Series, 470: 249-271.

Pawellek F, Veizer J. 1994. Carbon cycle in the upper Danube and its tributaries: $\delta^{13}C_{DIC}$ constraints. Israel Journal of Earth Sciences, 43: 187-194.

Pereyra-Ramos E. 1981. Ecological role of Characeae in the lake littoral. Ekologia Polska, 29 (2): 167-209.

Perry M J. 1976. Phosphate utilization by an oceanic diatom in phosphorus-limited chemostat culture and in the oligotrophic waters of the central North Pacific. Limnology and Oceanography, 21: 88-107.

Poulson S R, Sullivan A B. 2010. Assessment of diel chemical and isotopic techniques to investigate biogeochemical cycles in the upper Klamath River, Oregon, USA. Chemical Geology, 269: 3-11.

Prairie Y T, Bird D F, Cole J J. 2002. The summer metabolic balance in the epilimnion of southeastern Quebec lakes. Limnology and Oceanography, 47 (1): 316-321.

Raich J W, Tufekcioglu A. 2000. Vegetation and soil respiration: Correlations and controls. Biogeochemistry,

48: 71.

Rantakari M, Kortelainen P. 2005. Interannual variation and climatic regulation of the CO_2 emission from large boreal lakes. Global Change Biology, 11 (8): 1368-1380.

Reichert P. 2001. River water quality model no. 1 (RWQM1): Case study II. Oxygen and nitrogen conversion processes in the river Glatt. Water Science & Technology, 43 (6): 329-338.

Reiskind J B, Howard Berg R, Salvucci M E, et al. 1989. Immunogold localization of primary carboxylases in leaves of aquatic and C3-C4 intermediate species. Plant Science, 61 (1): 43-52.

Rembauville M, Meilland J, Ziveri P, et al. 2016. Planktic foraminifer and coccolith contribution to carbonate export fluxes over the central Kerguelen Plateau. Deep Sea Research Part I: Oceanographic Research Papers, 111: 91-101.

Roberts B, Mulholland P, Hill W. 2007. Multiple scales of temporal variability in ecosystem metabolism rates: Results from 2 years of continuous monitoring in a forested headwater stream. Ecosystems, 10 (4): 588-606.

Sakamaki T, Richardson J S. 2011. Biogeochemical properties of fine particulate organic matter as an indicator of local and catchment impacts on forested streams. Journal of Applied Ecology, 48 (6): 1462-1471.

Savoye N, David V, Morisseau F, et al. 2012. Origin and composition of particulate organic matter in a macrotidal turbid estuary: The Gironde Estuary, France. Estuarine Coastal and Shelf Science, 108: 16-28.

Schlesinger W H, Bernhardt E S. 2013. Biogeochemistry: An analysis of global change. 3rd. Academic Press.

Schulz M, Köhler J. 2006. A simple model of phosphorus retention evoked by submerged macrophytes in lowland rivers. Hydrobiologia, 563: 521-525.

Sheng H, Yang Y, Yang Z, et al. 2010. The dynamic response of soil respiration to land-use changes in subtropical China. Global Change Biology, 16 (3): 1107-1121.

Shiklomanov I A. 1993. World fresh water resources GLEICK P H. Water in crisis: A guide to the world's freshwater resources. New York: Oxford University Press.

Singh S K, Sarin M M, France-Lanord C. 2005. Chemical erosion in the eastern Himalaya: Major ion composition of the Brahmaputra and $\delta^{13}C$ of dissolved inorganic carbon. Geochimica et Cosmochimica Acta, 69: 3573-3588.

Smith D L, Johnson L. 2004. Vegetation-mediated changes in microclimate reduce soil respiration as woodlands expand into grasslands, Ecology, 85 (12): 3348-3361.

Smith M G, Parker S R, Gammons C H, et al. 2011. Tracing dissolved O_2 and dissolved inorganic carbon stable isotope dynamics in the Nyack aquifer: Middle Fork Flathead River, Montana, USA. Geochimica et Cosmochimica Acta, 75 (20): 5971-5986.

Sobek S, Tranvik L J, Cole J J. 2005. Temperature independence of carbon dioxide supersaturation in global lakes. Global Biogeochemical Cycles, 19 (2): 1-10.

Spencer R G, Pellerin B A, Bergamaschi B A, et al. 2007. Diurnal variability in riverine dissolved organic matter composition determined by in situ optical measurements in the San Joaquin River (California, USA). Hydrological Processes, 21: 3181-3189.

Spiro B, Pentecost A. 1991. One day in the life of a stream- a diurnal inorganic carbon mass balance for a travertine-depositing stream (waterfall beck, Yorkshire). Geomicrobiology Journal, 9 (1): 1-11.

Staehr P A, Sand-Jensen K A. 2006. Seasonal changes in temperature and nutrient control of photosynthesis, respiration and growth of natural phytoplankton communities. Freshwater Biology, 51: 249-262.

Suarez-Alvarez S, Gomez-Pinchetti J, García-Reina G. 2012. Effects of increased CO_2 levels on growth, photosynthesis, ammonium uptake and cell composition in the macroalga Hypnea spinella (Gigartinales,

Rhodophyta). Journal of Applied Phycology, 24: 815-823.

Suman S, Singh N P, Sulekh C. 2012. Effect of filter backwash water when blends with raw water on total organic carbon and dissolve organic carbon removal. Research Journal of Chemical Sciences, 2 (10): 38-42.

Sun H, Han J, Zhang S, Lu X. 2011. Transformation of dissolved inorganic carbon (DIC) into particulate organic carbon (POC) in the lower Xijiang River, SE China: An isotopic approach. Biogeoscience Discuss, 8: 9471-9501.

Taylor C, Fox V. 1996. An isotopic study of dissolved inorganic carbon in the catchment of the Waimakariri River and deep ground water of the North Canterbury Plains, New Zealand. Journal of Hydrology, 186 (1): 161-190.

Telmer K, Veizer J. 1999. Carbon fluxes, pCO_2 and substrate weathering in a large northern river basin, Canada: Carbon isotope perspectives. Chemical Geology, 159 (1): 61-86.

Therrien J, Tremblay A, Jacques R B. 2005. CO_2 emissions from semi-arid reservoirs and natural aquatic ecosystems//Tremblay A, Varfalvy L, Roehm C, Garneau M. Greenhouse gas emissions-fluxes and processes. Hydroelectric Reservoirs and Natural Environments, New York: Springer Berlin Heidelberg.

Tobias C, Böhlke J K. 2011. Biological and geochemical controls on diel dissolved inorganic carbon cycling in a low-order agricultural stream: Implications for reach scales and beyond. Chemical Geology, 283 (1): 18-30.

Vollenweider R A, Talling J F, Westlake D F. 1974. A manual on methods for measuring primary production in aquatic environments. London: Blackwell Scientific Publications.

Wetzel R. 2001. Lake and river ecosystems. San Diego: Academic Press.

White W B. 1997. Thermodynamic equilibrium kinetics, activation barriers, and reaction mechanisms for chemical reactions in Karst Terrains. Environmental Geology, 30 (1-2): 46-58.

Wigley T M. 2000. Stabilization of CO_2 concentration levels. London: Cambridge University Press.

Wigley T M, Group. 1977. WATSPEC: A computer program for determining the equilibrium speciation of aqueous solutions. Geo Abstracts for the British Geomorphological Research Group.

Williams C J, Yamashita Y, Wilson H F, et al. 2010. Unraveling the role of land use and microbial activity in shaping dissolved organic matter characteristics in stream ecosystems. Limnology and Oceanography, 55 (3): 1159-1171.

Worrall F, Burt T. 2005. Predicting the future DOC flux from upland peat catchments. Journal of Hydrology, 300 (1-4): 126-139.

Yang M, Liu Z, Sun H, et al. 2016. Organic carbon source tracing and DIC fertilization effect in the Pearl River: insights from lipid biomarker and geochemical analysis. Apply Geochemistry, 73: 132-141.

Yang R, Liu Z, Zeng C, et al. 2012. Response of epikarst hydrochemical changes to soil CO_2 and weather conditions at Chenqi, Puding, SW China. Journal of Hydrology, 468: 151-158.

Yang R, Chen B, Liu H, et al. 2015. Carbon sequestration and decreased CO_2 emission caused by terrestrial aquatic photosynthesis: Insights from diel hydrochemical variations in an epikarst spring-fed ponds in different seasons. Applied Geochemistry, 63: 248-260.

Yao G, Gao Q, Wang Z, et al. 2007. Dynamics of CO_2 partial pressure and CO_2 outgassing in the lower reaches of the Xijiang River, a subtropical monsoon river in China. Science of the Total Environment, 376: 255-266.

Yuan D. 1998. Contribution of IGCP379 "Karst processes and carbon cycle" to global change. Episodes, 21 (3): 198.

Yuan D, Zhang C. 2002. Karst processes and the carbon cycle—Final report of IGCP 379. Beijing: Geological

Publishing House.

Zeng C, Gremaud V, Zeng H, et al. 2012. Temperature-driven meltwater production and hydrochemical variations at a glaciated alpine karst aquifer: Implication for the atmospheric CO_2 sink under global warming. Environmental Earth Sciences, 65: 2285-2297.

Zhai W, Dai M, Guo X. 2007. Carbonate system and CO_2 degassing fluxes in the inner estuary of Changjiang (Yangtze) River, China. Marine Chemistry, 107: 342-356.

Zhao M, Zeng C, Liu Z, et al. 2010. Effect of different land use/land cover on karst hydrogeochemistry: A paired catchment study of Chenqi and Dengzhanhe, Puding, Guizhou, SW China. Journal of Hydrology, 388 (1-2): 121-130.

Zolotov Y A, Ivanov V M, Amelin V G. 2002. Chemical test methods of analysis. Amsterdam: Elsevier.

第3章 近百年来云南抚仙湖生物碳泵效应的沉积记录

3.1 本章摘要

自18世纪后期第一次工业革命开始以来，由化石燃料燃烧、工业化和土地利用变化等造成的人为CO_2排放已使大气CO_2浓度上升到2020年的415×10^{-6}。这引出了全球碳循环领域一个重要的问题，即CO_2收支不平衡。因此，确定"遗失碳汇"是全球气候变化科学研究的重中之重。最新的研究发现，基于$H_2O-CaCO_3-CO_2$-水生光合生物相互作用的碳酸盐风化碳汇（耦联水生光合作用的碳酸盐风化碳汇）作用被严重低估。水生光合生物对溶解无机碳的利用及其形成的有机碳（内源）埋藏（即生物碳泵效应），模型计算达到0.7 Pg/a，使得碳酸盐风化碳汇无论在任何时间尺度上对气候变化的控制可能都是重要的。然而，BCP效应背后的机制，及其产生的内源有机碳有多少可以被有效地埋藏及对气候和土地利用变化的响应关系仍然知之甚少。为了更准确地评估内源有机碳埋藏量，以及理解碳酸盐风化碳汇对气候和土地利用变化的响应机制，我们在中国第二深水高原贫营养化湖泊——云南抚仙湖通过结合现代监测、沉积物捕获器和百余年来柱芯沉积物记录的系统性研究发现：

（1）通过对抚仙湖为期约一年（2017年1~10月）的水化学现代监测，抚仙湖水温季节性表现出较大变幅，在2017年4~10月，垂直剖面存在明显的热分层现象，温跃层分布深度在20~50 m，且随着时间变化而变化。

（2）抚仙湖水化学类型为舒卡列夫分类法中的$HCO_3^--Ca-Mg$型，是典型的喀斯特水。其水化学特征受到碳酸盐矿物和硅酸盐矿物风化的影响，其中碳酸盐矿物风化的贡献可能占据主导地位。

（3）抚仙湖的T、pH、EC、DO、$[Ca^{2+}]$、$[HCO_3^-]$、SI_c、pCO_2和HCO_3^-的$\delta^{13}C_{DIC}$体现出明显的深度和季节变化。夏秋季节T、pH、DO、SI_c和$\delta^{13}C_{DIC}$升高，而EC、$[HCO_3^-]$、$[Ca^{2+}]$和pCO_2均下降，冬季与之相反；但无论是分层还是混合期，表水层相较深水层其pH、DO、SI_c和$\delta^{13}C_{DIC}$均较高，EC、$[HCO_3^-]$、$[Ca^{2+}]$和pCO_2则相对较低；此外，pCO_2和DO在不同水深和季节均表现出明显的负相关，这些均表明水生光合生物对抚仙湖水化学和同位素季节变化的显著影响。

（4）不同季节抚仙湖湖北和湖南两个样点的T、pH、EC、DO、$[Ca^{2+}]$、$[HCO_3^-]$、SI_c和pCO_2均表现出显著的昼夜变化。白天湖水水生生物光合作用强烈，pH、DO和SI_c增加，而$[Ca^{2+}]$、$[HCO_3^-]$和pCO_2降低；晚上呼吸速率超过光合作用速率，$[Ca^{2+}]$、$[HCO_3^-]$和

pCO_2 增加，pH、DO 和 SI_c 降低；抚仙湖昼夜尺度的 pCO_2 和 DO 表现出相反的趋势关系，这些特征表明水生生物光合和呼吸作用对水化学的影响非常显著。

（5）在 2017 年 1 月和 4 月昼夜监测期间，抚仙湖的 $\delta^{13}C_{DIC}$ 值呈现出白天高晚上低的特点。而在 7 月和 10 月，却表现出截然不同的趋势，整体上呈现白天低晚上高的特点。前者主要归因于白天水生生物光合作用期间，其对 $^{12}CO_2$ 的吸收快于 $^{13}CO_2$ 导致的 $\delta^{13}C_{DIC}$ 值偏正。而后者可能与白天湖水大气 CO_2 的入侵及其产生的动力学分馏有关。

（6）捕获器沉积物中有机碳同位素（$\delta^{13}C_{org}$）与周围流域有机物质的 $\delta^{13}C_{org}$ 难以区分。因此利用 C/N 端元法得知，内源有机碳占总有机碳的比例在 30%~100%，表明了抚仙湖有机碳以内源为主，反映出其很大程度上受到 BCP 效应的影响。同时，计算得出抚仙湖内源有机碳沉积通量在 2017 年为 20.4 g/(m²·a)，其主要受营养元素输入和温度等协同效应的影响。

（7）抚仙湖柱芯沉积物的低 C/N 和高 $\delta^{13}C_{org}$ 值表明了较多的内源有机碳贡献，通过生物标志物法（正构烷烃）计算出三根岩心沉积物中内源有机碳占总有机碳比例达 60%~68%。

（8）抚仙湖柱芯沉积物内源有机碳沉积速率（$OCAR_{auto}$）的增加伴随无机碳沉积速率（ICAR）增加。尤其在 1950 年之后，$OCAR_{auto}$ 是 1910~1950 年的 6.9 倍。

（9）抚仙湖柱芯沉积物中的 $OCAR_{auto}$ 随全球变暖和土地利用变化显著增加，从 1910 年的 1.1 g/(m²·a) 上升到 2017 年的 21.7 g/(m²·a)。如果全球湖泊都保持这种趋势，那么增加的碳汇可能对全球变暖起到重要的负反馈作用。

总之，在耦联水生光合作用的碳酸盐风化作用下，湖泊内源有机碳埋藏可能是一个重要的碳汇。本研究首次定量计算出 BCP 成因的湖泊内源有机碳埋藏通量及其增加趋势，这有助于全球碳循环中遗失碳汇问题的解决。

3.2　研　究　概　述

3.2.1　湖泊沉积物有机碳埋藏研究进展

湖泊盆地从周边流域（外源输入）及原位（内源输入）中获取无机和有机物质。其中，输入的有机物质一部分被氧化逃逸，一部分沉入湖底并积聚在湖泊沉积物中（Tranvik et al., 2009）。随着湖泊被不断地填充，湖盆有机碳沉积物可以作为一种碳汇（Einsele et al., 2001）。有研究发现有机碳埋藏速率与水体 pCO_2 之间呈负相关（Flanagan et al., 2006），支持了碳循环中水生生物通过光合作用溶解无机碳生成有机碳的重要性（Liu et al., 2010, 2018）。

3.2.1.1　湖泊沉积物有机碳埋藏的影响因素

湖泊沉积物中有机碳的沉积/埋藏速率（OCAR）取决于内源和外源有机碳输入的速率，以及这些有机质本身在湖内被氧化的速率（呼吸速率）。而该进程受流域特征以及湖盆本身的地貌和水文特征控制，特别是混合层深度和冲刷速率（Hargrave，1973）。Mulholland 和 Elwood（1982）认为湖泊沉积物在全球碳循环中起到了碳汇的作用，同时介绍了各种湖泊沉积物有机碳累积速率，发现小湖泊的累积速率较高，这可能是因为湖泊流域面积与湖泊体积的比例普遍较高；对湖泊沉积物的内外源有机碳累积速率的对比研究中发现，湖泊内源有机碳（autochthonous OC-AOC）的沉积速率可能会受到流域内强烈的冲刷作用的影响而减少。此外，由于河流等外源输入是控制湖泊初级生产力大小所需的大部分关键营养物质的来源，因此，相对于总湖泊面积，流域的特征和大小对于确定湖泊中碳累积速率极为重要（Downing et al.，2008）。沉积物有机碳之所以能够经沉降作用埋藏于湖泊沉积物中，主要是因为某些有机物质的抗分解性或是由于湖泊底部水体溶解氧的不足。许多湖泊都会出现年际的热分层现象，因此即便有机物质易降解，但只要有足够高的沉积速率且温跃层以下的溶解氧可以降低到非常低的水平，那么依然有利于有机碳的保存和埋藏（Hanson et al.，2011）。此外，高沉积速率可迅速掩埋有机沉积物，将其与上覆含氧水分离，从而减缓其氧化（Sobek et al.，2005）。

湖泊流域的人类活动也显著影响着湖泊沉积物中有机碳的沉积/埋藏速率。Anderson 等（2013）得出结论，认为土地利用变化控制着湖泊中的有机碳埋藏速率，而不是气候。由于日益严重的湖泊富营养化状态和湖泊流域内侵蚀加剧，湖泊沉积物中有机碳的沉积速率总体呈现增加的趋势。据报道，由于人类活动的不断增强，近200年来，亚洲、欧洲和北美的湖泊沉积物中有机碳沉积速率显著增加（Kastowski et al.，2011；Clow et al.，2015；Zhang et al.，2017）。森林砍伐和土壤侵蚀加剧加速了周边流域养分和总沉积物向湖泊的输入（Bormann et al.，1974）。农村和城市地区生产生活污水的排放大大增加，也向水生生态系统输入了大量养分和有机物质。如 Heathcote 和 Downing（2012）的研究表明，水体的富营养化对美国淡水湖泊碳埋藏的影响显著，即随着农业生产活动的增强，湖泊的碳埋藏量呈现显著的增加，具体数值甚至高达 200 g/($m^2 \cdot a$)。Anderson 等（2014）总结了约 90 个接近人类活动集中区域的欧洲湖泊数据（其中约60%为富营养化湖泊，总磷 [TP] >30 μg/L），并确定了有机碳埋藏速率在过去 100~150 年内增加的程度；研究发现由于历史悠久的农业集约化进程，欧洲湖泊的富营养化过程受到过量氮（N）和磷（P）输入的影响非常严重，在 1950~1990 年期间的有机碳累积速率约为 60 g/($m^2 \cdot a$)；而对于湖水 [TP] >100 μg/L 的湖泊，OCAR 平均约为 100 g/($m^2 \cdot a$)；此外，数据显示 1950年后的 OCAR 约为 1900~1950 年间的 1.5 倍。最近的研究也发现，北美湖泊中的 OCAR 在 1950 年后比之前增加了近 5 倍（Heathcote et al.，2015），这反映出湖泊有机碳埋藏速率受到人类活动直接或间接的影响。

Pacheco 等（2014）绘制了高度富营养化型湖泊的碳收支情况，他们的分析表明，经过富营养化这一阶段的湖泊很可能成为大气碳汇。这些湖泊的碳收支显示它们吸收陆地和大气的碳，并最终进入湖泊沉积物中。上述这些结果均支持这样一种观点：由人类活动增强而向湖泊输入营养元素的负面影响可能有利于有机碳的埋藏，而该埋藏能够有效地封存大气 CO_2。此外，这些结果也意味着，如果世界范围内的人为富营养化趋势继续存在，那么未来全球湖泊的有机碳埋藏量或封存 CO_2 的量也将变得越来越大。

3.2.1.2 湖泊沉积物有机碳埋藏通量研究进展

不同湖泊学领域学者对全球湖泊有机碳埋藏通量的估算量存在较大差异，但研究皆表明湖泊有机碳埋藏在全球碳循环中作为碳汇的作用很大，且埋藏效率远大于海洋（Woodwell et al., 1978；Dean and Gorham, 1998；Einsele et al., 2001；Downing, 2009；Tranvik et al., 2009；Mendonça et al., 2017）。因此，开展湖泊有机碳埋藏研究对于全面认识湖泊碳循环及寻找遗失碳汇具有重要意义。

分布在全球各地的湖泊、水库和泥炭地都是宝贵的碳汇系统，虽然早期的研究主要关注海洋碳汇，但最近越来越多的研究强调陆地水生生态系统同样可以封存大气 CO_2（Tranvik et al., 2009；Anderson et al., 2013, 2014；Mendonça et al., 2017；Liu et al., 2018）。Dean 和 Gorham（1998）的研究表明，全球湖泊、水库和泥炭地的沉积物中共存储约 0.3 Pg/a 埋藏通量，与之前 Mulholland 和 Elwood（1982）报道的埋藏通量相当。而亚热带富营养化湖泊的碳排放仅占其碳埋藏量的 8% 左右，也说明了湖泊有机碳埋藏作为一种碳汇的重要性（Yang et al., 2008）。Cole 等（2007）发现，陆地水体（湖泊、水库和河流）中由沉积作用埋藏的有机碳大约是 0.23 Pg/a，且这些有机碳主要是内源有机碳。Tranvik 等（2009）估计大约有 0.6 Pg/a 有机碳埋藏在湖泊和水库沉积物中。最近，Mendonça 等（2017）的报告显示，估计湖泊和水库的有机碳埋藏通量约为 0.15 Pg/a，且埋藏在湖泊中的大部分有机碳是通过湖泊的初级生产力产生的内源有机碳。

与海洋相比，陆地水生生态系统固定的大部分碳在其沉积物中更多地以有机碳形式保存，这是由于湖水一般生产力较高，深度较浅（导致悬浮颗粒有机碳被氧化的时间较短），且底部水体中溶解氧水平较低；此外，陆地水生生态系统还可从周边流域获得大量的有机碳输入。虽然早期 Woodwell 等（1978）的研究认为，在全球范围，陆地水生系统中水生生物对碳的固定量仅为 0.5 Pg/a，与海洋系统的 26 Pg/a 的碳固定量相比较小，但近十多年来的研究发现，湖泊有机碳埋藏量和效率在全球碳循环中的地位越来越重要。Einsele 等（2001）认为现代湖泊盆地埋藏大约 0.07 Pg/a 的大气碳，这个量超过现代海洋年大气碳埋藏量的四分之一。虽然海洋覆盖了地球总面积的 71%，但湖泊中有机碳的埋藏效率更高，平均为 9%（Alin and Johnson, 2007），而海洋中不到 0.5%（Hedges and Keil, 1995），这是因为全球海洋的碳埋藏速率仅在 0.1~0.2 Pg/a 波动（Benson et al., 2012）。

综合以上，相对于海洋，虽然湖泊所占全球面积较小，但湖泊沉积物有机碳埋藏效率却远大于海洋，因此，湖泊有机碳埋藏在全球碳循环研究中起到格外重要的作用。尤其对于陆地封闭型湖泊，由于这类湖泊是流域水生生态系统碳循环的终端之一，它们在区域甚至全球碳循环中同样起着十分重要的作用。

3.2.1.3 湖泊沉积物有机碳来源的示踪方法

虽然不同学者对湖泊沉积物有机碳埋藏做了大量研究，但遗憾的是并没有很好区分内源有机碳和外源有机碳，而这是全面了解区域和全球碳循环潜在机制所必需的，尤其是在有助于减轻未来气候变化带来的影响上。有机碳分为内源（autochthonous）有机碳和外源（allochthonous）有机碳。外源有机碳主要来自陆地植物凋零谢落后腐烂代谢产物与人类生产生活产生的有机物，如维管植物组织、沼泽碎屑和高地来源等（Bianchi et al., 2002；O'Reilly et al., 2014）。而内源有机碳则是湖泊自身由生物碳泵效应形成的有机碳，这是一个净碳汇过程，对于寻找遗失碳汇是极为重要的（刘再华等，2007；Liu et al., 2010, 2011, 2018）。

目前用于区分湖泊沉积物中有机碳来源的方法主要是传统的地球化学方法（如C/H、C/N和碳同位素法）。Ma等（2001）认为，当C/H小于9，沉积物有机碳主要来源于非腐殖质；而当该值在12左右时，有机碳则主要来源于水体腐殖质或土壤。C/N法则被更广泛用于判断沉积物中有机质的来源（Meyers, 1997）。其中，大部分浮游生物的C/N在5~8变化，平均约为6（Tyson, 2012）；淡水大型植物的C/N平均约为12（Tyson, 2012）；来自土壤C/N的变化范围在10~13（Goni et al., 2003），而陆地植物的C/N一般大于20（Meyers, 2003）。

有机质碳同位素（$\delta^{13}C_{org}$）也可有效地评估内外源有机碳对湖泊沉积物的相对贡献（Meyers and Ishiwatari, 1993；Meyers, 1997）。$\delta^{13}C_{org}$的变化范围一般是-35‰~-6‰（Meyers, 1997；Sharpe, 2007；Tyson, 2012）。其中，来自C3植物的$\delta^{13}C_{org}$变幅为-35‰~-22‰、C4植物的$\delta^{13}C_{org}$值变幅为-15‰~-6‰（Sharpe, 2007）。而植物OC相对于DIC，$\delta^{13}C$偏轻，这是由于水生光合作用产生的同位素分馏导致。水生生物往往具有更偏负的$\delta^{13}C_{org}$（Falkowski and Raven, 2013），一般比$\delta^{13}C_{DIC}$低约20‰（Leng et al., 2006）。

然而传统的地球化学指标（$\delta^{13}C_{org}$、C/N）在水生环境中易受微生物降解作用的影响，存在指向性重叠、模糊的局限（Cloern et al., 2002），需多指标综合判断进而可为全面分析湖泊沉积物有机碳来源提供有益的支持。相比于传统碳源分析方法，生物标志物是一类来源明确、在沉积成岩过程中具有良好的稳定性、能够指示生物体特异性的有机化合物（Bianchi and Canuel, 2011；Castañeda and Schouten, 2011）。生物标志物可以从分子水平上为有机质的来源和生物地球化学转化提供更为细致的特征信息，其包含有识别有机碳来源的"指纹"信息，能够更加灵敏、准确地溯源。常用的生物标志物是类脂化合物（主要有正构烷烃、脂肪酸、甾醇等），且大多数类脂化合物都可以直接从样品中提取，有特定的来源并且在环境中能够稳定存在。所以，近来更多研究者使用类脂生物标志物探讨有机物的来源、迁移和埋藏问题（Yunker et al., 2005；Tue et al., 2012）。

正构烷烃（n-alkane）可用于评估湖中沉积物有机质的来源（Meyers, 2003；Sikes et al., 2009；Ortiz et al., 2011；Silva et al., 2012；Wang and Liu, 2012；Huang et al., 2017）。相对于沉积物中的其他类型的有机组分，正构烷烃含有高键能的碳键，相对稳定（Blumer et al., 1971；Fokin et al., 2012），且难以降解并易于在沉积物中保存（Eglinton and Hamilton, 1967；Volkman et al., 1980；Schefuß et al., 2003；Meyers, 2003）。正构烷烃广泛分布于细菌、藻类、水生高等植物和陆生植物等生物体中。不同来源的生物体其正构烷烃具有不同组成特征：水生藻类和细菌含有更多的nC_{15}、nC_{17}或nC_{19}等短链正构烷烃，并以此为主峰碳；长链正构烷烃（$>nC_{25}$）被认为来自陆地植物的表皮蜡质层，通常以nC_{27}、nC_{29}和nC_{31}为主峰碳（Eglinton and Hamilton, 1967；Leider et al., 2013）。此外，正构烷烃的碳优势指数（carbon preference index, CPI）（Tolosa et al., 2004；Tareq et al., 2005；Seki et al., 2006；Gireeshkumar et al., 2015）是评价烷烃奇偶优势的指标，高CPI

值表明陆生维管植物等高等植物的输入，低 CPI 值指示来自藻类等水生植物的贡献较多（Tolosa et al.，2004；Tareq et al.，2005；Seki et al.，2006）。正构烷烃的平均链长（average chain length，ACL）是指样品中正构烷烃各组分浓度的加权平均链长，一般陆地高等植物的 ACL 值高于水生藻类（Poynter and Eglinton，1990）。Paq（Pmar-aq）指标主要用来区分陆生植物（长链正构烷烃）和挺水/沉水植物（中等链长正构烷烃）中淡水植物的输入（Ficken et al.，2000；Zhang et al.，2004；Zheng et al.，2007），高 Paq 值对应于主要来自水生植物的贡献，即挺水和大型沉水植物的贡献增加。奇偶优势指数（odd-even predominance，OEP），可以反映有机物的成熟度，即随着成熟度的增加，正构烷烃在成岩过程中将逐渐丧失其特定的奇偶性（Meyers and Ishiwatari，1993；Snedaker et al.，1995）。

3.2.2 研究目标和拟解决的科学问题

现阶段，全球碳循环研究的前沿科学问题之一是寻找遗失碳汇，最新的研究认为陆地生态系统依然有 1~1.5 Pg/a 的碳汇不知去向。那么这些碳究竟去了哪里？碳汇机制又是什么？这些问题至今仍存在争论。而耦联水生光合作用的碳酸盐风化碳汇研究可能是解决遗失碳汇问题的突破口（Liu et al.，2018）。过去的许多研究也多次印证碳酸盐风化碳汇的广泛存在，而对于水生生态系统中由生物碳泵效应形成的内源有机碳的定量计算及其对气候和土地利用变化的响应机制仍缺乏研究。因此，厘清这些问题将有助于解决全球碳循环中的遗失碳汇问题。

本研究在地球系统科学和喀斯特动力学理论指导下，根据耦联水生光合作用的碳酸盐风化碳汇新模型（图 0.1），以中国第二大深水高原贫营养化湖泊——云南抚仙湖为研究对象，对湖泊水生生态系统进行了为期一年的现代监测研究，通过水化学指标（T、pH、EC、DO、[Ca^{2+}]、[HCO_3^-]、SI_C 和 pCO_2）和碳稳定同位素组成（$\delta^{13}C_{DIC}$）分析，揭示湖泊水化学和同位素季节和昼夜尺度变化的影响机制。其次，结合沉积物捕获器和百余年来柱芯沉积物记录开展有机碳沉积（或埋藏）的系统性研究，同时基于 ^{210}Pb 年代学、元素组成（OC、IC、C/N）、碳稳定同位素组成 [$\delta^{13}C_{carb}$（碳酸盐沉积物的碳同位素组成）和 $\delta^{13}C_{org}$] 和生物标志物（正构烷烃）等分析手段定量计算出湖泊水生光合生物利用 DIC 形成有机碳的内源比例。最后，通过将内源有机碳埋藏与气候及土地利用变化指标进行对比分析，揭示内源有机碳埋藏的响应机制。从而为喀斯特湖泊水生生态系统稳碳、固碳能力提供新的证据，为解决碳酸盐风化碳汇形成稳定长期的碳汇这一科学问题做出贡献。因此，就以下三个方面进行了研究：

(1) 湖泊生物碳泵效应的时空变化规律和机制；
(2) 湖泊沉积物内源有机碳和外源有机碳的区分；
(3) 湖泊内源有机碳埋藏通量变化与气候及土地利用之间的关系。

3.2.3 研究内容

本章主要研究内容包括以下三个方面：

(1) 抚仙湖水生生态系统中水生光合生物利用 DIC 形成内源 OC 的机制和效率;
(2) 抚仙湖捕获器和柱芯沉积物中有机碳内外源的定量区分;
(3) 抚仙湖内源有机碳埋藏通量对气候及土地利用变化的响应关系。

3.2.4 研究技术路线

本研究以拟解决的科学问题为导向,采取野外监测试验和室内仪器分析试验相结合的研究方法和思路,运用多学科的地球化学手段,通过 ^{210}Pb 年代学、水化学指标(T、pH、EC、DO、[Ca^{2+}]、[HCO_3^-]、SI_C 和 pCO_2)、元素组成 [OC、IC(无机磷)、C/N] 和碳稳定同位素组成($\delta^{13}C_{DIC}$、$\delta^{13}C_{carb}$ 和 $\delta^{13}C_{org}$)分析,揭示了水生生物对湖泊水化学和同位素季节及昼夜尺度变化的影响,并定量计算出由 BCP 效应形成的内源有机碳沉积(或埋藏)量,且进一步分析其对气候和土地利用变化的响应机制。通过本项研究,希望对湖泊碳循环尤其是对沉积物中内源有机碳埋藏获得更为深入的认识。据此拟定技术路线如图 3.1 所示。

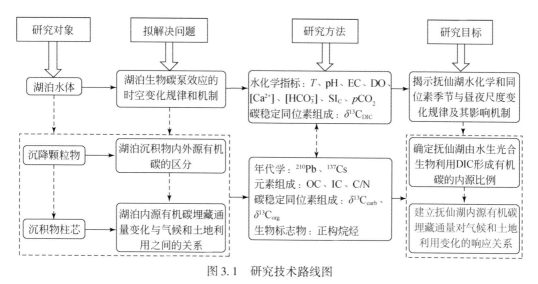

图 3.1 研究技术路线图

3.3 研究区概况

抚仙湖(24°17′~24°37′N,102°49′~102°57′E)位于中国西南部云南省中部盆地的中心,在昆明市东南约 60 km 处(图 3.2)。湖区在行政区划上归属玉溪市,地跨澄江县、江川县和华宁县三县。抚仙湖是中国第二大深水淡水湖,是珠江源头最大的湖泊,属南盘江水系的一员。该湖是一个南北向的喀斯特裂谷湖,形状像一个反葫芦;湖长 31.5 km,最大宽度为 11.5 km,平均宽 6.7 km;最大深度为 158.9 m,平均湖深 95.2 m。抚仙湖正常水位在 1722.5 m,水域面积为 212 km²,流域面积为 675 km²,容量为 20.62×10⁹ m³,占中国淡水湖总容量的 9.16%(王苏民和窦鸿身,1998)。抚仙湖水质为 I 级,是中国水质最好的天然湖泊之一。

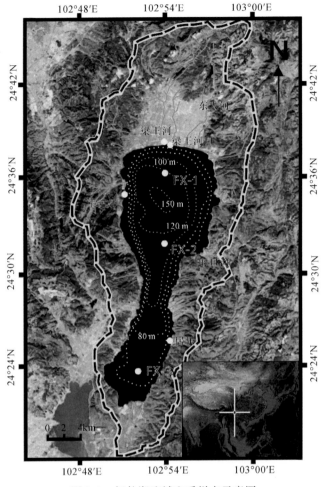

图 3.2　抚仙湖流域和采样点示意图

采样点分别用圆圈标出，包括湖边采样点禄充泉、梁王河、梁王河口和居乐；湖中采样点 FX-1、FX-2 和 FX-3 分别代表湖的北部、中部和南部；黑色虚线表示流域边界（程三友和李英杰，2010），黄色点线为湖泊等深线（潘继征等，2009）

3.3.1　抚仙湖流域地质地貌背景

抚仙湖由上新世末期（3.0 Ma）断层组成，是云南高原特有的构造湖泊之一，属断层溶蚀湖。在地貌上，抚仙湖的北部盆地宽而深，南部盆地狭窄而浅。湖泊北部和南部湖岸的地形不同于其西部和东部湖岸的地形。湖泊冲积平原位于其北部和南部湖岸。北部平原土地面积较大，是澄江县的经济中心，南部平原主要是农业区。该湖的东部和西部以断层陡坎和断块山为界，从北向南不断延伸。与东岸相比，西岸具有相对平坦的地形。

在地质上，抚仙湖流域属于"康滇古陆"的一部分，扬子地台西缘，其基底为褶皱基底，经元古宙昆阳群复理石、钠质火山岩、碳酸盐建造及晋宁运动形成。该区主要由震旦纪至晚三叠世的基性火山岩、碳酸盐岩、海陆交互相碎屑岩及陆相含煤建造组成，岩浆活动微弱，沉积盖层较薄。之后本区转为陆相沉积，主要由一套含红色碎屑岩建造、煤磨拉石建造组成。至晚古近纪以来，由于地壳板块的急剧运动，喜马拉雅山脉隆升，从而引起一系列断层贮水及岩石溶蚀现象，在云南高原群山中形成了众多的小型山间盆地，由内陆碎屑含煤建造组成，其中局部遭受构造应力而变形。抚仙湖就是那时形成的一个南北向的断层陷落湖（程三友和李英杰，2010）。

3.3.2 抚仙湖入湖河流

抚仙湖流域有 20 多条短程的河流汇入湖中，其中 7 条是流经北部耕作地的山麓河流，东西两侧的河流发源且流经于丘陵地区，长度较短，坡度较大（王苏民和窦鸿身，1998）。湖水仅有一个出口——海口河，但目前海口河设置阀门，间歇性断流。云南抚仙湖主要入湖河流的流域面积及径流量，详见表 3.1。

表 3.1 云南抚仙湖主要入湖河流流域面积及径流量（据中国科学院南京地理与湖泊研究所，1990）

位置	河流	流域面积/km²	径流量/(m³/s)
北岸	梁王河	70.8	7.92
	东大河	53.8	0.32（常断流）
	马料河	21.6	0.97
	山冲河	14.6	0.13
	上村河	14.9	0.08
南岸	西海边河	24.8	1.39
	东海边河	12.4	1.03
	小凹河	1.5	断流
西岸	尖山河	27.0	0.31
	立吕河	8.0	极小
	明星河	7.2	极小
	牛魔河	4.3	0.06
	路歧河	6.8	0.65
东岸	蒿芝青河	1.2	断流
	新村河	2.0	0.18
	居乐河	4.4	极小
	海口河	85	3.72

3.3.3 抚仙湖流域自然环境和资源要素

湖区处于低纬度高原区（靠近北回归线），属中亚热带高原季风型气候，气候受地形、暖湿与干燥气流综合影响变化，其特点是雨热同期、光照充足、积温多、温和湿润。全年日照总时数为2172 h，日照率为50%，常年总辐射量为122210 cal[①]/cm²；1~3月为霜期，偶见降雪，年无霜日253 d；主要盛行西南风，年平均风速2.3 m/s。湖区年平均气温为15.6 ℃；年平均降水量为951 mm，雨季集中于5~10月，占全年降水量的83%；相对湿度为75%，年平均蒸发量为1396 mm。

抚仙湖流域土壤由于受不同母质、气候、地形、植被和土地利用方式等综合因素的影响，形成了红壤、棕壤、酸性紫色土、红色石灰土、冲击性旱地土和水稻土等土壤类型，其中以红壤为主，约占陆地面积的68%。流域植被属亚热带常绿针阔叶混交林，主要树种有华山松、云南松、榿木、杉树、柏树、桉树、银槐树等。

据统计，1989年之前，鱇浪白鱼（*Anabarilius grahami*）作为一种土著天然的经济鱼类，是抚仙湖的优势种，通常占鱼类总产量的80%。直到1989年，外来鱼类太湖新银鱼（N.T）数量激增，总产量增加了约三倍，太湖新银鱼随即成为到目前的优势种鱼类，比重增加到71.1%，而原来的土著鱼类仅占到1.1%（熊飞等，2008）。而作为贫营养的高原淡水湖泊，抚仙湖浮游动物的物种多样性和丰富度较低。最近的一项研究表明，与20世纪80年代以前的调查相比，浮游动物群落结构发生了很大变化。例如，主要的桡足类西南荡镖水蚤（*Neutrodiaptomus mariadviagae mariadviagae*）已经被舌状叶镖水蚤（*Phyllodiaptomus tunguidus*）取代，而透明薄皮蚤（*Leptodora kindti*）已经从湖中被剔除（潘继征等，2009）。另外，抚仙湖浮游植物数量增加了2.6倍，叶绿素浓度增加了3倍，湖水透明度降低了近一半，综合营养指数急剧增加，表明抚仙湖有富营养化的风险（李荫玺等，2003）。然而，抚仙湖仍然是贫营养化湖泊，浮游植物是抚仙湖的主要生产者，以绿藻为主，其次是蓝藻、硅藻和甲藻（李荫玺等，2003）。

3.3.4 抚仙湖流域社会发展情况

自20世纪80年代以来，流域内工业活动获得较大发展，主要包括食品加工、磷肥和水泥生产。大量的家庭和工业废水及农业肥料流入抚仙湖北岸（侯长定，2001；曾海鳌和吴敬禄，2007），因此，北湖是湖泊污染较为严重的地区，湖中心受到人类活动的影响相对较小。来自湖泊的监测数据记录了该湖轻微的富营养化过程，在1980~2005年期间，总氮（TN）从0.10 mg/L增加到0.22 mg/L，总磷（TP）从0.005 mg/L增加到0.013 mg/L，叶绿素浓度从0.16 mg/m³增加到1.91 mg/m³，透明度从7.9 m降低到4.6 m（Zhang et al.，2015）。

据李石华等（2017），抚仙湖流域内人口约16.03万人。农业是当地经济的基石，该地区的产业结构仍处于早期阶段，因此，该地区的技术发展水平较低。湖泊流域内的农村经济发展很大程度上依赖于农作物种植。粮食作物，如大米、玉米和小麦，以及经济作物，如烤烟和油菜等，都是在该地区约60 km²的耕地上种植的。该地区还生产磷基化学品、建筑材料、加工食品和水产品。以磷为基础的化学生产集中在北岸，是该地区的核心

[①] 1 cal = 4.184 J。

产业，但近年来大面积关停以保护抚仙湖水质。而目前正在迅速崛起的旅游业是该地区的主要第三产业。这些因素增加了当地污染物排放，也因此，抚仙湖流域所面临的环境问题日益突出。

3.4 研究方法及样品采集

3.4.1 采样点布置

本研究以抚仙湖流域作为研究对象。野外工作开展于2017年1月至2018年1月，分别对抚仙湖流域的河水、泉水和湖水进行了监测和采样，并在湖中获取了三根沉积物柱芯及放置了湖泊沉积物捕获器。此外，本研究还采集了流域内土壤、植物样品及湖内浮游和沉水植物样品。

采样点中沿湖样点2个，分别是梁王河口（LWHK）和居乐（JL）；泉水点1个，即禄充泉（LCQ）；河水点1个，即梁王河（LWH）；湖中分北中南三个分层样点，分别是湖北（FX-1）、湖心（FX-2）、湖南（FX-3）。抚仙湖流域采样点分布和说明详见表3.2、图3.2。

表3.2 抚仙湖流域采样点说明

采样点	编号	纬度（N）	经度（E）	采样深度/m
梁王河口	LWHK	24°62′89″	102°88′44″	0.5
居乐	JL	24°42′16″	102°90′07″	0.5
禄充泉	LCQ	24°55′36″	102°84′17″	0.5
梁王河	LWH	24°62′94″	102°88′42″	0.5
湖北	FX-1	24°59′83″	102°89′05″	0.5、10、20、30、40、50、70、80、90、100、110
湖心	FX-2	24°52′45″	102°88′98″	0.5、10、20、30、40、50、70、80、90、100、110
湖南	FX-3	24°38′82″	102°85′21″	0.5、10、20、30、40、50

3.4.2 现场监测

本研究分别于2017年1月、4月、7月和10月对抚仙湖流域内湖水、泉水和河水进行监测和样品采集。此外，每季度在湖北LWHK和湖南JL两个采样点进行为期两天连续的昼夜监测（2017年1月的监测时间为1 d）。对水体的物理-化学指标的现场实时和自动记录监测采用德国WTW（Wissenschaftlich-Technische-Werkstaetten）公司生产的MultilineP3 350i型多参数仪。其中，LWHK和JL两个采样点的自动记录监测在仪器统一校正后在同一时间运行，自动记录的间隔时间设置为15 min，监测周期为48 h。主要测定

指标包括 T、pH、EC 和 DO。在运行之前，pH 使用 4 和 7 两种标准缓冲溶液进行校准，EC 使用 1412 μs/cm 标准校正液校准。运行完毕后，再将 pH 和 EC 探头放回标准液中进行保存和验证。pH、T、DO 和 EC 的分辨率分别为 0.01、0.01 ℃、0.01 mg/L 和 0.01 μs/cm。

3.4.3 抚仙湖流域样品采集

3.4.3.1 水样采集

为了更系统全面地了解云南抚仙湖水化学和同位素变化特征及其影响因素，除了现场的实时和自动记录监测外，还对水样进行了现场采集，以测试水体中阴离子和阳离子浓度和 $\delta^{13}C_{DIC}$。另外，还包括 HCO_3^- 浓度的现场滴定。为避免采样设备和样品储存器皿对样品造成污染，在样品采集前，所有设备器皿都经过严格的筛选、净化和密封处理。

为防止水样上机测试过程中发生堵塞测试仪器管道的情况，采样过程中使用孔径为 0.45 μm 的 Millipore 混合纤维素酯滤膜过滤水样，并分别装入事先酸洗过的容量为 20 mL 的聚乙烯塑料瓶中用于测定主要阳离子和阴离子；同时将阳离子样品用经浓缩的超纯 HNO_3 酸化至 pH<2，以防止络合和沉淀反应；在测试前，所有阴离子和阳离子样品均在 4 ℃ 冰箱中密封冷藏保存。

其他水样（60 mL）通过 0.7 μm 玻璃纤维膜过滤水样，并储存在高密度聚乙烯（HDPE）材料制成的取样瓶中；向样品中加入 1~2 滴饱和 $HgCl_2$ 溶液以防止微生物活动，所有样品在 4 ℃ 冰箱中密封冷藏保存直至用 MAT-252 质谱仪分析；在采样前，所使用的取样瓶和过滤器均用浓度为 10% 的稀硝酸浸泡 48 h 以上，然后用去离子水多次清洗后，再次浸泡 48 h，最后放入烘箱 50 ℃ 条件下烘干。采样过程中，取样瓶和过滤器应用原水反复振荡冲洗至少 3 次。

3.4.3.2 沉积物捕获器的放置和样品采集

对湖泊沉积物各指标量化的最佳方法是设计和部署沉积物捕获器（Bloesch and Burns，1980）。捕获器在沉积物分析方面具有明显的优势，即可在沉积物成岩改造之前，在短时间内量化颗粒物沉降通量（Bloesch，2004）。

过往的研究认为，沉积物捕获器的设计难点在于如何提高沉积颗粒物的收集效率（Bloesch，1996）。基于此，本研究所用的沉积物捕获器均为自行设计，材质为开顶的圆柱形聚乙烯管，其纵横比为 7:1（长 105 cm，内径 15 cm），以提高沉积物的收集效率（Bloesch，1996）。自 2017 年 1 月起，分别在抚仙湖的湖北 FX-1、湖心 FX-2、湖南 FX-3 三个样点放置捕获器，且再对每个采样点进行分层放置，放置深度分别为 40 m、80 m 和 110 m（图 3.3，FX-3 除外，因该位置水最深处仅 60 m 左右）。每隔 3 个月回收一次捕获器，至 2018 年 1 月完成最后一次捕获器的打捞与沉积物收集工作。在捕获器沉积物样品回收后，将样品转移到现场准备好的经过严格清洗的塑料容器中，充分静止后，移除上覆液体，置入车载冰箱中，4 ℃ 条件下密封保存，等待进一步处理。遗憾的是，由于捕获器多次受到人为干扰，最终仅 FX-2 处的捕获器基本比较顺利地完成收集工作，然而仍在

2017年10月和2018年1月两次收集时出现部分层位捕获器的缺失。

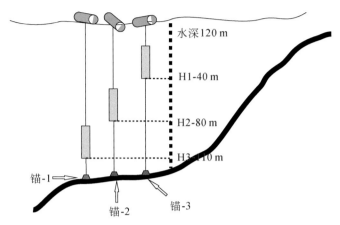

图3.3 沉积物捕集器放置示意图（捕获器与水平面之间的距离分别是40 m、80 m和110 m）

3.4.3.3 湖泊沉积物的样品采集

在2017年1月20日，使用配备有内径58 mm有机玻璃管的重力取心器（李健等，2011）在抚仙湖的FX-1、FX-2和FX-3获取了三根沉积物柱芯，柱芯（长15~20 cm）悬浮层界面水清澈未受扰动。然后用虹吸法将界面水排出，同时在现场对沉积物柱芯按1 cm间隔分样，分装于预先处理好的容量为100 mL的离心管中密封冷冻保存，等待在实验室的进一步处理。

3.4.3.4 流域植物、土壤和基岩样品的采集

用孔径为0.064 mm的25#浮游生物网（200目）在水面下0.5 m处作"∞"形缓慢巡回拖网，拖网速度为20~30 cm/s，拖网时间以收集到的浮游生物的量为准。收集完成后将样品移入玻璃瓶中，待进一步分析。同时，采集湖中靠岸边的沉水植物、流域植物样品、土壤样品和基岩样品，封装后带回实验室待进一步分析。

3.4.4 水体样品分析

3.4.4.1 碱度的现场滴定

喀斯特水pCO_2往往较高，极易造成脱气，从而对HCO_3^-浓度的测定产生影响。为尽量避免水中CO_2在运输和储存等环节逸散至大气的情况发生，HCO_3^-浓度的测定采取现场滴定的方法。测定主要使用Merck（德国）公司的Aquamerck碱度测试套件进行现场滴定，滴定精度为0.05 mmol/L（Banks and Frengstad, 2006; Liu et al., 2007）。

3.4.4.2 阴、阳离子的实验室分析

所采集的抚仙湖流域内水样被带回到中国科学院地球化学研究所环境地球化学国家实

验室进行测试分析,通过采用美国戴安(Dionex)公司生产的离子色谱仪(ICS-90型)测试阴离子含量(主要包含 Cl^-、SO_4^{2-}、NO_3^- 等)。该型离子色谱仪采样高性能/低脉冲双往复活塞泵,淋洗液装置为高强塑料淋洗液瓶,电导检测器为数字式电导检测器(检测范围:数字方式 0~1000 μs/cm;分辨率为 0.2 ns/cm),进样器为 AS40 型自动进样器,可同时放置 66 个 5 mL 或 88 个 0.5 mL 样品。

水体中主要阳离子(K^+、Na^+、Ca^{2+}、Mg^{2+} 等)则通过美国瓦里安(Varian)公司生产的电感耦合等离子体发射光谱仪(ICP-OES)进行测定。ICP-OES 采用第二代 CCD 固体检测器,有 1129000 多个感光点,可连续覆盖 175~785 nm 的波长范围。阳离子的检测分辨率为 0.01 mg/L。

3.4.4.3 水体中溶解无机碳稳定同位素的实验室测定

$\delta^{13}C_{DIC}$ 的测定主要分为两个步骤。第一步,在真空线上进行 CO_2 气体转化的前处理实验。按照 Atekwana 等(1998)的方法,使用移液枪在玻璃瓶中注入 2 mL 85% 的浓磷酸。同时加入小磁棒,瓶塞紧塞后放至真空线上抽真空,直至玻璃瓶内压力小于 1×10^{-2} mbar。接下来用注射器将 40 mL 左右的水样注入玻璃瓶中,这一过程需要在很短的时间完成以确保真空度完好。将玻璃瓶再次放置于真空线系统中,60 ℃加热且在磁力搅拌器的搅拌作用下将水体中的溶解无机碳完全转化为 CO_2 气体。然后在真空线上通过液氮(-196 ℃)和酒精液氮(-80 ℃)冷阱逐级分离、纯化,最终将 CO_2 气体封存于玻璃管中。第二步,上机测试。将封存有 CO_2 气体的玻璃管移入 MAT-252 气体同位素质谱仪(Gas Isotope Ratio Mass Spectrometer)进行 $\delta^{13}C_{DIC}$ 的测定。碳同位素值均相对于国际通用的 VPDB(Vienna Pee Dee Belemnite)标准,测得的 $\delta^{13}C_{DIC}$ 用千分比单位(‰)表示,测试精度≤0.01‰。其计算公式为

$$\delta^{13}C_{DIC} = [(R_{Sample} - R_{VPDB})/R_{VPDB}] \times 1000 \quad (3.1)$$

式中,R 为样品或标准品的 $^{13}C/^{12}C$ 值。

3.4.4.4 模型计算

$p\mathrm{CO}_2$ 和 SI_C 是开展岩溶水化学研究的重要指标,目前这两个指标尚难以直接通过仪器设备读取数据,需要通过模型计算推导。水文地球化学模拟软件 PHREEQC Interactive 3.3.8 由美国地质勘探局(USGS)开发,可实现对水体中 $p\mathrm{CO}_2$ 和 SI_C 模拟计算(Parkhurst and Appelo,1999)。该软件基于 C 语言程序开发,主要功能包括:逆向模拟实验的推演、可逆不可逆反应的批反应和一维运移计算、反应生成物饱和指数的计算。在运行 PHREEQC 时需要同时输入即时的水温、pH 和水体中主要的阴阳离子的浓度值。假设在满足水体中 $p\mathrm{CO}_2$ 与所采水体样品达到交换平衡的前提下,$p\mathrm{CO}_2$ 的计算原理如下:

$$p\mathrm{CO}_2 = \frac{(\mathrm{HCO}_3^-)(\mathrm{H}^+)}{K_1 K_{\mathrm{CO}_2}} \quad (3.2)$$

式中,括号为离子活度,mol/L,为离子浓度和活度系数 γ 的乘积;K_1 和 K_{CO_2} 分别为 Henry 和 CO_2 的平衡常数。

水体中方解石饱和指数的计算原理如下:

$$SI_C = \lg\left(\frac{(Ca^{2+})(CO_3^{2-})}{K_C}\right) \tag{3.3}$$

式中，K_C 为方解石溶解平衡常数（Drever，1982；Stumm and Morgan，1970）；当 $SI_C>0$ 时，表示溶液中方解石溶解过饱和；当 $SI_C=0$ 时，表示溶液中方解石溶解处于平衡状态；当 $SI_C<0$ 时，表示溶液中方解石溶解未饱和。

3.4.5 流域内沉积物、植物和基岩样品的前处理与测试分析

3.4.5.1 样品前处理

湖泊沉积物样品带回实验室后用精度为 0.0001 g 的天平称量湿重，再经真空冷冻干燥，称量其干重。然后除去动植物残体、砂砾等物质，置入玛瑙研钵进行研磨过筛（200目），以备后期的元素分析。土壤样品的前处理与之相似，干燥后研磨过筛均质化后密封保存待测。基岩样品利用微钻处理成粉末状，干燥密封保存待测。

对浮游藻类、沉水植物和陆地植被样品进行纯化处理，然后分别放入烘箱烘干，在玛瑙研钵中研磨至粉状，干燥密封保存待测。

3.4.5.2 ^{210}Pb 年代测定与年代模式

1. 沉积物中放射性核素测定

称取已干燥均质化的沉积物样品 10 g 置于加盖的有机玻璃圆柱形盒内中，密封储存三周以确保 ^{210}Pb 和 ^{226}Ra 的活性衰变至放射性平衡。使用型号为 GX6020（美国 CANBERRA 公司）延展性多道能谱仪进行测定。测试原理是放射性核素在衰变过程中伴随着射线的产生，如 α、β、γ、n 射线等。射线的能量和数量与放射性核素的种类和活度之间存在确定的关系，射线进入高纯锗探测器产生电流，经过放大器放大得到信号电流，电流的大小与射线的能量和数量有关，由此可以定性/定量检测出放射性核素。多道能谱仪主要指标为能量范围在 3 keV～10 MeV；相对效率>60%@1332 keV；分辨率<2.0@1332 keV；峰宽比 66∶1。样品测定在中国科学院地球化学研究所环境地球化学国家重点实验室完成。

2. ^{210}Pb 定年原理

湖泊沉积物的放射性同位素 ^{210}Pb（半衰期为 22.3 a）是从表层土壤逃逸到大气中的气态 ^{222}Rn（半衰期为 3.8 d）的衰变产物，可在几周内以大气沉降方式进入湖泊，并蓄积在湖底沉积物中，这部分称为过剩 ^{210}Pb（^{210}Pb$_{ex}$）。对于原有沉积物，其中的放射性核素基本上处于放射性平衡状态，其自身所含的 ^{226}Ra 原位衰变成补偿 ^{210}Pb（^{210}Pb$_{sup}$）。因此，底部沉积物层中的 ^{210}Pb$_{ex}$ 可以简单地计算为测得的 ^{210}Pb 总的比活度与 ^{210}Pb$_{sup}$ 比活度之间的差值（万国江，1997；Arnaud et al.，2006）。

根据放射性衰变定律，每个沉积层中的 ^{210}Pb$_{ex}$ 比活度随其年代增加而下降，该定律可用于计算沉积物的年龄（万国江，1997）。如果流域的侵蚀过程是稳定的，并且沉积物累积速率处于恒定的状态，则可以合理地假设每个沉积层具有相同的 ^{210}Pb$_{ex}$ 初始比活度

(A_0)。在这种情况下,$^{210}Pb_{ex}$ 比活度将随着沉积物的深度（Z）呈指数衰减,该模式适用恒定通量–恒定沉降速率（CF-CS）模型（Ballestra and Hamilton, 1994）。显然,在许多情况下,在过去的沉积历史中侵蚀和沉积的速度发生了显著变化。在这种情况下,可以预期 $^{210}Pb_{ex}$ 比活度呈非线性衰减。而普遍的研究认为,恒定初始浓度（CIC）模型和恒定供给速率（CRS）模型可用于计算不同沉积物累积速率下的 ^{210}Pb 年代（Ballestra and Hamilton, 1994；Hancock and Hunter, 1999；Sanchez-Cabeza et al., 1999）。

CIC 模型假设湖泊沉积 ^{210}Pb 初始比活度为定值,不同深度的 $^{210}Pb_{ex}$ 随深度呈指数衰减变化。根据式（3.4）,可以直接获得湖泊沉积物的平均沉积年代。

$$t = \frac{1}{\lambda}\ln\left(\frac{A_n}{A_0}\right) \tag{3.4}$$

式中,t 为年龄,a；λ 为 ^{210}Pb 的衰变常数,0.03114 a^{-1}；A_n 为沉积物深度 n 处的 $^{210}Pb_{ex}$ 比活度,Bq/kg；A_0 为沉积物表层的 ^{210}Pb 比活度,Bq/kg。

CRS 模型假设沉积物的 ^{210}Pb 主要来自大气沉降,导致沉积物 ^{210}Pb 处于恒定供应速率状态,而与沉积物累积速率的变化关系不大。该模型计算公式如下：

$$t = \frac{1}{\lambda}\ln\left(\frac{C_n}{C_0}\right) \tag{3.5}$$

式中,t 为年龄,a；λ 为 ^{210}Pb 的衰变常数,0.03114 a^{-1}；C_n 为一定沉积物深度 n 处以下的 $^{210}Pb_{ex}$ 比活度总输入量,Bq/kg；C_0 为沉积物柱芯中 ^{210}Pb 比活度的总蓄积量,Bq/kg。

以上描述了沉积物柱芯中 ^{210}Pb 比活度的分布与沉积物沉积年代或沉降速率相关的不同模型。人为活动加剧导致湖泊沉积过程的变化,恒定供给速率（CRS）模型考虑到沉降速率随深度而变化等因素,且可直接获得每一层对应的沉积年代,适应目前湖泊研究高分辨率研究的要求,因此,本研究将采用 CRS 模型推算湖泊沉积物年代,建立沉积层年代模式。

3.4.5.3 沉积物有机碳、无机碳和 TOC/TN 的测量

称取一部分干燥均质化的沉积物和流域土壤样品 20 mg,通过元素分析仪（Elementar-vario MACRO cube）测定总碳（TC）。另一部分样品用 1.5 mol/L HCl 酸处理 24 h 以去除无机碳,将不含碳酸盐的样品用蒸馏水三次漂洗以除去残余物,并在烘箱 60 ℃ 下干燥 48 h,然后再次通过元素分析仪测定沉积物上的总有机碳（TOC）含量、总氮（TN）含量和 TOC/TN（C/N,原子比）。MACRO 分析仪使用标准物质（B2150 和 AR2026）校准,测量精度为 0.2%。样品中无机碳（IC）的含量为 TC 和 TOC 之间的差值。植物样品同样通过元素分析仪测定其有机碳含量和 C/N 值。

3.4.5.4 沉积物有机碳和无机碳沉积速率的计算

湖泊柱芯沉积物序列的 OCAR 和 ICAR [g/(m²·a)] 的计算公式是

$$\text{OCAR (or ICAR)} = \frac{\partial M_d}{\partial t} = \frac{\rho \times \partial Z/\partial t}{\partial t} \times C \tag{3.6}$$

式中,M_d 为质量深度,g/cm²；t 为时间,a；Z 为深度,cm；ρ 为干密度,g/cm³；C 为有

机碳或无机碳含量，mg/g。

湖泊捕获器沉积物 OCAR 和 ICAR $[g/(m^2 \cdot a)]$ 的计算公式是

$$\text{OCAR(or ICAR)} = k \times C \tag{3.7}$$

式中，k 为干物质质量累积速率，$g/(m^2 \cdot d)$；C 为有机碳（或无机碳）含量，mg/g。

沉积物中干物质质量累积速率 k 的计算公式为

$$k = \frac{m}{a \times t} \tag{3.8}$$

式中，m 为沉积物干物质的质量，g；a 为捕获器容器开口面积，m^2；t 为捕获器收集的时间间隔，d。

3.4.5.5 沉积物稳定碳同位素的测定

抚仙湖沉积物和流域内土壤中有机碳和无机碳的稳定同位素的测定与水体中溶解无机碳稳定同位素值的测定类似，通过 MAT-252/253 质谱仪进行测定。标准样品为国际标样（VPDB），测得的 $\delta^{13}C$ 用千分比单位（‰）表示，测试精度≤0.01‰。其计算公式为

$$\delta^{13}C_{DIC} = [(R_{Sample} - R_{VPDB})/R_{VPDB}] \times 1000 \tag{3.9}$$

式中，R 为样品或标准品的 $^{13}C/^{12}C$ 值。

3.4.5.6 正构烷烃的萃取和分析

称取 5 g 经真空冷冻干燥后的沉积物样品，首先使用二氯甲烷-甲醇混合物（体积比 93:7）进行溶液索氏提取，随后移入聚四氟乙烯分液漏斗中，用正己烷再次提取样品，同时加入无水 Na_2SO_4 充分振荡以减少痕量水的存在。

向浓缩后的总脂样品加入氢氧化钾-甲醇（5:1 皂化剂，KOH-MeOH）溶液 3 mL，液体上方充氮气，并用密封带封口。在水浴锅 70 ℃下皂化 2 h。皂化完毕后待冷却至室温，用 2 mL 正己烷萃取中性部分（含正构烷烃）以将正烷烃从皂化样品中萃取到正己烷中，分层后保留上层（正己烷层），重复 3 次，氮气吹扫浓缩（Waterson and Canuel，2008）。

将活化后的硅胶湿法填入 pipette 管中，高度 4 cm（填充时不能有空隙；填充完毕需不断加入正己烷，保持硅胶浸润）。用 12 mL 正己烷淋洗出柱中的正构烷烃。淋洗后的正构烷烃样品再经氮气吹扫浓缩，待上机测定。

浓缩的正构烷烃样品通过 Agilent 7890A 气相色谱仪（GC）测定。GC 所用色谱柱为 DB-5（柱长 30 m，内径 0.25 mm，涂层 0.25 μm），载气为氮气，检测器为 FID，定量方法采用外标法。GC 设置程序如下：温度在 70 ℃ 保持 1 min，然后以 10 ℃/min 升至 140 ℃，再以 3 ℃/min 升至 310 ℃（保持 15 min）（Mortillaro et al.，2011）。

3.4.5.7 湖泊柱芯沉积物中内外源有机碳的来源比例及沉积速率计算

通常，水生藻类和细菌以短链正构烷烃为主，并以 nC_{15}、nC_{17} 和 nC_{19} 为主峰碳（Giger et al.，1980；Bourbonniere and Meyers，1996；Canuel et al.，1997；Meyers，2003）。最主要的主峰碳一般为 nC_{17}，表明藻类和光合细菌来源（Meyers，1997，2003）。沉水和挺水植

物的正构烷烃通常以 nC_{21}、nC_{23} 和 nC_{25} 为主峰碳，属于中链正构烷烃（Ficken et al.，2000；Meyers，2003），而长链正构烷烃（通常由 nC_{27}、nC_{29} 和 nC_{31} 为代表）已被广泛用作陆地来源的指标（Eglinton and Hamilton，1967；Bourbonniere and Meyers，1996；Meyers，1997，2003；Rao et al.，2014）。抚仙湖沉积物中有机碳包括内源有机碳和外源有机碳。其中，外源有机碳用长链正构烷烃（nC_{27}、nC_{29} 和 nC_{31}）表示。由于云南抚仙湖是高原深水湖泊，湖盆坡度较大，挺水植物非常贫乏，水生生物以浮游生物为主，且在面积较小的沿湖浅水区以沉水植物为主（陈小林等，2015）。在本研究中，我们将以代表水生藻类的短链正构烷烃（nC_{15}、nC_{17} 和 nC_{19}）和代表沉水植物的中链正构烷烃（nC_{21}、nC_{23} 和 nC_{25}）归为内源。因此，内源有机碳的比例可以通过一个简单混合模型建立：

$$R_{auto} = \frac{\sum(nC_{15}+nC_{17}+nC_{19}) + \sum(nC_{21}+nC_{23}+nC_{25})}{\sum(nC_{15}+nC_{17}+nC_{19}) + \sum(nC_{21}+nC_{23}+nC_{25}) + \sum(nC_{27}+nC_{29}+nC_{31})} \tag{3.10}$$

式中，R_{auto} 指内源有机碳所占总有机碳的比例。相应地，$R_{allo}=1-R_{auto}$，即外源有机碳占总有机碳的比例。

也因此可以推导出湖泊柱芯沉积物中内外源有机碳的沉积速率：

$$OCAR_{auto}(or\ OCAR_{allo}) = OCAR \times R_{auto}(or\ R_{allo}) \tag{3.11}$$

式中，$OCAR_{auto}$ 和 $OCAR_{allo}$ 分别为内源和外源有机碳沉积速率，$g/(m^2 \cdot a)$。

3.4.5.8 湖泊捕获器沉积物中内外源有机碳的来源比例及沉积速率计算

C/N 已被证明可以用来评估内源和外源有机物质对湖泊沉积物有机碳的相对贡献（Meyers and Ishiwatari，1993；Meyers，1997，2003）。捕获器沉积物中内外源有机碳的来源比例可以通过以下方程得到：

$$\frac{C_{auto}}{C_{allo}} = \frac{C/N_{auto}}{C/N_{allo}} \times \frac{C/N_i - C/N_{allo}}{C/N_{auto} - C/N_i} \tag{3.12}$$

式中，C_{auto} 和 C_{allo} 分别为内源和外源有机碳占总有机碳的比例；C/N_i 为给定样品的 C/N 值；C/N_{auto} 为流域典型的内源端元值（7.02）；C/N_{allo} 为流域典型的外源端元值（12.71）。

进而，内源和外源有机碳的沉积速率可以通过以下方式计算得出：

$$OCAR_{auto}(or\ OCAR_{allo}) = OCAR \times C_{auto}(or\ C_{allo}) \tag{3.13}$$

式中，$OCAR_{auto}$ 和 $OCAR_{allo}$ 分别为内源和外源有机碳沉积速率，$g/(m^2 \cdot d)$。

3.5 抚仙湖水化学和碳同位素变化特征及影响机制

3.5.1 抚仙湖水体热分层

湖泊学领域学者已经注意到全球变暖趋势对淡水生态系统的影响（Carpenter et al.，1992），其中的影响很可能直接表现为湖泊水体热力学特征的变化（如温跃层的最大深度、温跃层的热梯度、温度范围）。湖泊热力学特征（主要包含热力分层和热力循环）的变化由一系列变量驱动,从湖泊形态(Hanna,1990)到湖泊透明度(Mazumder and Taylor,1994),再到气象条件(Schindler et al.,1990)。湖泊的热力学特征可以通过诸如分层开始时间、温跃层深度、表面平均温度和周转日期等变量来描述。由于热力学特征对于湖泊的生产力很重要(Mazumder and Taylor,1994),特别是热分层将影响湖泊养分循环和初级生产力,因此,湖泊热分层的变化具有生物学意义。具体表现为分层开始的日期变化可能影响春季或秋季生物事件的发生时间(如孵化或产卵);分层持续时间的变化对深水区含氧量有重要影响;温跃层深度的变化将影响冷水和温水物种的栖息地(King et al.,1997)。

云南抚仙湖属高原深水湖泊,由于地处亚热带地区,全年并无冰封期。抚仙湖水温季节性变化较大,在春季、夏季、秋季垂直剖面上存在明显的热分层现象(图3.4),温跃层一般出现在5~12月(付朝晖,2015),分布深度在20~50 m,且随着时间变化而变化。如4月温跃层在水深40~50 m处、7月在30~40 m处、10月在40~50 m处(图3.4)。湖水的热力学分层使湖泊分为表水层(epilimnion)和深水层(hypolimnion)。冬季湖水进入混合期,表水层和深水层的水温差异较小,但也会间歇性出现温跃层。如2017年1月,在约60 m深处出现微弱的温跃层,表层水至60 m深处湖水混合良好,这在其他水化学数据上也有很好的体现。抚仙湖表水层全年温度变化较大,深水层则全年变化较小,湖水水深80 m以下水温平均值为14.43 ℃。而根据前人在抚仙湖长达一个水文年的月度监测研究,发现水深80 m以下水温基本恒定在13.9 ℃(付朝晖,2015),这个结果略低于我们的监测结果,这可能是由于气候条件在不同年份上的差异,及监测点位置、监测时间和频率差异所致。

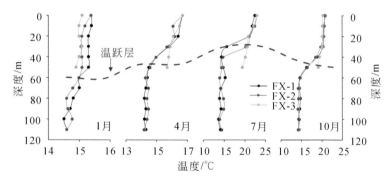

图3.4 抚仙湖FX-1、FX-2和FX-3水温垂直剖面季节变化(蓝色虚线表示温跃层变化)

3.5.2 抚仙湖水化学类型

云南抚仙湖湖水不同季节和深度的pH变化范围为8.5~9.0(表3.3),呈碱性,高于流域内禄充泉(8.5~7.8)和梁王河(8.1~8.5)(表3.3)。水化学数据表明,Ca^{2+}和Mg^{2+}是湖水主要的优势阳离子,平均约占阳离子总量的41.15%和39.59%,K^+和Na^+则分别仅占5.81%和13.46%。阴离子中以HCO_3^-为主,约占阴离子总量的90.68%,而SO_4^{2-}仅占7.05%,NO_3^-<1%。因此,据此判断,抚仙湖水化学类型为舒卡列夫分类法中的HCO_3^-–Ca–Mg型,是典型的喀斯特水。湖北FX-1、湖中FX-2和湖南FX-3三个样点的离子浓度差

异较小，反映了湖水良好的混合性（图3.5）。但湖水 Ca^{2+} 浓度显著低于禄充泉和梁王河，一部分原因是 Ca^{2+} 在湖水中可能发生了沉淀作用。而我们的模型计算结果也说明湖水全年处于方解石过饱和状态（$SI_C>0$），方解石沉积作用显著。

表3.3 禄充泉、梁王河和抚仙湖表层水水化学的季节变化统计

地点	T/℃	pH	EC /(μs/cm)	DO /(mg/L)	[Ca^{2+}] /(mg/L)	[HCO_3^-] /(mg/L)	SI_C	pCO_2 /Pa	$\delta^{13}C_{DIC}$ /‰
抚仙湖表层水	15.0~22.9 (18.9)① [0.2]②	8.5~9.0 (8.8) [0.0]	286.8~318.0 (304.0) [0.0]	7.7~9.0 (8.4) [0.1]	19.4~26.2 (22.9) [0.1]	176.9~207.4 (188.4) [0.1]	0.6~1.1 (0.8) [0.2]	11.7~54.1 (27.0) [0.5]	-1.2~3.6 (-9.6) [2.6]
禄充泉	22.8~27.2 (24.9) [0.1]	7.5~7.8 (7.7) [0.0]	244.0~277.7 (260.6) [0.1]	5.7~6.5 (6.2) [0.0]	34.7~44.5 (39.9) [0.1]	170.8~183.0 (176.9) [0.0]	0.0~0.2 (0.1) [0.8]	314.8~511.7 (378.4) [0.2]	-10.1~-8.2 (-9.1) [0.1]
梁王河	14.0~18.6 (17.0) [0.1]	8.1~8.5 (8.3) [0.0]	301.3~430.0 (363.0) [0.1]	6.3~7.5 (6.8) [0.1]	36.9~64.7 (51.8) [0.2]	170.8~207.4 (184.5) [0.1]	0.3~1.0 (0.7) [0.4]	457.1~1202.3 (870.0) [0.3]	-10.4~-8.0 (-9.6) [0.1]

①平均值；②变异系数（CV）= 标准差/平均值。

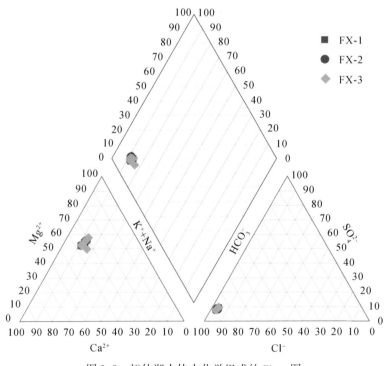

图3.5 抚仙湖水体水化学组成的 Piper 图

抚仙湖湖水水化学类型的主要影响因素是大气降水、岩石风化和蒸发/结晶。其中，Cl^-主要来自蒸发盐岩的溶解（Gibbs，1970）。由于抚仙湖流域主要由震旦纪至晚三叠世的基性火山岩、碳酸盐岩、海陆交互相碎屑岩及陆相含煤建造组成，蒸发岩在该流域几乎没有分布，因此，湖泊中的Cl^-浓度可代表本区大气降水信号的影响。根据Gaillardet等（1999）的研究，认为海水中的Cl^-均来自大气降水，经过Na校正的元素摩尔比值（Cl/Na）接近1.15。而对于抚仙湖，经过校正后的Cl/Na的平均值为0.39（$n=120$），远低于海水的平均值，这说明了来自海洋的大气环流所携带的海盐对云南抚仙湖湖水离子组分的影响非常小。在与中国不同区域湖泊的对比上，抚仙湖Cl/Na低于东部平原地区的鄱阳湖（Cl/Na为0.8），后者受到来自海洋的大气降水和岩石风化共同控制（胡春华等，2011）；高于青藏高原地区的咸水湖纳木错（Cl/Na为0.14）（郭军明等，2012），但与位于日喀则的淡水湖打加芒错（Cl/Na为0.46）（王鹏等，2013）较为相近，说明咸水湖普遍受控于蒸发-结晶，而内陆高原淡水湖（如抚仙湖、打加芒错等）受蒸发-结晶和大气降水的控制较小。

全球硅酸盐岩地区发育或流经的河流Ca/Na较低（约0.35±0.15），这是由于Na较易于Ca溶解所致，与此同时，HCO_3^-/Na约为2±1，Mg/Na约为0.24±0.12（Gaillardet et al.，1999）。而在单一的碳酸盐岩地区河流等水体中，Ca/Na、HCO_3^-/Na和Mg/Na（分别约为50、10和120）均高于硅酸盐岩地区（Stallard and Edmond，1987；Gaillardet et al.，1999）。云南抚仙湖的Ca/Na平均值为1.76（$n=120$），HCO_3^-/Na平均值为9.10（$n=120$），Mg/Na的平均值为2.82（$n=120$）（图3.6）。同时，由于碳酸盐的溶解速率是硅酸盐的100倍以上（Plummer et al.，1978；Liu and Dreybrodt，1997；Kump，2000），以及越来越多的研究发现硅酸盐岩流域中微量碳酸盐矿物的风化在控制流域溶解无机碳等水化学指标的重要性（White et al.，1999；Das et al.，2005；曾庆睿和刘再华，2017；Liu et al.，2018），这些均说明一点，即云南抚仙湖的水化学特征受到碳酸盐矿物和硅酸盐矿物风化的影响，但可能来自碳酸盐矿物风化的贡献占据主导地位。

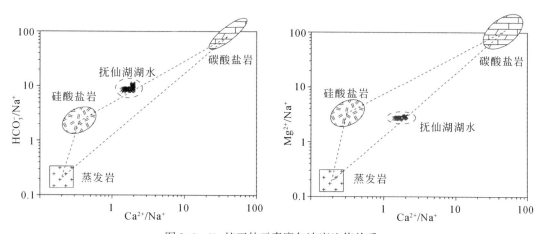

图3.6 Na校正的元素摩尔浓度比值关系

对碳酸盐岩、硅酸盐岩和蒸发岩的不同端元定义来自Gaillardet et al.，1999

3.5.3 抚仙湖水化学和同位素特征及影响因素

湖泊水体的环境地球化学特征是湖泊的重要特征，其主要通过水体水化学指标体现，不仅能够揭示湖泊溶解质的来源，同时还可以指示该区域气候和环境的演变。了解湖泊水化学特征对全面认识湖泊碳循环过程和机制具有重要作用。湖泊水体水化学指标主要包括 pH、EC、DO、$[Ca^{2+}]$、$[HCO_3^-]$、SI_c、pCO_2 等。湖泊水化学的物理和化学参数变化主要受控于地表水和地下水输入、温度、水-气界面之间的气体交换、方解石沉积和溶解以及水生生物的光合与呼吸作用（Gibbs, 1970; Kilham, 1990）。下面将从抚仙湖表层水和垂直深度水化学与同位素变化两个方面进行讨论。

3.5.3.1 抚仙湖表层水水化学变化特征及影响因素

表 3.3 和图 3.7 总结了禄充泉、梁王河和抚仙湖表层水水化学的季节变化特征。禄充泉和梁王河的所有参数均表现出很小的季节变化，变异系数（CV）通常<1（表 3.3）。由于抚仙湖表层水体 pH 的平均值为 8.8，在这种酸碱条件下，使得表层水的 DIC 主要由 HCO_3^- 组成，占 DIC（HCO_3^-、CO_{2aq} 和 CO_3^{2-}）总量的 90% 以上，因此，抚仙湖表层水的 HCO_3^- 可以用 DIC 代替。河流中的 DIC 主要来自碳酸盐风化、土壤 CO_2 及大气 CO_2，湖水中的 DIC 主要来自河流或地下水等外源输入、湖泊有机质分解、水生生物呼吸作用产出的 CO_2 的溶解，甚至包括方解石溶解（抚仙湖全年方解石过饱和，因此不存在方解石溶解的情况）。湖水 DIC 的主要去向包括 CO_2 脱气作用、水生生物光合作用对 CO_{2aq} 的吸收及方解石的饱和沉积（Ludwig et al., 1996; Cole et al., 2007）。在 2017 年 1~10 月期间，抚仙湖表层水 DIC 浓度范围在 176.90~207.40 mg/L 变化，平均值为 188.4 mg/L（表 3.3）。从空间上看，湖中三个点的 DIC 浓度变化差异较小（图 3.7）。时间上，自 2017 年 1 月至 4 月间 DIC 浓度迅速增加，并在 4 月至 10 月期间缓慢下降。虽然梁王河和抚仙湖表层水的 DIC 浓度区别较小，但梁王河 DIC 浓度的变异系数相对于禄充泉和抚仙湖表层水还是表现出相对较高的变幅（图 3.7，表 3.3）。尤其在 2017 年 4 月，梁王河 DIC 浓度相对 1 月出现突增，这是因为春季陆地植被和农作物生长处于开始阶段，土壤根呼吸作用强烈，使土壤中 CO_2 浓度迅速增加，并进一步使进入岩溶水系统中的 DIC 浓度增加。而这种迅速的增加也表现在流经该区域的河水中。泉水中的 DIC 虽也主要来自碳酸盐溶解和土壤 CO_2，但其岩溶地下水系统对外界气候环境变化的缓冲作用，导致禄充泉水 DIC 浓度的季节波动明显低于前两者，其变异系数接近于 0（表 3.3）。

抚仙湖表层水体 DO 在采样期间的变化范围在 7.7~9.0，平均值为 8.4（表 3.3）。空间上，湖中三个点的 DO 几乎无差异（图 3.7）。从时间上看，从 2017 年 1 月至 4 月 pCO_2 迅速增加，并在 4~10 月处在较高值区域且呈缓慢回落的态势。DO 是溶解在水中的游离、非化合态的分子氧，它对水生生物的生长繁殖具有重要作用，其主要来源于大气复氧（当水体中 DO 处于不饱和状态，空气中的氧将进入水体对其进行补充，这个过程称为复氧）和水生生物光合作用产生的氧。而抚仙湖表层水体 DO 不同季节均高于禄充泉（平均值 6.2）和梁王河（平均值 6.8），说明湖水中的初级生产力高于该流域的河水和泉水。与之

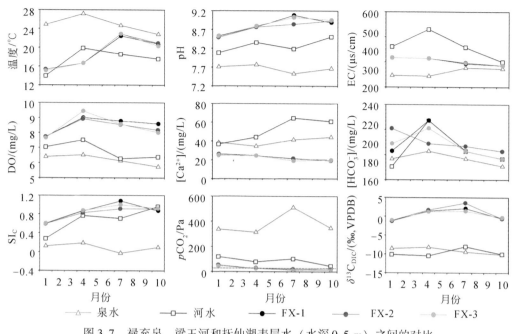

图 3.7 禄充泉、梁王河和抚仙湖表层水（水深 0.5 m）之间的对比
虚线代表与大气平衡的 CO_2 浓度

相对应，抚仙湖表层水体 pCO_2 呈现完全相反的趋势。抚仙湖表层水体 pCO_2 在 11.7~54.1 Pa，平均值为 27.0 Pa（表 3.3）。湖中三个点的 pCO_2 差异很小且在 2017 年 1 月至 10 月大致有一个下降的趋势（图 3.7）。梁王河和禄充泉的 pCO_2 与湖表层水在时间上趋势相反，这说明无论是河流还是泉水均无法解释抚仙湖表层水 pCO_2 的变化。而水体 pCO_2 和初级生产力高度相关（袁希功等，2013），反映出抚仙湖表层水体受到相对较强的水生生物作用。

抚仙湖相对于流域其他水体较强的水生生物作用，也促使其 pH 高于禄充泉和梁王河（图 3.7，表 3.3），这是由于水生生物尤其是浮游植物，它们在光合作用中释放的氧气可电离出氢氧根，进而增加水体的 pH（莫美仙等，2007）。在 2017 年 1 月至 10 月期间，抚仙湖表层水体 pH 在 8.5~9.0 波动，平均值为 8.8。FX-1、FX-2 和 FX-3 样点的 pH 表现出高度一致并在夏秋季节呈现缓慢升高的趋势（图 3.7）。而梁王河和禄充泉的 pH 较低且变幅较小，CV 接近于 0（表 3.3）。此外，随着湖水 pH 越来越高，湖水越来越偏碱性。与之相对应，抚仙湖表层水表现出相对较高的 SI_C 和较低的 $[Ca^{2+}]$ 与 EC，尤其在夏季表现更为明显（图 3.7）。抚仙湖不同区域的 SI_C 在采样周期内变化一致，范围在 0.60~1.1，平均值是 0.8，高于禄充泉（平均值 0.1）和梁王河（平均值 0.7）（表 3.3）。抚仙湖 $[Ca^{2+}]$ 的变幅在 19.4~26.2 mg/L，平均值为 22.9 mg/L，低于禄充泉（平均值 39.9 mg/L）和梁王河（平均值 51.8 mg/L）（表 3.3）。抚仙湖 EC 的变幅在 286.8~318.0 μs/cm，平均值是 304 μs/cm，低于梁王河（平均值 363 μs/cm）却高于禄充泉（260.6 μs/cm）（表 3.3）。数据显示，禄充泉的 EC 低于抚仙湖，但其 $[Ca^{2+}]$ 却高于抚仙湖（图 3.7），这是由于禄充泉发育于石灰岩地区，方解石的溶解作用导致其 $[Ca^{2+}]$ 较高。而抚仙湖水则受到方解石、白云石以及硅酸盐风化的共同影响，如湖水的 $[Mg^{2+}]$ 平均值为

22.57 mg/L，远高于禄充泉的 8.90 mg/L；[Na$^+$] 的平均值为 7.65 mg/L，也远高于禄充泉的 2.18 mg/L。

整体上，虽然进入湖泊的最大河流梁王河呈现出水化学参数的季节性波动，与抚仙湖表层水的趋势一致（图 3.7）。然而，部分数据如 [Ca^{2+}]，其变化趋势则与抚仙湖恰恰相反。数据显示，禄充泉全年变幅较小，更是无法解释抚仙湖表层水水化学的变化。另外，如前面提到的，抚仙湖水面开阔，库容量巨大，且集水区面积小，同时抚仙湖的地表输入水源仅是多条短促的小河（王苏民和窦鸿身，1998），这些均表明外部输入对湖泊水体的影响较小，反过来也可说明湖泊水体对外部输入具有强烈的缓冲作用。因此，抚仙湖表层水，尤其是垂直剖面上的水化学变化更多的是受到湖体自身水生生态系统影响。

3.5.3.2 抚仙湖垂直剖面水化学的变化特征和影响因素

图 3.8 和表 3.4 展示了在 2017 年整个水文年期间抚仙湖湖北 FX-1、湖中 FX-2 和湖南 FX-3 三个采样点不同季节不同深度 pH、EC、DO、[Ca^{2+}]、[HCO$_3^-$]、SI$_C$ 和 pCO$_2$ 的动态变化。抚仙湖 pH 的垂直变化范围是 8.2~9.1，平均值为 8.6（n=120），HCO$_3^-$ 占 DIC 总含量的 90% 以上，因此，可以用 DIC 代替 HCO$_3^-$。FX-1、FX-2 和 FX-3 不同水深的 DIC 含量差异较小。在季节上，1 月（均值为 183.41 mg/L，n=30）和 4 月（均值为 198.25 mg/L，n=30）的 DIC 浓度整体略高于 7 月（均值为 182.61 mg/L，n=30）和 10 月（均值为 179.34 mg/L，n=30）（表 3.4，图 3.8），这与国内外很多湖泊 DIC 浓度的季节变化趋势一致（Wachniew and Różanski，1997；Li and Zhang，2009）。其原因可能主要来自两个方面：①夏季降水多，河流径流量大，对湖水 DIC 浓度产生了稀释效应；②水生系统中水生生物对 DIC 的吸收和利用。对于后者，虽然 DIC 主要以 HCO$_3^-$ 的形式存在，游离态的 CO$_2$ 占 DIC 的总量<1%，然而大多数浮游植物可通过 CCM 机制积极吸收 HCO$_3^-$，并可利用碳酸酐酶（CA）促使 HCO$_3^-$ 转化为细胞内外的游离态 CO$_2$（Reinfelder，2011）然后对其吸收。湖水的热力学分层使湖泊分为表水层和深水层。在垂直剖面上，表水层 DIC 浓度的变幅较小，且很多垂直曲线波动无规则（图 3.8）。这是由于 DIC 浓度的测定由现场人工滴定完成，在湖水 DIC 浓度变幅较小的情况下，来自人为误差的影响可能较大。但我们依然可以注意到，2017 年 10 月表水层的 DIC 浓度明显低于深水层。表水层的透光度高，湖泊生态系统中的浮游生物主要分布在这一区域，其光合作用强烈，对 DIC 的吸收和利用因此也较多。

研究者发现许多湖泊水体中的二氧化碳处于过饱和状态，并不断地向大气排放二氧化碳（Cole et al.，1994；Sobek et al.，2005）。Cole 等（1994）估计湖水中平均的 pCO$_2$ 可能是大气的三倍。然而，我们的研究结果表明，在监测期间（2017 年 1~10 月），抚仙湖同时存在 CO$_2$ 脱气和汇入（表 3.4，图 3.8）。湖中不同监测点之间的时空差异很小（图 3.8）。季节上，1 月（均值为 61.22 Pa，n=30）>4 月（均值为 45.50 Pa，n=30）>10 月（均值为 29.41 Pa，n=30）>7 月（均值为 28.83 Pa，n=30）（表 3.4）。显然地，抚仙湖在 2017 年的 1 月和 4 月整体表现出碳源的特征，其 pCO$_2$ 在不同水深的平均值高于大气（约 40 Pa）。而在 7 月和 10 月，pCO$_2$ 在不同水深的平均值低于大气（图 3.8），这又是一个碳汇过程。再从 pCO$_2$ 的垂直分布上看，表水层的 pCO$_2$ 无论是在冬季还是夏季均低于深

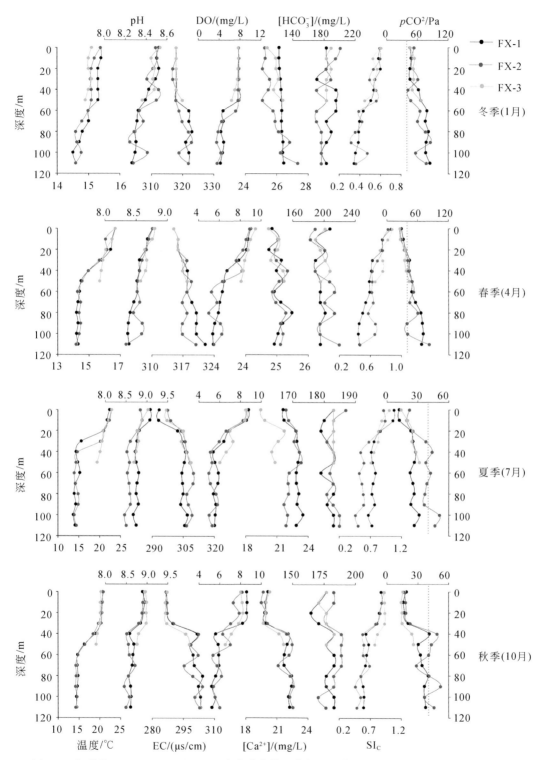

图 3.8 抚仙湖 FX-1、FX-2 和 FX-3 水化学参数垂直剖面在各季节的变化（2017 年 1~10 月）

虚线代表与大气平衡的 CO_2 浓度

表 3.4 抚仙湖不同深度理化参数的季节变化统计

样品编号	深度/m	T/℃	pH	EC/(μs/cm)	DO/(mg/L)	[Ca^{2+}]/(mg/L)	[HCO_3^-]/(mg/L)	SI_C	pCO_2/Pa	$\delta^{13}C_{DIC}$/‰
FX-1-1	0	15.4~22.4 (18.8)①[0.2]②	8.5~9.1 (8.8)[0.0]	286.8~318.0 (303.3)[0.0]	7.7~9.0 (8.5)[0.1]	20.1~26.2 (23.2)[0.1]	176.9~207.4 (187.6)[0.1]	0.6~1.1 (0.9)[0.2]	117.5~457.1 (261.3)[0.5]	-1.2~2.1③ (0.4)[3.1]
FX-1-2	10	15.4~21.8 (18.6)[0.1]	8.5~9.1 (8.8)[0.0]	286.7~318.0 (303.5)[0.0]	7.8~8.8 (8.4)[0.0]	19.9~26.1 (23.2)[0.1]	170.8~189.1 (180.7)[0.0]	0.6~1.1 (0.8)[0.2]	118.3~479.7 (269.7)[0.5]	-1.2~1.6 (0.2)[5.8]
FX-1-3	20	15.3~20.9 (18.3)[0.1]	8.5~8.9 (8.7)[0.0]	287.5~318.0 (306.0)[0.0]	7.6~8.2 (8.0)[0.1]	19.8~26.2 (23.4)[0.1]	164.7~201.3 (182.0)[0.1]	0.6~0.9 (0.8)[0.1]	168.7~457.1 (306.8)[0.4]	-1.2~1.6 (0.2)[4.8]
FX-1-4	30	15.3~20.3 (16.7)[0.1]	8.5~8.8 (8.7)[0.0]	290.0~318.0 (307.4)[0.0]	7.4~8.2 (7.6)[0.1]	19.9~26.2 (23.6)[0.1]	170.8~189.1 (177.9)[0.0]	0.6~0.8 (0.7)[0.2]	203.7~458.1 (338.5)[0.3]	-1.3~1.5 (0.2)[4.8]
FX-1-5	40	14.4~18.9 (15.9)[0.1]	8.4~8.7 (8.6)[0.0]	301.7~318.0 (311.0)[0.0]	5.4~7.8 (6.4)[0.1]	22.1~26.3 (24.1)[0.1]	183.0~195.2 (187.6)[0.0]	0.5~0.7 (0.6)[0.1]	278.0~619.4 (436.5)[0.3]	-1.2~0.9 (-0.3)[3.0]
FX-1-6	50	14.5~16.3 (15.2)[0.0]	8.4~8.7 (8.6)[0.0]	298.3~318.0 (310.0)[0.0]	5.5~7.8 (6.4)[0.1]	22.0~26.3 (24.1)[0.1]	176.9~195.2 (187.6)[0.0]	0.5~0.7 (0.6)[0.1]	265.5~665.3 (431.9)[0.4]	-1.2~1.2 (-0.2)[6.0]
FX-1-7	60	14.4~15.3 (14.8)[0.0]	8.3~8.8 (8.6)[0.0]	299.7~322.0 (311.0)[0.0]	4.7~6.3 (5.7)[0.1]	21.7~26.3 (24.0)[0.1]	179.0~195.2 (188.1)[0.0]	0.4~0.8 (0.6)[0.2]	224.4~783.4 (453.6)[0.5]	-1.7~1.1 (-0.3)[4.7]
FX-1-8	70	14.3~15.0 (14.5)[0.0]	8.3~8.8 (8.5)[0.0]	300.3~322.0 (311.5)[0.0]	4.8~6.0 (5.6)[0.1]	21.7~26.3 (24.0)[0.1]	183.0~195.2 (186.6)[0.0]	0.4~0.7 (0.6)[0.2]	251.2~751.6 (475.2)[0.4]	-1.7~1.8 (0.0)[30.4]
FX-1-9	80	13.9~14.8 (14.4)[0.0]	8.3~8.7 (8.5)[0.0]	304.3~323.0 (313.1)[0.0]	4.3~5.9 (5.3)[0.1]	22.4~26.3 (24.3)[0.1]	176.9~201.3 (187.6)[0.0]	0.4~0.7 (0.5)[0.2]	263.0~812.8 (534.9)[0.4]	-1.8~1.6 (-0.2)[6.2]
FX-1-10	90	14.3~14.7 (14.5)[0.0]	8.3~8.8 (8.5)[0.0]	302.3~321.0 (311.8)[0.0]	4.8~5.6 (5.3)[0.1]	22.4~26.4 (24.2)[0.1]	176.9~195.2 (184.0)[0.0]	0.4~0.8 (0.5)[0.3]	230.7~767.4 (513.0)[0.4]	-1.5~1.7 (-0.1)[14.4]

第3章 近百年来云南抚仙湖生物碳泵效应的沉积记录

续表

样品编号	深度/m	$T/℃$	pH	EC/(μS/cm)	DO/(mg/L)	[Ca^{2+}]/(mg/L)	[HCO_3^-]/(mg/L)	SI_C	pCO_2/Pa	$\delta^{13}C_{DIC}$/‰
FX-1-11	100	13.7~14.5 (14.2) [0.0]	8.3~8.7 (8.5) [0.0]	303.3~322.0 (313.1) [0.0]	4.6~5.6 (5.3) [0.1]	22.1~26.4 (24.3) [0.1]	176.9~195.2 (184.5) [0.0]	0.4~0.7 (0.5) [0.2]	311.9~758.6 (536.2) [0.4]	-1.7~1.2 (-0.2) [5.3]
FX-1-12	110	14.1~14.6 (14.4) [0.0]	8.3~8.7 (8.5) [0.0]	303.3~322.0 (313.3) [0.0]	4.2~5.5 (5.1) [0.1]	22.2~26.5 (24.1) [0.1]	183.0~195.2 (186.0) [0.0]	0.3~0.7 (0.5) [0.3]	263.6~841.4 (538.8) [0.4]	-1.6~1.8 (-0.1) [21.3]
FX-2-1	0	15.4~22.9 (19.0) [0.2]	8.5~8.9 (8.8) [0.0]	287.1~318.0 (304.5) [0.0]	7.7~9.0 (8.4) [0.1]	19.7~25.3 (22.9) [0.1]	183.0~201.3 (190.1) [0.0]	0.6~0.9 (0.8) [0.2]	169.8~540.8 (297.8) [0.5]	-1.1~3.1 (0.8) [2.1]
FX-2-2	10	15.2~22.5 (18.6) [0.2]	8.5~8.9 (8.8) [0.0]	287.4~318.0 (305.2) [0.0]	7.8~8.6 (8.0) [0.1]	19.5~25.3 (23.0) [0.1]	183.0~195.2 (186.0) [0.0]	0.6~0.9 (0.8) [0.2]	182.8~498.9 (291.4) [0.4]	-1.3~2.9 (0.5) [3.2]
FX-2-3	20	15.1~21.1 (18.2) [0.1]	8.5~8.9 (8.7) [0.0]	287.5~317.0 (306.2) [0.0]	6.7~8.3 (7.6) [0.1]	20.0~25.1 (23.2) [0.1]	176.9~201.3 (186.0) [0.0]	0.5~0.9 (0.8) [0.2]	185.8~515.2 (326.6) [0.4]	-1.2~1.6 (0.2) [5.1]
FX-2-4	30	15.1~20.3 (17.7) [0.1]	8.4~8.8 (8.6) [0.0]	290.6~317.0 (308.0) [0.0]	6.0~7.7 (7.1) [0.1]	20.1~25.6 (23.3) [0.1]	176.9~201.3 (187.1) [0.0]	0.5~0.9 (0.7) [0.2]	226.5~613.8 (409.5) [0.3]	-1.2~2.1 (0.3) [5.3]
FX-2-5	40	14.8~18.5 (15.9) [0.1]	8.5~8.6 (8.5) [0.0]	302.6~318.0 (311.2) [0.0]	5.2~8.2 (6.8) [0.2]	22.0~25.5 (24.0) [0.1]	170.8~189.1 (183.0) [0.0]	0.6~0.8 (0.6) [0.1]	425.60~489.8 (446.4) [0.1]	-1.3~1.4 (-0.1) [18.8]
FX-2-6	50	14.5~16.5 (15.2) [0.0]	8.5~8.6 (8.5) [0.0]	298.9~318.0 (311.1) [0.0]	5.3~7.7 (6.6) [0.1]	22.5~25.1 (24.0) [0.0]	183.0~207.4 (190.6) [0.0]	0.6~0.6 (0.6) [0.0]	381.9~501.2 (449.1) [0.0]	-1.3~2.8 (0.2) [7.5]
FX-2-7	60	14.0~15.0 (14.5) [0.0]	8.3~8.6 (8.5) [0.0]	302.4~319.0 (312.4) [0.0]	5.0~7.2 (5.7) [0.2]	22.2~25.8 (23.8) [0.1]	170.8~213.5 (188.9) [0.0]	0.4~0.6 (0.5) [0.2]	407.4~656.2 (504.6) [0.2]	-1.6~1.3 (-0.3) [4.2]
FX-2-8	70	14.3~14.8 (14.5) [0.0]	8.4~8.7 (8.6) [0.0]	295.7~320.0 (310.7) [0.0]	4.5~5.8 (5.3) [0.1]	21.2~25.9 (23.5) [0.1]	170.8~201.3 (186.1) [0.0]	0.4~0.7 (0.6) [0.2]	287.7~610.9 (435.6) [0.3]	-1.5~1.8 (0.0) [1210.3]

续表

样品编号	深度/m	$T/℃$	pH	EC/(μS/cm)	DO/(mg/L)	[Ca^{2+}]/(mg/L)	[HCO_3^-]/(mg/L)	SI_C	pCO_2/Pa	$\delta^{13}C_{DIC}$/‰
FX-2-9	80	14.4~14.9 (14.6) [0.0]	8.3~8.6 (8.5) [0.0]	299.8~322.0 (311.7) [0.0]	3.9~6.2 (5.2) [0.2]	22.2~26.1 (24.0) [0.1]	176.9~213.5 (188.6) [0.1]	0.4~0.6 (0.5) [0.2]	371.5~760.3 (538.1) [0.3]	−1.7~1.9 (0.1) [28.0]
FX-2-10	90	14.3~15.0 (14.6) [0.0]	8.2~8.6 (8.5) [0.0]	304.5~323.0 (313.1) [0.0]	3.6~6.1 (5.2) [0.2]	21.7~26.8 (24.1) [0.1]	176.9~195.2 (184.5) [0.0]	0.3~0.7 (0.5) [0.3]	366.4~855.1 (535.8) [0.4]	−1.7~2.1 (0.1) [11.0]
FX-2-11	100	14.0~14.8 (14.5) [0.0]	8.4~8.6 (8.5) [0.0]	300.8~319.0 (311.6) [0.0]	4.4~6.3 (5.2) [0.1]	22.1~26.3 (24.0) [0.1]	170.8~195.2 (182.0) [0.0]	0.5~0.7 (0.5) [0.1]	367.3~571.5 (465.3) [0.2]	−1.4~1.7 (0.0) [37.1]
FX-2-12	110	14.2~14.6 (14.4) [0.0]	8.3~8.5 (8.4) [0.0]	303.1~322.0 (313.0) [0.0]	3.7~5.5 (5.0) [0.2]	21.9~27.4 (24.2) [0.1]	176.9~219.6 (189.6) [0.1]	0.4~0.5 (0.5) [0.1]	460.3~833.7 (635.0) [0.3]	−1.9~2.1 (−0.1) [24.0]
FX-3-1	0	15.1~22.9 (18.8) [0.2]	8.5~9.0 (8.8) [0.0]	287.3~318.0 (304.3) [0.0]	7.7~9.5 (8.4) [0.1]	19.4~25.4 (22.5) [0.1]	176.9~201.3 (187.6) [0.0]	0.6~1.0 (0.9) [0.2]	135.5~459.2 (251.1) [0.5]	−1.0~1.4 (0.3) [3.1]
FX-3-2	10	15.0~22.1 (18.5) [0.2]	8.5~9.0 (8.8) [0.0]	286.4~318.0 (304.4) [0.0]	7.7~9.0 (8.3) [0.1]	19.8~25.9 (22.7) [0.1]	170.8~189.1 (181.5) [0.0]	0.5~0.9 (0.8) [0.2]	138.0~539.5 (285.4) [0.5]	−1.2~1.8 (0.4) [2.8]
FX-3-3	20	15.0~20.9 (18.0) [0.1]	8.5~9.0 (8.7) [0.0]	286.5~318.0 (306.4) [0.0]	7.0~8.8 (7.9) [0.1]	19.9~26.0 (23.2) [0.1]	176.9~195.2 (186.0) [0.0]	0.6~0.9 (0.8) [0.2]	146.6~517.6 (319.7) [0.4]	−1.1~1.4 (0.3) [3.2]
FX-3-4	30	15.1~20.6 (17.9) [0.1]	8.5~9.0 (8.7) [0.0]	287.1~318.0 (306.6) [0.0]	7.3~8.0 (7.7) [0.0]	19.7~26.1 (22.9) [0.1]	176.9~201.3 (186.0) [0.0]	0.5~0.9 (0.8) [0.2]	146.9~526.0 (316.1) [0.4]	−1.0~1.4 (0.3) [3.4]
FX-3-5	40	15.0~20.2 (17.6) [0.1]	8.5~8.8 (8.7) [0.0]	296.2~318.0 (309.5) [0.0]	6.6~7.7 (7.1) [0.0]	20.5~25.8 (23.2) [0.1]	183.0~207.4 (189.1) [0.1]	0.6~0.8 (0.7) [0.1]	239.3~501.2 (350.1) [0.3]	−1.1~1.8 (0.2) [5.8]
FX-3-6	50	14.9~19.4 (17.3) [0.1]	8.4~8.8 (8.6) [0.0]	298.0~320.0 (311.2) [0.0]	6.0~6.5 (6.5) [0.1]	20.8~26.4 (23.5) [0.1]	176.9~195.2 (184.5) [0.0]	0.5~0.8 (0.6) [0.2]	255.3~668.3 (418.2) [0.4]	−1.1~1.2 (0.0) [116.2]

①平均值；②变异系数=标准差/平均值；③同位素样品测试值。

水层，一个显著的特点是随着温跃层深度的变化而变化并在温跃层位置表现出突变。如 2017 年 10 月，0~30 m 这个水深剖面的 pCO$_2$ 稳定不变，平均值为 17.23 Pa（$n=12$），但在温跃层（30~40 m）位置突然增加，均值达 33.01 Pa（$n=3$），并在 40 m 以下水深保持稳定（图 3.8）。这些似乎可以说明抚仙湖是一个"呼吸湖"，并不是单纯地释放 CO$_2$。有意思的是，抚仙湖的 DO 在时空上表现出与 pCO$_2$ 相反的趋势（图 3.9）。三个监测点之间的 DO 变化特征依然保持高度一致，虽然季节上不同深度的 DO 其平均值差异很小，但不同深度上的 DO 随着温跃层位置的变化明显。在监测采样期间，表水层的 DO 显著高于深水层（图 3.8）。同时，本研究观察到抚仙湖的 pCO$_2$ 和 DO 在不同季节均表现出很强的负相关（1 月，$R^2=0.70$，$P<0.0001$，$n=30$；4 月，$R^2=0.73$，$P<0.0001$，$n=30$；7 月，$R^2=0.61$，$P<0.0001$，$n=30$；10 月，$R^2=0.70$，$P<0.0001$，$n=30$）（图 3.9），表明夏季表水层以其强烈的水生生物光合作用（DO 含量可作为光合作用强度的指标）导致湖水直接或间接地从大气吸收二氧化碳，这可能是一个重要的碳汇。该过程类似于海洋生态系统中的二氧化碳汇（Passow and Carlson，2012），即在真光层（photic zone），水生植物，如浮游植物通过光合作用消耗水中的二氧化碳并产生氧气，随着深度的增加，光照度降低，水生光养生物的光合代谢逐渐减弱。

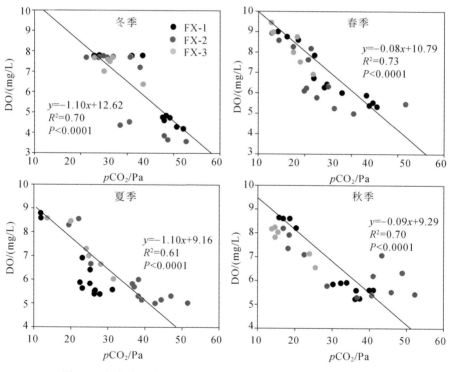

图 3.9 抚仙湖在冬季、春季、夏季和秋季其 pCO$_2$ 和 DO 的关系

虽然抚仙湖全年均处于方解石饱和状态，但夏秋季节的 SI$_c$ 高于冬春季节（图 3.8）。具体体现为 7 月（均值为 0.75，$n=30$）>10 月（均值为 0.72，$n=30$）>4 月（均值为 0.66，$n=30$）>1 月（均值为 0.49，$n=30$）（表 3.4）。与此同时，全年表水层的 SI$_c$ 相较

于深水层值更大，这将促进夏秋季节表水层更强烈的方解石沉积，又进一步降低其[Ca^{2+}]和EC。其中，[Ca^{2+}]在7月和10月的平均值分别为22.18 mg/L（$n=30$）、21.21 mg/L（$n=30$），低于1月（均值为25.04 mg/L，$n=30$）和四月（均值为25.05 mg/L，$n=30$）（表3.4）；EC在7月和10月的平均值分别为303.31 μs/cm（$n=30$）、295.54 μs/cm（$n=30$），低于1月（均值为319.37 μs/cm，$n=30$）和4月（均值为317.53 μs/cm，$n=30$）（表3.4）。[Ca^{2+}]和EC在垂直剖面上趋势一致，即表水层低深水层高，这与SI_C的表现截然相反（图3.8）。冬春季混合期由于降水量小，径流减少，蒸发旺盛，SI_C在理论上应该偏高。如在欧洲Gosciaz湖观察到，其夏秋季节的SI_C明显低于春季（Wachniew and Różański，1997）。然而这却与抚仙湖的实际监测相反，其原因可能是由于湖泊水生生态系统中水生生物光合作用在夏秋季节更强烈的作用所致。而这又可以推导出，即造成DIC浓度、[Ca^{2+}]和EC在夏秋季节的降低的原因并非其来自稀释效应的控制（否则SI_C也应降低），水生生物的光合作用可能才是更主要的控制因子。

3.5.3.3 抚仙湖溶解无机碳稳定同位素的时空变化特征和影响机制

图3.10展示了2017年1~10月期间湖泊垂直剖面$\delta^{13}C_{DIC}$的变化特征。湖中监测点FX-1、FX-2和FX-3之间的差异较小。季节上，7月（均值为1.63‰，$n=30$）>4月（均值为1.02‰，$n=30$）>10月（均值为-0.87‰，$n=30$）>1月（均值为-1.37‰，$n=30$）（表3.4，图3.10）。在垂直剖面上，由于1月处于湖水混合期，所以$\delta^{13}C_{DIC}$的变率也是最小的，尤其在0~60m的深度范围内。随着混合期的消逝，温跃层上移，$\delta^{13}C_{DIC}$也逐渐偏重(图3.10)。研究认为，$\delta^{13}C_{DIC}$的变化一般受控于DIC的来源（Han et al.，2010），因此，湖泊$\delta^{13}C_{DIC}$的主要控制因素是：①河流和地下水的贡献；②水-气界面的二氧化碳交换；③碳酸盐矿物的沉积或溶解；④有机物降解；⑤水生生物的光合呼吸作用（McKenzie et al.，1985；Xu et al.，2006；Lamb et al.，2007；Falkowski and Raven，2013；Chen et al.，2018）。

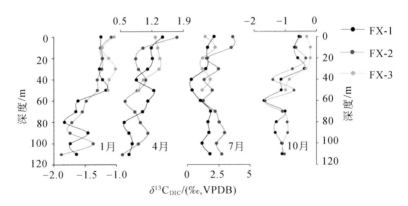

图3.10 抚仙湖FX-1、FX-2和FX-3的$\delta^{13}C_{DIC}$季节变化对比（2017年1~10月）

禄充泉的$\delta^{13}C_{DIC}$表现出微弱的季节性变化（$CV=0.1$），且在夏秋季节其值最负（图3.7）。在pH中也观察到这种季节性变化，这可能是土壤中生物活性的季节性变化造成的。在夏季，土壤层中更多生物成因的 CO_2 溶解于水并进入表层岩溶系统，随着较多的 CO_2 进入岩溶地下水中，导致对碳酸岩的溶蚀作用加强，而产生的 HCO_3^- 中有一半来自生物成因的 CO_2（刘再华，2012）。禄充泉 $\delta^{13}C_{DIC}$ 的变化范围是 $-8.19‰ \sim -10.13‰$，平均值为 $-9.07‰$，其值介于典型的海洋碳酸盐（0）和有机物（$-28‰$）的 $\delta^{13}C_{DIC}$ 之间。与禄充泉类似，梁王河的 $\delta^{13}C_{DIC}$ 的变化范围是 $-7.99 \sim -10.42‰$，季节性变化差异较小（CV=0.1），平均值为 $-9.61‰$，说明整体上受碳酸盐溶解和土壤 CO_2 的共同影响。夏季，梁王河的 $\delta^{13}C_{DIC}$ 最正，$[Ca^{2+}]$ 的增加似乎可以说明是碳酸盐的溶解作用加强所致，然而这却无法在 DIC 浓度的变化上得到印证（图 3.7）。土壤 CO_2 主要来自微生物作用、植物根呼吸作用和植物残体的氧化分解产生的 CO_2，其保留着土壤中有机质成分的同位素信号，与上覆植被的发育特点直接相关（Cerling et al.，1991）。因此，土壤 CO_2 的碳同位素可以反映上覆 C_3 和 C_4 植被的生物量比例（Cerling，1984）。梁王河流经农耕区，农作物栽培植被中的 C_4 植被（如玉米）的值较偏正（$-15‰ \sim -9‰$），因此，很可能导致土壤 CO_2 的碳同位素值偏正，进而影响梁王河的 $\delta^{13}C_{DIC}$。另外，夏季梁王河 DO 较低，说明水体水生生物光合作用并不旺盛，显示河流本身的生物作用并未对河流 $\delta^{13}C_{DIC}$ 的变化造成影响。在本研究中，抚仙湖流域典型泉水和河水的 $\delta^{13}C_{DIC}$ 变异系数较小（禄充泉，0.1；梁王河，0.1）（表 3.3），虽与抚仙湖表层水的变化趋势一致，但无法解释抚仙湖表层水的巨大变幅（CV=0.56），更无法解释湖水不同季节和深度 $\delta^{13}C_{DIC}$ 的变化（CV：$-1210.27 \sim 37.06$）（表 3.4）。

正如前面已经指出的那样，在冬季 1 月混合期，抚仙湖表层水的 pCO_2 最高（均值为 61.22 Pa＞大气压 40 Pa），同时 pH 最低（均值为 8.41），这将有利于 CO_2 从水体释放到大气，而这也将导致水体的 $\delta^{13}C_{DIC}$ 偏正。然而，这与我们在抚仙湖的监测结果不符。此外，一些研究证实，湖水 $\delta^{13}C_{DIC}$ 偏负归因于湖中有机物分解的增强（Wachniew and Różański，1997）和碳酸盐的沉积作用（Valero-Garcés et al.，1999）。研究认为当有机碳含量＞12% 时，有机质的分解能力最强（Dean，1999）。有机质的分解将降低湖水的 pH 并造成对 $CaCO_3$ 的溶解。而我们通过对抚仙湖捕获器沉积物（后面详述）的研究发现，在夏秋季节湖泊的初级生产力达到最大，产出的有机质最多，水体 DO 也较高，因此，理论上有机质分解是最旺盛的时候。然而观察到的夏秋季节抚仙湖 pH 在全年最大且 $\delta^{13}C_{DIC}$ 也最偏正，这显然不是因为有机物的分解引起的。夏秋季节，水体 SI_C 升高，EC、$[Ca^{2+}]$ 和 DIC 浓度降低，形成自生碳酸盐沉积。我们在捕获器沉积物中也发现夏秋季 $CaCO_3$ 的沉积速率最大，而 $CaCO_3$ 与 DIC 之间仅存在 0.5‰（25℃）的分馏，并使 DIC 富集较轻的碳同位素（Valero-Garcés et al.，1999）。又因 SI_C 始终大于 0，说明不存在方解石溶解现象，因此，碳酸盐的沉积和溶解也不是导致 $\delta^{13}C_{DIC}$ 在夏秋季偏正的原因。

从 2017 年的 1 月至 10 月期间，湖水的 $\delta^{13}C_{DIC}$ 整体上越来越富集较重的同位素（图 3.10），脱气作用、有机物分解和碳酸盐的沉积或溶解均无法解释 $\delta^{13}C_{DIC}$ 的变化。而先前的许多研究表明，$\delta^{13}C_{DIC}$ 的变化与水生生物过程密切相关，其中的 $^{13}C/^{12}C$ 值往往随着藻类生产力的变化而变化（McKenzie，1985；Chen et al.，2017）。湖泊初级生产力增大时，其生物量增加，按比例吸收大量的 ^{12}C，使残余 DIC 库富集重的 $\delta^{13}C_{DIC}$。正如我们在抚仙湖的观察，夏秋季的 $\delta^{13}C_{DIC}$ 明显比冬季偏重，且表水层不同季节的 $\delta^{13}C_{DIC}$ 均比深水层偏正，这些均表明湖泊水生生物光合作用对 $\delta^{13}C_{DIC}$ 的影响。同时需要另外说明的是，抚仙湖深水层 $\delta^{13}C_{DIC}$ 偏负的再一种原因可能是由于水体和沉积物中有机物质的分解，其释放出富 ^{12}C 的 CO_2 所致（Parker et al., 2010）。

3.5.4 小结

通过在中国云南抚仙湖开展为期一年的水化学和同位素现代监测（2017 年 1~10 月），主要得出以下结论：

抚仙湖水温季节性变化较大，在 2017 年 4~10 月，垂直剖面存在明显的热分层现象，温跃层分布深度在 20~50 m，且随着时间变化而变化。

抚仙湖水化学类型为舒卡列夫分类法中的 HCO_3^-–Ca–Mg 型，是典型的喀斯特水。其水化学特征受到碳酸盐矿物和硅酸盐矿物风化的影响，但来自碳酸盐矿物风化的贡献可能占据主导地位。

抚仙湖的 T、pH、EC、DO、$[Ca^{2+}]$、$[HCO_3^-]$、SI_C、pCO_2 和 $\delta^{13}C_{DIC}$ 体现出明显的深度和季节变化。夏秋季节 T、pH、DO、SI_C 和 $\delta^{13}C_{DIC}$ 升高，而 EC、$[HCO_3^-]$、$[Ca^{2+}]$ 和 pCO_2 均下降，冬季与之相反；但无论是分层还是混合期，表水层相较深水层其 pH、DO、SI_C 和 $\delta^{13}C_{DIC}$ 均较高，EC、$[HCO_3^-]$、$[Ca^{2+}]$ 和 pCO_2 则相对较低；此外，pCO_2 和 DO 在不同水深和季节均表现出明显的负相关，这些均表明水生光合生物对抚仙湖水化学和同位素季节变化的显著影响。

3.6 抚仙湖水化学和 $\delta^{13}C_{DIC}$ 昼夜变化及其影响机制

早在 19 世纪，有关学者就已关注到陆地水体理化性质的日动态和季节尺度变化规律，从 20 世纪起，湖泊昼夜尺度的水化学监测逐渐开展（Costa and Silva, 1969），但直到 20 世纪 90 年代，水体生物地球化学过程的昼夜尺度研究才真正开始（Nimick et al., 2011）。这得益于目前高分辨率的自动在线监测仪器和高频自动采样技术，使得无论是在昼夜尺度、季节尺度还是年际尺度对水化学变化过程的监测都成为可能。这也将为揭示水化学影响机制，尤其是生物地球化学过程研究提供有益支撑。

水化学参数主要包括 pH、EC、DO、$[Ca^{2+}]$、$[HCO_3^-]$、SI_C、pCO_2。同位素参数主要为溶解无机碳的稳定同位素。最近二三十年，以河流、溪水及泉水等为研究对象而开展的水化学和同位素昼夜变化过程方面的研究已经有很多，但以湖泊作为对象的研究还较少。因此，在湖泊开展水化学和同位素昼夜变化研究对于深入全面理解复杂的湖泊水文地球化学过程、碳循环机制及其生态环境效应具有重要的意义。前面主要涉及湖泊表层水和不同深度湖水在季节尺度上的水化学和同位素变化研究，与之相比，水化学和同位素参数在昼夜尺度上的变化过程同样值得关注。

3.6.1 抚仙湖水化学昼夜动态变化特征

为获得云南抚仙湖水化学的昼夜变化过程，我们于2017年1月、4月、7月和10月，对其昼夜动态进行了高分辨率的监测。图3.11和表3.5展示了冬季1月抚仙湖湖北LWHK和湖南JL两个样点T、pH、EC、DO、$[Ca^{2+}]$、$[HCO_3^-]$、SI_C和pCO_2的昼夜变化动态。抚仙湖两处监测点湖水水化学数据的差异性较小，昼夜变化均十分显著。其中，JL和LWHK的pCO_2的变异系数分别达到0.4和0.6，DO的CV分别是0.1和0.3。湖水的T、pH、DO和SI_C均表现出白天增加夜间降低的趋势，而EC、$[Ca^{2+}]$、$[HCO_3^-]$及pCO_2与之相反，即白天降低夜间开始增加。其中水温变化从15.0 ℃到19.2 ℃，最高温出现在1月17日的13:00~15:00，最低温出现在1月18日6:00~8:00。pH、DO和SI_C随温度增加而增加，并在1月17日下午达到最大值。日落之后，随着夜晚到来，温度降低，水体的pH、DO和SI_C开始下降，并在1月18日的上午8:00左右降至最低值。EC、$[Ca^{2+}]$、$[HCO_3^-]$和pCO_2表现出与T相反的昼夜变化趋势（图3.11）。

图3.12和表3.5展示了在春季4月抚仙湖湖北LWHK和湖南JL两个样点的T、pH、EC、DO、$[Ca^{2+}]$、$[HCO_3^-]$、SI_C和pCO_2的昼夜变化动态。抚仙湖两处监测点湖水水化学昼夜变化显著，除水温外（温差在1~2 ℃），地点之间变化差异性较小。其中，JL和LWHK的pCO_2的CV分别达到0.5和0.6，DO的CV分别是0.2和0.2。与1月类似，湖水的T、pH、DO和SI_C均表现出白天增加夜间降低的趋势，而EC、$[Ca^{2+}]$、$[HCO_3^-]$和pCO_2与之相反，即白天降低夜间开始增加。其中水温变化为15.2~19.2 ℃，最高温出现在4月21日的14:00~16:00，最低温出现在4月22日5:00~7:00。pH、DO、SI_C随着温度的增加而增加，在4月21日下午达到第一个高值，在4月22日下午达到第二个高值。随着夜晚到来，温度降低，水体中的pH、DO和SI_C开始下降，并在4月22日的凌晨2:00左右降至第一个低值，在4月23日的凌晨至6:00左右降至第二个低值，EC、$[Ca^{2+}]$、$[HCO_3^-]$和pCO_2表现出与T相反的昼夜变化趋势。

图3.13和表3.5展示了在夏季7月抚仙湖LWHK和JL两个样点的T、pH、EC、DO、$[Ca^{2+}]$、$[HCO_3^-]$、SI_C和pCO_2的昼夜变化动态。抚仙湖两处监测点湖水水化学昼夜变化显著。其中，JL和LWHK的pCO_2的CV分别是0.7和0.5，DO的CV分别达到0.3和0.3，其变幅均高于其他月份。与1月、4月类似，湖水的T、pH、DO和SI_C均表现出白天增加夜间降低的趋势。而EC、$[Ca^{2+}]$、$[HCO_3^-]$、pCO_2与之相反，即白天降低夜间开始增加。其中水温变化为21.9~26.8 ℃，最高温出现在7月28日的14:00~16:00，两个低温分别出现在7月28日和29日的6:00左右。pH、DO和SI_C随着温度增加而增加，在7月27日16:00左右达到第一个高值，在7月28日16：00左右达到第二个高值且明显高于27日。日落之后，温度降低，水体中的pH、DO和SI_C开始下降，并在7月28日和29日日出之前的几个小时降至最低值。EC、$[Ca^{2+}]$、$[HCO_3^-]$和pCO_2表现出与T相反的昼夜变化趋势。自7月28日起，LWHK的水温开始高于JL，平均高1 ℃。LWHK的pH在此监测期间也显著高于JL，DO和SI_C显示出相同的趋势。与此对应，$[Ca^{2+}]$和pCO_2表现出相反的趋势。

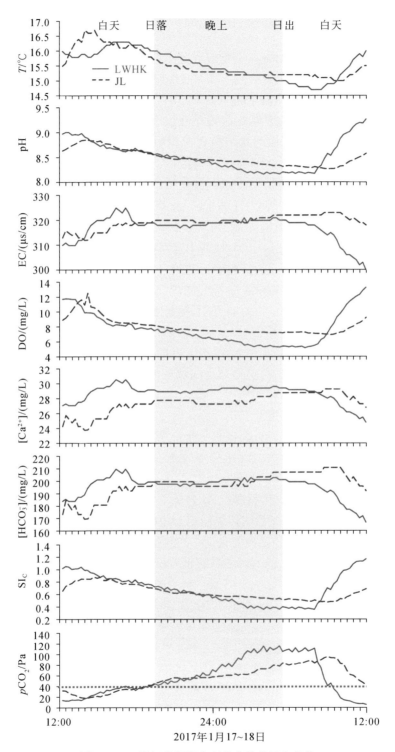

图 3.11 1 月抚仙湖湖水理化参数的昼夜变化

虚线代表与大气平衡的 CO_2 浓度

表 3.5 不同季节抚仙湖水化学参数昼夜变化统计

地点	1月 JL	1月 LWHK	4月 JL	4月 LWHK	7月 JL	7月 LWHK	10月 JL	10月 LWHK
$T/℃$	15.0~16.7 (15.5)① [0.0]②	15.2~19.2 (15.5) [0.0]	15.2~17.9 (16.3) [0.0]	16.8~19.2 (17.5) [0.0]	21.9~26.7 (23.2) [0.0]	21.9~26.8 (23.9) [0.1]	19.6~21.7 (20.4) [0.0]	18.9~22.3 (20.3) [0.1]
pH	8.3~8.9 (8.5) [0.0]	8.2~9.3 (8.5) [0.0]	8.0~8.9 (8.5) [0.0]	8.2~9.1 (8.6) [0.0]	7.9~9.2 (8.6) [0.0]	8.7~9.4 (9.0) [0.0]	8.5~8.9 (8.7) [0.0]	8.9~9.1 (9.0) [0.0]
EC /(μs/cm)	312~323 (319.3) [0.0]	310~325 (317) [0.0]	309~349 (320.5) [0.0]	300~323 (309.4) [0.0]	288.8~302.1 (290.8) [0.0]	278.6~304.6 (292.7) [0.0]	278.4~288.9 (282.5) [0.0]	279.7~288.4 (285.1) [0.0]
$[Ca^{2+}]$ /(mg/L)③	23.8~29.2 (27.4) [0.0]	24.8~30.5 (28.7) [0.0]	22.1~47.8 (29.5) [0.2]	19.6~37.2 (26.8) [0.2]	18.4~26.0 (22.4) [0.1]	19.4~22.7 (21.2) [0.0]	19.1~22.5 (20.4) [0.0]	17.7~22.0 (20.4) [0.0]
$[HCO_3^-]$ /(mg/L)③	169.7~210.9 (196.9) [0.1]	167.0~209.7 (196.1) [0.0]	190.8~226.7 (201.2) [0.0]	187.3~218.7 (200.2) [0.0]	174.2~195.4 (185.5) [0.0]	176.3~201.6 (190.0) [0.0]	157.3~225.5 (183.8) [0.1]	166.4~207.6 (191.9) [0.0]
SI_C	0.5~0.9 (0.6) [0.2]	0.4~1.2 (0.7) [0.3]	0.4~0.9 (0.7) [0.2]	0.4~1.0 (0.8) [0.2]	0.1~1.2 (0.7) [0.4]	0.8~1.3 (1.0) [0.1]	0.6~0.9 (0.7) [0.1]	0.9~1.1 (1.0) [0.1]
pCO_2 /Pa	18.5~95.9 (56.3) [0.4]	14.6~116.1 (67.9) [0.6]	19.5~166.3 (65.6) [0.5]	12.2~128.5 (45.0) [0.6]	8.1~222.8 (55.6) [0.7]	5.3~31.9 (17.3) [0.5]	18.0~47.6 (32.7) [0.2]	9.9~21.0 (16.1) [0.2]
DO /(mg/L)	6.9~12.5 (8.1) [0.1]	5.2~13.3 (7.7) [0.1]	2.9~11.3 (7.9) [0.2]	3.5~10.7 (7.3) [0.2]	3.6~12.2 (6.8) [0.3]	5.7~16.3 (8.6) [0.3]	6.6~10.8 (8.0) [0.1]	6.0~8.9 (6.8) [0.1]
$\delta^{13}C_{DIC}$ /‰④	-1.8~-0.71 (-1.2) [0.3]	-2.5~-0.28 (-1.5) [0.6]	-4.0~-0.75 (-0.2) [5.7]	-2.3~-0.9 (-0.1) [14.6]	-4.8~-3.5 (-0.3) [8.6]	-1.1~-2.3 (1.3) [0.7]	0.1~1.2 (0.8) [0.4]	-0.8~1.0 (0.1) [4.3]

①平均值；②变异系数=标准差/平均值；③根据方程计算出来的理论值；④同位素样品测试值。

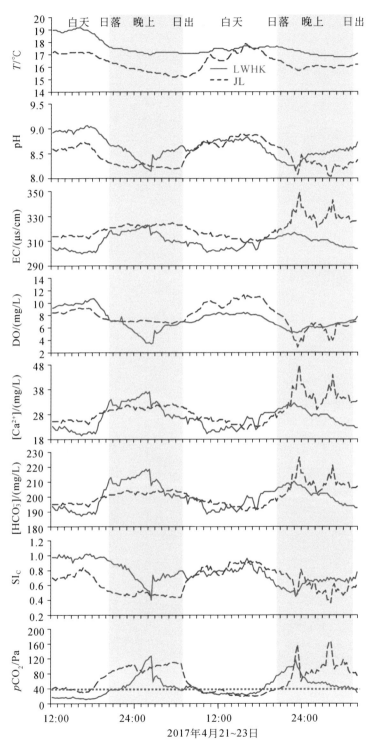

图 3.12　4 月抚仙湖水理化参数的昼夜变化

虚线代表与大气平衡的 CO_2 浓度

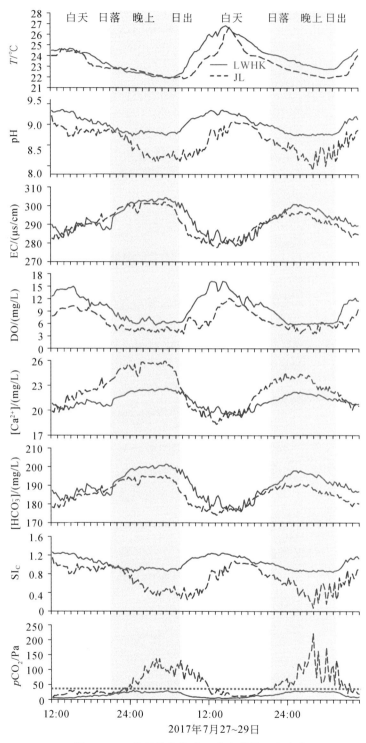

图 3.13 7月抚仙湖湖水理化参数的昼夜变化

虚线代表与大气平衡的 CO_2 浓度

图 3.14 和表 3.5 展示了在秋季 10 月抚仙湖湖北 LWHK 和湖南 JL 两个样点 T、pH、EC、DO、$[Ca^{2+}]$、$[HCO_3^-]$、SI_C 和 pCO_2 的昼夜变化动态。抚仙湖两处监测点湖水水化学昼夜变化显著。其中，JL 和 LWHK 的 pCO_2 的 CV 分别达到 0.2 和 0.2，DO 的 CV 分别达到 0.1 和 0.1。与 1 月、4 月和 7 月类似，湖水的 T、pH、DO、SI_C 均表现出白天增加夜间降低的趋势。而 EC、$[Ca^{2+}]$、$[HCO_3^-]$ 和 pCO_2 与之相反，即白天降低夜间开始增加。其中水温变化为 18.9～22.32 ℃，两个高温时间分别出现在 10 月 29 日和 30 日的 14:00～16:00，两个低温分别出现在 10 月 29 日和 30 日的 7:00 左右。pH、DO 和 SI_C 随着温度增加而增加，在 10 月 29 日 14:00～16:00 达到第一个高值，在 10 月 30 日下午达到第二个高值。日落之后，温度降低，水体中的 pH、DO 和 SI_C 开始下降，并在 10 月 30 日和 31 日日出前后几个小时稳定在较低的值域。EC、$[Ca^{2+}]$、$[HCO_3^-]$ 和 pCO_2 表现出与 T 相反的昼夜变化趋势。另外，在空间上，LWHK 的水温在白天高于 JL 而在晚上低于 JL，昼夜变化相对较大，而其 pH、EC 和 $[HCO_3^-]$ 值则整体高于 JL，其 DO 和 pCO_2 低于 JL。

3.6.2 抚仙湖水化学昼夜动态变化的影响机制

与陆生水体水化学季节变化的影响机制类似，其昼夜变化过程同样受控于地表水和地下水输入、温度、水-气界面之间的气体交换、方解石沉积和溶解，以及水生生物的光合与呼吸作用（Liu et al., 2006, 2008; de Montety et al., 2011; Nimick et al., 2011; Jiang et al., 2013; Liu et al., 2015; Yang et al., 2015; Chen et al., 2017）。

3.6.2.1　河流和泉水输入的影响

泉水和河水水化学参数对湖泊水体的影响较小，再者抚仙湖水体库容量巨大、流域面积较小，且地表输入水源流量较小等因素致使湖泊水体对来自外部输入的影响具有强烈的缓冲作用。因此，对如此巨大体量湖泊表现出的水化学显著的昼夜变化，更多的还是受到自身水生生态系统影响。

3.6.2.2　水-气界面之间的气体交换

研究认为二氧化碳脱气可能是驱动水体中的方解石沉积的主要机制（Hoffer-French and Herman, 1989; Liu et al., 2006）。如日本表生钙华沉积速率是受 CO_2 脱气作用强弱的季节变化控制（Kano et al., 2003）。根据推算的 pCO_2 判断，抚仙湖的 CO_2 脱气在中午最弱，晚上最强（图 3.11～图 3.14）。然而，在脱气强烈的晚上，水中 SI_C 反而开始下降，与此同时 $[Ca^{2+}]$ 和 $[HCO_3^-]$ 开始增加，这说明脱气不是控制方解石沉积（以 $[Ca^{2+}]$、$[HCO_3^-]$ 和 SI_C 作为代用指标）的机制。另外，许多研究表明，内陆湖泊中的 CO_2 相对于大气往往过饱和，是大气二氧化碳源（Butman and Raymond, 2011; Raymond, 2013）。对全球湖泊表水中的 CO_2 进行的广泛调查显示，超过 87% 的湖泊其 CO_2 都是过饱和的（Duarte and Prairie, 2005）。然而，我们的研究结果表明，在为期一年的监测期间，抚仙湖存在 CO_2 排放和汇入（表 3.5，图 3.11～图 3.14）。具体表现为，在晚上和早上水中 CO_2 脱气，在中午和下午晚些时候则从大气中吸收 CO_2。在这项研究中，抚仙湖中的 pCO_2 和 DO 遵

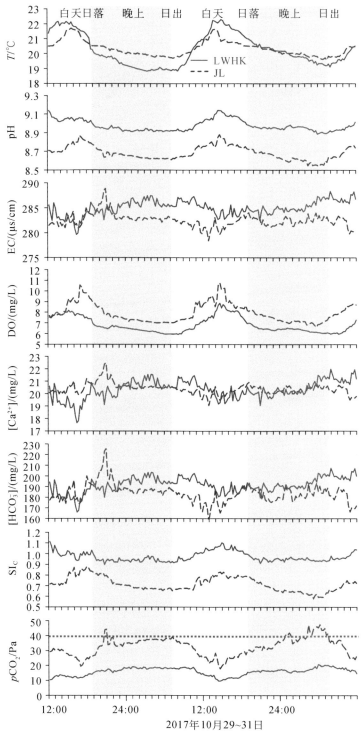

图 3.14 10 月抚仙湖湖水理化参数的昼夜变化

虚线代表与大气平衡的 CO_2 浓度

循相反的趋势关系（图 3.15，图 3.16），这说明有其他因素影响了水体中气体的交换。

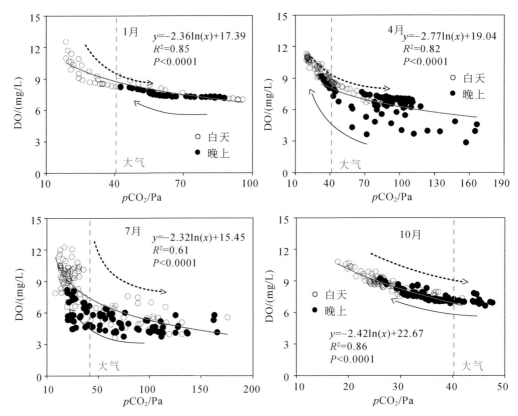

图 3.15　2017 年 1 月、4 月、7 月和 10 月抚仙湖（居乐）的 pCO$_2$ 和 DO 关系图
实线箭头代表晚上的趋势变化；虚线箭头代表白天的趋势变化；虚线代表与大气平衡的 CO$_2$ 浓度

3.6.2.3　温度与生物过程

O$_2$ 和 CO$_2$ 是影响天然水体中两个主要变量——氧化还原状态和 pH 的主要控制因素。这两种气体具有明显的温度依赖性，在水温较低时的夜间浓度较高（Nimick et al.，2011）。然而，在水生植物发育的水体中，藻类和其他微生物的光合作用和呼吸作用会影响其循环变化（Odum，1956）。水生生物光合作用［式（3.14）］和呼吸作用［（式（3.15）］主导着 O$_2$ 和 CO$_2$ 在昼夜尺度上的循环过程（Forget et al.，2009）。

$$6H_2O + 6CO_2 \Longrightarrow C_6H_{12}O_6 + 6O_2 \quad (3.14)$$
$$C_6H_{12}O_6 + 6O_2 \Longrightarrow 6H_2O + 6CO_2 \quad (3.15)$$

总的来说，白天光合作用速率超过呼吸速率，消耗 CO$_2$ 并产生 O$_2$。在夜晚没有光合作用的情况下，呼吸作用消耗 O$_2$ 并产生 CO$_2$。因此，即使 DO 溶解度随着水温升高而降低（Loperfido et al.，2009），但在白天水生生物的光合作用下，抚仙湖的 DO 浓度往往升高（图 3.15，图 3.16）。同样由于光合作用，溶解的 CO$_2$ 浓度在白天会降低，特别是在生产率较高的夏季（图 3.15，图 3.16），即便 CO$_2$ 溶解度对温度变化也具有一定的依赖性

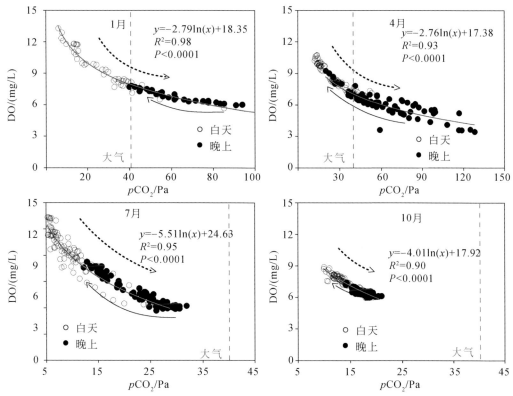

图 3.16 2017 年 1 月、4 月、7 月和 10 月抚仙湖（梁王河口）的 pCO_2 和 DO 关系图
实线箭头代表晚上的趋势变化；虚线箭头代表白天的趋势变化；虚线代表与大气平衡的 CO_2 浓度

(Raymond et al., 1997；Guasch et al., 1998)。抚仙湖 pCO_2 和 DO 表现出的这种相反的趋势关系，说明水生生物光合和呼吸作用影响了水体中气体的交换。

水温升高虽然会降低水体中 DO 和 CO_2 的溶解度，但却影响着水体中生物群落的生活习性且提高其生产力 (Hieber et al., 2003)。从这个角度看，在水生生物生长较好的水体中，水温和生物过程在沿着一个方向共同推动水化学昼夜尺度的变化。从图 3.11 ~ 图 3.13 可以看到，从冬季到夏季，水温持续升高，其他水化学指标跟随着水温的变化而变化。如夏季 7 月，LWHK 白天的 DO 可以达到 16.32 mg/L，这明显高于其他季节，同时其 pCO_2 在白天低至 5.31 Pa，低于其他月份；受 DO 和 CO_2 影响的 pH 在 7 月的平均值达 9，这也高于其他三个季节，说明水温和生物过程共同影响水化学昼夜动态变化。

有意思的是，2017 年 10 月 29 ~ 31 日的监测数据显示（图 3.14），在受人类活动影响较大的 LWHK，白天温度高于 JL，其 DO 和 pCO_2 浓度却始终低于 JL，pH 一直高于 JL，这可能是因为接近梁王河入湖口的原因。当地居民生产生活污水的集中排放可能对该区的监测产生影响。除了受水生生物光合呼吸作用和温度的影响外，DO 和 pCO_2 的浓度也受到与大气的气体交换动力学、混合、光解和氧化还原反应的影响 (Loperfido et al., 2009)。尤其是 DO 容易被水体中由人类活动排放的亚铁离子、亚硝酸根和硫化物等还原性物质消耗。再者，增加的固体悬浮物会减弱光线，并进而抑制 DO 浓度（Loperfido et al., 2009）。此外，水体中微生物的呼吸作用也将对 DO 产生消耗（Nimick et al., 2011），但本研究并没有观察到 LWHK 的 $p\mathrm{CO_2}$ 相对于 JL 升高，所以微生物呼吸作用的影响基本可以排除。因此，对于 2017 年 10 月在 LWHK 监测点观察到的 T 和 pH 高但 DO 和 $p\mathrm{CO_2}$ 浓度低于 JL 的现象，是上述综合作用的结果，其中来自生产生活的污水的影响可能是主要的。

3.6.2.4 碳酸盐的沉积和溶解

在没有生物参与作用下的方解石沉积的沉积过程能够使残余 DIC 富集轻的碳同位素（Valero-Garcés et al., 1999）。然而从图 3.11～图 3.14 可以观察到白天方解石可能发生沉积反应，但并没有引起 $\delta^{13}\mathrm{C_{DIC}}$ 的偏轻。同时，晚间并没有发生方解石的溶解反应（$\mathrm{SI_C}>0$），因此碳酸盐的沉积和溶解过程均不是引起抚仙湖水化学昼夜动态变化的原因。

水生生物作用可以驱动碳酸盐发生沉积或溶解反应。冬季 1 月降水减少，湖水蒸发强烈，$\mathrm{SI_C}$ 理应增加，然而这却与实际相反（图 3.11）。从图 3.11～图 3.14 可以看到方解石饱和指数 $\mathrm{SI_C}$ 的变化通常响应 pH 的变化，而 pH 的变化则往往受控于水体中 $\mathrm{CO_2}$ 的含量，这反映出由生物诱导因素引起的溶解二氧化碳（$\mathrm{CO_{2aq}}$）昼夜变化会进一步影响 $\mathrm{SI_C}$ 的变化。白天低的 $p\mathrm{CO_2}$ 以及高的 pH 和 $\mathrm{SI_C}$（图 3.11～图 3.14），表明水生生物通过光合作用利用 $\mathrm{CO_{2aq}}$/DIC 驱使 pH 升高，并最终使方解石饱和沉积。夜间由于没有光合作用，水生生物呼吸作用和有机碳的降解不断释放和积累 $\mathrm{CO_2}$，因此增加了方解石的溶解度并可能驱动方解石溶解。这些过程可用以下公式表示（Liu and Dreybrodt, 2015；Yang et al., 2015）：

$$\mathrm{Ca^{2+}+2HCO_3^- \Longrightarrow CaCO_3}+x(\mathrm{CO_2+H_2O})+(1-x)(\mathrm{CH_2O+O_2})（白天） \quad (3.16)$$

$$\mathrm{CaCO_3+CO_2+H_2O \Longrightarrow Ca^{2+}+2HCO_3^-}（晚上） \quad (3.17)$$

根据式 (3.16)，白天方解石沉积和有机物的生成可以降低 EC、[$\mathrm{Ca^{2+}}$] 和 [$\mathrm{HCO_3^-}$] 的浓度。晚上水生生物的呼吸作用及有机碳分解作用释放 $\mathrm{CO_2}$ 到水中，通过对方解石的溶解又将增加 EC、[$\mathrm{Ca^{2+}}$] 和 [$\mathrm{HCO_3^-}$] 的浓度。然而，2017 年全年湖水 $\mathrm{SI_C}$ 均大于 0（图 3.11～图 3.14，表 3.5），表明湖水方解石过饱和，并不存在碳酸盐溶解现象。

3.6.3 抚仙湖 $\delta^{13}\mathrm{C_{DIC}}$ 昼夜变化特征及其影响机制

溶解无机碳稳定同位素组成已被广泛用作探究水体生物地球化学过程的示踪剂，这是因为来自不同端元，如生物、大气和基岩的碳具有不同的 $\delta^{13}\mathrm{C}$ 特征（Parker et al., 2010）。水体中的 $\delta^{13}\mathrm{C_{DIC}}$ 由水生生物的光合呼吸作用、水–气界面之间的气体交换、地表水和地下水贡献、方解石沉积或溶解等综合因素决定（McKenzie, 1985；Xu et al., 2006；Lamb et al., 2007；Falkowski and Raven, 2013；Chen et al., 2018）。

我们观察到，在 2017 年 1 月和 4 月，抚仙湖的 $\delta^{13}\mathrm{C_{DIC}}$ 呈现出白天高晚上低的特点（图 3.17），同时白天湖水的 $p\mathrm{CO_2}$ 低于大气（约 40 Pa），是大气 $\mathrm{CO_2}$ 的汇。晚上，$p\mathrm{CO_2}$ 高于大气，是大气 $\mathrm{CO_2}$ 的源，湖水脱气，而 $\mathrm{CO_2}$ 脱气能够使水体中的 $\delta^{13}\mathrm{C_{DIC}}$ 富集重的同位素

(Doctor et al.,2008)。因此,所预期的湖水中$\delta^{13}C_{DIC}$最大值应该出现在脱气最强的晚上,然而实际并非如此,在pCO_2浓度最低的中午或下午其$\delta^{13}C_{DIC}$最重。这些趋势表明,在该监测时段,脱气可能不是控制$\delta^{13}C_{DIC}$变化的主要因素。

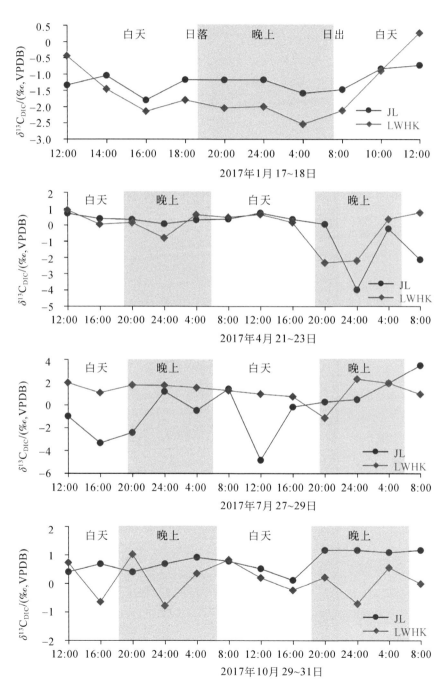

图3.17 抚仙湖居乐和梁王河口$\delta^{13}C_{DIC}$的昼夜变化

理论上，CO_2 增加 pH 降低会导致方解石溶解，从而使水体富集较重的碳同位素（Clark and Fritz，1997）。但抚仙湖全年 $SI_C>0$，因此可以基本排除来自方解石溶解的影响。另外，方解石沉积可造成水体 DIC 富集较轻的碳同位素（Valero-Garcés et al.，1999），而在方解石沉积能力最强的白天，理应较轻的 $\delta^{13}C_{DIC}$ 并不符合我们实际的观察。因此，碳酸盐的溶解或沉积不是造成 $\delta^{13}C_{DIC}$ 变化的原因。在前面我们已经基本排除地表水和地下水输入的贡献，那么来自水生生物的光合呼吸作用可能起到了关键作用。

在水生生物光合作用期间，其对 $^{12}CO_2$ 的吸收快于 $^{13}CO_2$（Falkowski and Raven，2013），并同时增加水体 pH，消耗 DIC 驱动方解石沉积。相反，植物和微生物的呼吸作用通常产生具有与植被类似同位素特征的 CO_2，降低水体 pH 并增加 DIC 浓度。因此，在以光合作用为主的白天，$\delta^{13}C_{DIC}$ 通常偏正。而在没有光合作用的夜晚，$\delta^{13}C_{DIC}$ 往往偏负（Parker et al.，2010；Gammons et al.，2011）。对比抚仙湖南北两个采样点，在 2017 年 4 月，JL 和 LWHK 的 $\delta^{13}C_{DIC}$ 差异性很小（图 3.17）。但在 1 月，LWHK 的 $\delta^{13}C_{DIC}$ 波动性显著高于 JL，而这可能是因为湖北岸接近城市生活区，养分补给充足，水生生物光合作用强烈，所以白天 DO 相对更高，$\delta^{13}C_{DIC}$ 更偏正（图 3.17）。而在 2017 年 7 月和 10 月，抚仙湖的 $\delta^{13}C_{DIC}$ 则表现出与 1 月和 4 月截然不同的趋势，即波动更明显，且整体上呈现白天低晚上高的特点（图 3.17）。同时从图 3.13 中可以看到，7 月 LWHK 的 pCO_2 全天低于大气，JL 是白天吸气、晚上脱气。至 10 月，LWHK 和 JL 无论是白天还是晚上湖水的 pCO_2 均低于大气（图 3.13，图 3.14），是大气 CO_2 的汇。而造成这一结果的原因，可能是以下各种因素共同作用的结果：①在水温最高的下午，微生物活动加剧，有机质降解强烈，导致更多的 $^{12}CO_2$ 释放到湖水中（Wachniew and Różański，1997；Finlay，2003；Parker et al.，2010）。如 Finlay（2003）的研究表明，流经山区阴影中的溪流其 $\delta^{13}C_{DIC}$ 要高于流经接收更多阳光的宽阔河谷、温暖的水域及更富有生产力的藻类群落的河流，其中的重要原因就在于生产力较高的河流其微生物呼吸作用所产生的 $^{12}CO_2$ 的影响更明显。②大气 CO_2 的入侵。整体来看整个 7 月和 10 月湖水的 pCO_2 不高（图 3.13，图 3.14），是大气 CO_2 的汇，因此，大气 CO_2 的入侵是必须要考虑的因素。大气 CO_2 的 $\delta^{13}C$ 在 -7‰ 左右（Telmer and Veizer，1999）。在白天的下午正是大气 CO_2 的侵入湖体最强烈的时间，pCO_2 在此时也达到最低（图 3.13，图 3.14），而此时湖水的 $\delta^{13}C_{DIC}$ 也往往最偏负，最负可达 -5‰ 左右（图 3.17）。③在强烈的水生生物光合作用下，大气 CO_2 对湖水的入侵也易使溶解在水中的 CO_2 产生动力学分馏，分馏系数甚至可达 -13‰（Herczeg and Fairbanks，1987），由于 2017 年 7 月和 10 月抚仙湖一直处在碳汇的进程中，这可能也是造成其 $\delta^{13}C_{DIC}$ 不规则波动的原因。

为了更好地理解陆地水生生态系统中水化学过程的控制机制，耦联水生光合作用的碳酸盐风化碳汇学说新模式将有助于解释这一过程（Liu et al.，2018）。

$$Ca^{2+}+2HCO_3^- \xrightarrow{\text{光合作用}} CaCO_3+x(CO_2+H_2O)+(1-x)(CH_2O+O_2) \quad (3.18)$$

即在碳酸盐风化过程的基础上，耦联陆地水生生态系统光合生物对 DIC 的利用（这里称生物碳泵效应，BCP），生成碳酸钙和有机物。这表明抚仙湖水体水化学和同位素的变化主要归因于水生生物的光合作用的强弱，BCP 效应也因此是其主控因素。

3.6.4 小结

为获得云南抚仙湖水化学和同位素的昼夜变化动态过程，于2017年1月、4月、7月和10月，分别对其进行了连续两天的高分辨率（15 min）的监测。得出以下结论：

不同季节抚仙湖湖北LWHK和湖南JL两个样点的T、pH、EC、DO、$[Ca^{2+}]$、$[HCO_3^-]$、SI_c和pCO_2均表现出显著的昼夜变化动态。白天湖水水生生物光合作用强烈，pH、DO和SI_c增加，而$[Ca^{2+}]$、$[HCO_3^-]$和pCO_2降低；晚上呼吸占主导，$[Ca^{2+}]$、$[HCO_3^-]$和pCO_2增加，pH、DO和SI_c降低；抚仙湖昼夜尺度的pCO_2和DO表现出相反的趋势关系，这些特征表明水生生物光合和呼吸作用的影响非常显著。

在2017年1月和4月昼夜监测期间，抚仙湖的$δ^{13}C_{DIC}$呈现出白天高晚上低的特点。而在7月和10月，却表现出截然不同的趋势，整体上呈现白天低晚上高的特点。前者主要归因于白天水生生物光合作用期间，其对$^{12}CO_2$的吸收快于$^{13}CO_2$导致的$δ^{13}C_{DIC}$通常偏正。造成后者的因素可能与白天湖水微生物活动加剧、有机质降解强烈、大气CO_2的入侵及其产生的动力学分馏有关。

耦合水生光合作用的"碳酸盐风化碳汇"研究适用于对湖泊水化学和同位素季节和昼夜尺度变化的解释。生物碳泵效应是控制水体水化学和同位素的变化主要机制。同时，由于生物碳泵效应，白天湖水DIC被大量消耗，这也使湖水可能成为一个重要的碳汇。

3.7 抚仙湖捕获器沉积物有机碳的来源及影响机制

云南抚仙湖水化学和同位素在水深剖面、昼夜和季节尺度变化上的特征表明了湖泊生态系统生物碳泵效应的存在，也证实了耦合水生光合作用的碳酸盐风化（CCW）碳汇的广泛存在性，这在过去的许多研究中也多次得到印证（Yang et al.，2015；Liu et al.，2015；Yang et al.，2016；Chen et al.，2017）。Liu 等（2010，2018）提出基于CCW机制的碳汇新模型，但仅是一个针对全球的方向性的框架，需在实地进一步观测和研究。尤其对于在水生生态系统中由BCP效应形成的内源有机碳的定量计算和其对气候和土地利用变化的响应机制仍缺乏研究，本研究接下来将通过沉积物捕获器的手段试图去寻找答案。

Lisitzin（2004）强调了海洋和湖泊沉积物开展原位研究的重要性，即对过去沉积模式和古环境的解译需要了解当前的沉积物沉积特征。而沉积物捕获器研究结合湖沼学和气象监测是获得可靠现代沉积物特征的最佳方法。这种方法不仅可以识别沉积物生成所涉及的不同途径，还可以通过确定沉积时间以评估其季节性信号（Tylmann et al.，2012；Bonk et al.，2015）。虽然开展捕获器沉积物的研究在国外已有较长历史，但是在中国的研究却非常有限，且多涉及海洋领域（陈留美和金章东，2013）。因此，加强对捕获器沉积物的研究，可加深对湖泊现代沉积过程和控制机理的理解，尤其是可为本研究中所侧重的湖泊生物地球化学过程提供全新视角，更进一步地提高湖泊沉积物过去记录中代用指标的解译和可靠性。

3.7.1 抚仙湖现代沉积物矿物组成

从 2017 年 1 月至 10 月，分别在抚仙湖的湖北 FX-1、湖心 FX-2 和湖南 FX-3 三个采样点水深 40 m、80 m 和 110 m 处放置捕获器，且每隔 3 个月回收捕获器沉积物（2018 年 1 月完成最后一次回收）。然而由于人为因素的干扰，仅湖心 FX-2 处捕获器沉积物的回收比较顺利。通过对沉积物进行 X 射线衍射（XRD）测试分析，如图 3.18 所示，沉积物中的矿物包含有方解石、白云石、石英、高岭石、蒙脱石等。因此，本研究所侧重的碳酸盐矿物主要为方解石和白云石。

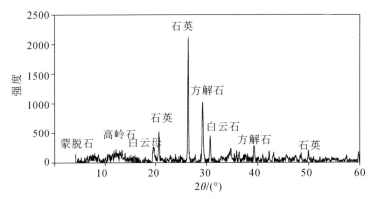

图 3.18 抚仙湖捕获器沉积物样品 X 射线衍射图谱

3.7.2 抚仙湖捕获器沉积物中有机质的来源

3.7.2.1 沉积物 C/N 和 $\delta^{13}C_{org}$ 的分布特征及来源

湖泊学研究的一个重要问题就是确定不同时期沉积物中有机物质的来源。湖泊有机碳包括内源有机碳（autochthonous OC）和外源有机碳（allochthonous OC）。其中，外源有机碳主要来自陆地植物凋零谢落后腐烂代谢产物与人类生产生活产生的有机物，如维管植物组织、沼泽碎屑和高地来源等（Bianchi et al., 2002；O'Reilly et al., 2014）。而内源有机碳则是湖泊自身由生物碳泵效应形成的有机碳，这是一个净碳汇，对于寻找遗失碳汇开辟了重要方向（刘再华等，2007；Liu et al., 2010, 2011, 2018）。一些研究也证实了湖泊沉积物埋藏了大量的有机碳，其主要来自湖泊初级生产力和陆地有机物质的输入这两个端元（Waterson and Canuel, 2008；Galy et al., 2011；Huang et al., 2017）。然而，区分沉积物中内源有机碳和外源有机碳来源相对贡献的方法和机制仍有待进一步确定。本研究将利用传统地球化学指标 C/N 值和 $\delta^{13}C_{org}$ 相结合的方法来示踪内外源有机碳的相对贡献。

C/N 值法是最常用的判断沉积物中有机质来源的方法（Meyers, 1997），其理论基础为陆生维管植物组织含有较高的纤维素，其 C/N 值通常较高；而水生非维管植物没有木质组织，其 C/N 值较低（Meyers, 2003）。其中，浮游生物的 C/N 值大部分为 5~8，平均值约为 6（Tyson，2012）；淡水大型植物的 C/N 值约为 12（Tyson，2012）；来自土壤的 C/N 值变化范围在 10～13（Goñi et al.，2003）；陆地植物的 C/N 值大于 20（Meyers，2003）。而土壤 C/N 值与淡水植物接近，其较低的原因主要是含氮物质的微生物固定机制及伴随着的有机碳矿化影响。沉水植物主要生长在近岸区域，相对于广阔深水区域，抚仙湖以浮游植物为主（Cui et al.，2008），因此来自淡水大型植物的 C/N 端元可以暂不考虑。同时，来自陆地植物的直接输入影响也较小。整个 2017 年，沉积物捕获器中沉积物的 C/N 平均值为 8.81（表 3.6），这可能是浮游植物和土壤这两个端元输入共同作用的结果，其中浮游植物的输入占据主导地位。

表 3.6 抚仙湖 FX-2 不同水深和季节的捕获器沉积物的干重、TOC 和 TIC 含量、C/N 值、$\delta^{13}C_{carb}$、$\delta^{13}C_{org}$、OCAR、ICAR 和 TAR

季节	水深 /m	干重 /g	TOC /(mg/g)	TIC /(mg/g)	C/N	$\delta^{13}C_{carb}$ /‰	$\delta^{13}C_{org}$ /‰	OCAR/[g/(m²·d)]	ICAR/[g/(m²·d)]	TAR/[g/(m²·d)]
春	40	0.71	106.57	3.22	9.44	-1.31	-26.98	0.047	0.001	0.442
	80	1.01	92.45	6.63	9.49	-0.68	-26.37	0.058	0.004	0.628
	110	1.13	107.78	9.14	8.60	-1.40	-27.27	0.076	0.006	0.703
夏	40	1.61	76.48	72.82	9.30	-0.35	-24.63	0.077	0.073	1.001
	80	2.07	66.41	73.79	10.17	-0.29	-24.48	0.085	0.095	1.287
	110	1.87	80.97	63.54	10.18	-0.16	-25.37	0.094	0.074	1.163
秋	80	4.74	45.20	80.87	6.65	0.01	-20.88	0.133	0.238	2.947
冬	40	0.77	102.24	18.39	7.06	-0.85	-23.89	0.049	0.009	0.479
	110	0.77	92.21	17.07	8.38	-0.68	-23.52	0.044	0.001	0.481

TAR：总沉积通量。

沉积物有机碳同位素已被广泛的用作湖泊生产力的代用指标（Hollander and McKenzie，1991；Brenner et al.，1999）。$\delta^{13}C_{org}$ 也是有效地评估沉积物中内外源有机碳相对贡献比例的手段（Meyers and Ishiwatari，1993；Meyers，1997）。$\delta^{13}C_{org}$ 的变化范围一般为 -35‰～-6‰（Meyers，1997；Sharp，2007；Tyson，2012）。其中，来自 C₃ 植物的 $\delta^{13}C_{org}$ 变幅为 -35‰～-22‰；C₄ 植物的 $\delta^{13}C_{org}$ 为 -15‰～-6‰（Sharp，2007）；土壤 $\delta^{13}C_{org}$ 的变化范围在 -25‰～-22‰（Goñi et al.，2003）；湖泊藻类或浮游植物由于在光合作用期间利用 DIC 并产生同位素分馏，其同位素值往往相对偏负，变化范围是 -42‰～-24‰（Schlacher and Wooldridge，1996）。如表 3.6 和图 3.19 所示，在 2017 年 1 月至 2018 年 1 月期间，捕获器中沉积物 $\delta^{13}C_{org}$ 的垂直差异性较小，但季节性变幅较大，在 -27.27‰～-20.88‰，平均值为 -24.82‰，这说明受到来自陆源和内源有机质输入的共同影响。如图 3.20 所示，抚仙湖捕获器中沉积物的 C/N 值和 $\delta^{13}C_{org}$ 主要分布在内源有机质端元的范围内，与外源有机质端元的范围不同，说明抚仙湖沉积物中的有机碳以内源为主。

此外，抚仙湖捕获器沉积物 $\delta^{13}C_{carb}$ 的变化范围是 -1.88‰～1.90‰，均值为 -0.32‰，且垂直差异性较小（表 3.6，图 3.19）。水生生物在光合作用期间优先利用较轻的 ^{12}C，其

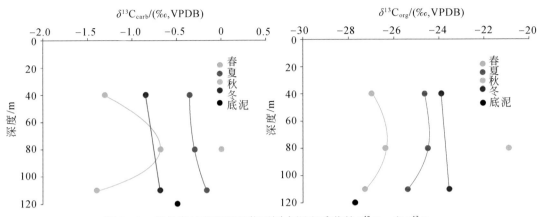

图 3.19 抚仙湖捕获器沉积物不同水深和季节的 $\delta^{13}C_{carb}$ 和 $\delta^{13}C_{org}$

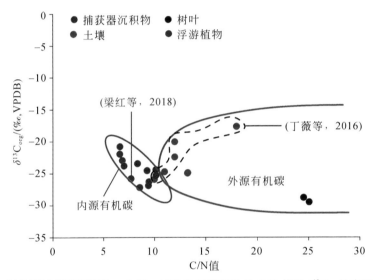

图 3.20 抚仙湖捕获器沉积物、土壤、树叶和浮游植物的 C/N 值及 $\delta^{13}C_{org}$ 的来源组合划分

产生同位素分馏比 DIC 的 $\delta^{13}C_{carb}$ 低约 20‰ (Leng et al., 2006),又因 $\delta^{13}C_{DIC}$ 与 $\delta^{13}C_{carb}$ 之间的分馏值很小 (0.5‰, 25℃) (Valero-Garcés et al., 1999),所以碳酸盐的 $\delta^{13}C_{carb}$ 往往偏正。在长达一年的捕获器沉积物监测研究中发现,$\delta^{13}C_{org}$ 和 $\delta^{13}C_{carb}$ 之间存在显著的正相关关系 ($R^2=0.51$,$P<0.05$,$n=9$;图 3.21),这表明有机碳的形成大部分来自水生植物对同期 DIC 的吸收,即有机和无机碳同位素的一致变化共同反映了同期 DIC 碳同位素的变化。而对湖水 DIC 碳同位素的研究也同样发现,$\delta^{13}C_{DIC}$ 在 7 月和 10 月比 1 月和 4 月显著偏正,证实了以上的假设。这些均说明抚仙湖沉积物中的有机质主要来源于水生植物。

3.7.2.2 捕获器沉积物有机碳内外源比例的确定

淡水藻类通常利用水体与大气二氧化碳同位素平衡的溶解态二氧化碳,因此其 $\delta^{13}C_{org}$

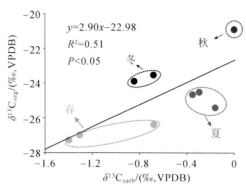

图 3.21　监测年（2017 年 1 月～2018 年 1 月）捕获器沉积物中 $\delta^{13}C_{org}$ 与 $\delta^{13}C_{carb}$ 的相关性

与来自周围流域有机物质的 $\delta^{13}C_{org}$ 通常难以区分（Benson et al., 1991）。从图 3.20 中也可以看到，不同有机质端元的 $\delta^{13}C_{org}$ 有较大重合，这使得在内外源比例的定量化计算上模糊不清。因此，需要利用 C/N 端元法厘定捕获器沉积物有机碳的内外源比例。

陆源有机碳 C/N 端元值的确定主要是通过本研究测定的土壤 C/N 值和丁薇等（2016）测得的流域典型土壤 C/N 值的平均值，约为 12.71（$n=6$），该值也接近经典的土壤 C/N 值范围（10～13）（Goñi et al., 2003）。值得注意的是，本研究将土壤作为主要的外源输入，是考虑到陆地植被直接输入的比例相对较小。在浮游生物 C/N 端元值的确定上，梁红等（2018）发现，云南东部 10 个不同营养水平湖泊的水藻 C/N 值普遍较低，均值为 7.68，略高于本研究测定的浮游藻类的 C/N 值（均值为 6.69）。类似地，对二者取均值，即代表抚仙湖浮游生物 C/N 端元值（7.02）。基于混合端元模型，浮游生物源即内源有机碳占总有机碳的比例范围在 30%～100%，平均比例为 58%（表 3.7），这与最近关于抚仙湖水体中有机碳来源比例研究的结果接近（61%），表明抚仙湖有机碳以内源为主，因此很大程度上受到 BCP 效应的影响。最终计算得到的内源有机碳沉积速率（$OCAR_{auto}$）为 0.02～0.13 g/(m²·d)，平均为 0.04 g/(m²·d)（表 3.7）。

表 3.7　抚仙湖 FX-2 不同水深和季节捕获器沉积物中内外源有机碳占总有机碳的贡献比例

季节	水深/m	R_{auto}/%	R_{allo}/%	$OCAR_{auto}$ /[g/(m²·d)]	$ICAR_{allo}$ /[g/(m²·d)]
春	40	42.7	57.3	0.020	0.027
	80	41.9	58.1	0.024	0.034
	110	59.1	40.9	0.045	0.031
夏	40	45.2	54.8	0.035	0.042
	80	30.9	69.1	0.026	0.059
	110	30.7	69.3	0.029	0.065
秋	80	100.0	0.0	0.150	0.000
冬	40	98.6	1.4	0.048	0.001
	110	63.8	36.2	0.028	0.016

然而，考虑到深水层捕获器收集的沉积物容易受到沉积物再悬浮和侧向输入的影响（Usbeck et al., 2003），本研究选择最上部捕获器（40 m）来保守地计算沉积物内源有机碳年沉积通量，以此作为由湖泊BCP效应所产生的有效碳汇量。通过计算，抚仙湖的内源有机碳沉积通量在2017年为20.43 g/(m^2·a)。如果考虑到整个抚仙湖流域（675 km^2），耦联水生光合作用的碳酸盐风化碳汇的量为6.42 g/(m^2·a)，接近海洋BCP效应的碳汇量（Ducklow et al., 2001；Steinberg et al., 2001）。对比本研究团队在中国科学院普定喀斯特生态系统观测研究站沙湾水-碳通量模拟试验场的泉-池系统和茂兰泉-池系统计算的内源有机质生成的量（均在数百克每平方米年），其值远高于抚仙湖，这说明水生生物以沉水植物为优势植物的岩溶水生生态系统在利用CCW机制所形成的有机碳汇量远高于以浮游生物为主的深水湖泊生态系统。另外，珠江支流西江流域（含抚仙湖流域）的岩溶碳汇通量达7.38 g/(m^2·a)（Xu and Liu, 2007），进一步得出抚仙湖BCP效应的效率（即从DIC转化为有机碳的比例），达到87%，显示出BCP效应在稳定碳酸盐风化碳汇中的重要作用。同时，我们也应该注意到，将湖泊BCP效率进行参数化仍存在一些困难，其中就在于不同采样点之间和不同时期之间其数据存在很大差异。尽管如此，所有这些仍然可以表明湖泊水生生物通过BCP效应利用DIC形成OC这一过程的重要性，是重要的稳碳机制。

3.7.3 抚仙湖内源有机碳沉积

3.7.3.1 BCP效应引起的$OCAR_{auto}$和ICAR同步增加

云南抚仙湖捕获器沉积物中总沉积通量（TAR）、有机碳沉积速率和无机碳沉积速率如表3.6和图3.22所示。从沉积物捕获器中收集到的物质揭示了采样期间沉积物理化性质的重要变化。不同水深捕获器沉积物的TAR变化不大，但还是呈现出深部稍高于上部的规律，这是由于深水区的沉积物除了继承表水层的物质，还接受来自沉积物再悬浮的输入。TAR表现出显著的季节性变化模式（图3.22），其中，春冬季的值较低，TAR平均值分别为0.59 g/(m^2·d)和0.48 g/(m^2·d)；夏秋季的TAR较高，且在秋季达到峰值，分别为1.15 g/(m^2·d)和2.95 g/(m^2·d)。从春季开始，OCAR开始增加，并在秋季达到最大值（图3.22）。具体体现为10月[均值为0.13 g/(m^2·d)，$n=1$] >7月[均值为0.09 g/(m^2·d)，$n=3$] >4月[均值为0.06 g/(m^2·d)，$n=3$] >1月[均值为0.05 g/(m^2·d)，$n=2$]。不同水深层位的OCAR差异较小，但表现出深部略高于上部的特点，与TAR类似，可能受沉积物的继承性和再悬浮共同影响。同时，OCAR的增加伴随着ICAR的增加（图3.22）。无机碳的沉积主要发生在夏季[均值为0.08 g/(m^2·d)，$n=3$]和秋季[0.24 g/(m^2·d)，$n=1$]，远大于春季[均值为0.004 g/(m^2·d)，$n=3$]和冬季[均值为0.005 g/(m^2·d)，$n=2$]（图3.22）。水化学监测数据显示夏季和秋季湖水的方解石饱和指数最高，与初级生产力的增加趋势一致。但不同水深层位的ICAR几乎无差异，这显然与TAR和OCAR不同，说明无机碳的沉积主要发生在表水层，且再悬浮的影响很小。

抚仙湖全年方解石始终是过饱和的，但并非意味着全年都存在碳酸钙沉积。研究认

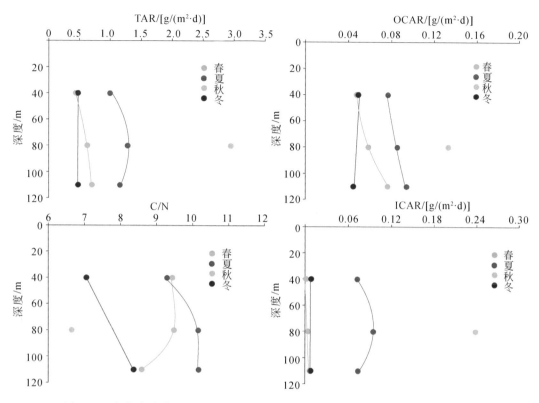

图 3.22 抚仙湖捕获器沉积物不同水深和不同季节的 TAR、C/N、OCAR 和 ICAR

为，方解石如果不是在高度饱和的情况下很难产生沉积，如位于纽约的格林湖，其全年方解石过饱和，但沉积仅发生在晚春和夏季（吴丰昌和万国江，1994）。因此，碳酸钙的沉积还应受到其他因素制约，如水生生物光合作用。水生生物的季节性生长控制着湖水中 CO_2 的平衡，导致湖泊水体中 CO_2 被大量吸收并在短期内造成表水 CO_2 的消耗，从而引起湖水的季节性过饱和。水生生物的光合作用通常使周围水体方解石高度过饱和，进而导致方解石沉积。硅藻壳外的方解石沉积就是在周围水体过饱和状态下产生的直接沉积证据。由生物过程引起的季节性方解石沉积是中低纬度地区湖泊的常见现象，并且在捕获器沉积物研究中得到了证实，即碳酸盐沉积主要发生在夏天（Matzinger et al.，2007）。从抚仙湖捕获器沉积物的分析结果可见，沉积物 $OCAR_{auto}$ 和 ICAR 之间存在着显著的正相关关系（$R^2=0.69$，$P<0.006$，$n=9$）（图 3.23）。随着抚仙湖水生生物光合作用的增强，水体 pH 升高，方解石产生沉积。尤其在夏秋季节，湖泊初级生产力增强，BCP 效应更加显著，从而导致更多的碳酸钙沉积（Kelts and Hsü，1978）。这一方面说明抚仙湖的碳酸盐沉积主要来自自生碳酸盐沉积，另一方面也印证了耦联水生光合作用的碳酸盐风化碳汇模式，即在水生生态系统中，当 BCP 效应发生时，内源有机碳和碳酸盐将同步增加（Liu et al.，2018）。

3.7.3.2 来自人类活动与气候变化可能的影响

现在普遍认为，磷和氮的生物地球化学循环对全球湖泊生产力具有相当大的影响

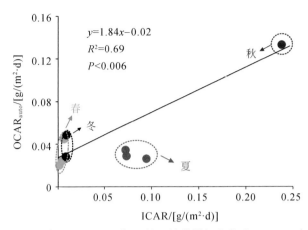

图 3.23 监测年（2017 年 1 月~2018 年 1 月）捕获器沉积物中 $OCAR_{auto}$ 与 ICAR 的相关性

（Schindler，1999）。2017 年 7 月和 10 月增加的 $OCAR_{auto}$ 可能是由于抚仙湖流域养分，如 P、N 的输入所造成。现代监测发现，雨季入湖径流裹挟的污染物使得抚仙湖表水中 TP 浓度相对于干季偏高（Yao et al.，2017）。

水温升高可能是造成 7 月和 10 月高 $OCAR_{auto}$ 的另一种解释。由于水生光合作用增强，湖泊沉积的内源有机碳比例（或埋藏效率）将随着水温的增加而增加（Brothers et al.，2008；Lewis，2011；Sobek et al.，2014）。尽管 Gudasz 等（2010）认为较高的水温将导致有机质矿化从而不利于有机碳埋藏，但由温度增加带来的有机碳埋藏速率的增加可能超过了其矿化速度。另外，湖水水温升高将延长湖水分层期，使温跃层更稳定，进一步限制湖水对流并使深层水体缺氧，这将有利于有机质的保存（Matzinger et al.，2006）。从 20 世纪 90 年代末到现在，欧洲大多数湖泊都记录到湖水温度平均每十年增加 0.5~0.6 ℃（Dokulil，2014）。与此同时，无论是欧洲还是全球，有机碳的埋藏速率均显著增加（Kastowski et al.，2011；Anderson et al.，2014；Clow et al.，2015；Heathcote et al.，2015；Zhang et al.，2017）。众所周知，水–气界面的气象条件是许多湖泊热量平衡的主要决定因素（Edinger et al.，1968；Sweers，1976）。在目前全球变暖的大背景下，湖水温度的增加可能增强湖泊生物碳泵效应的强度并提高其有机碳埋藏速率。同时，升高的温度将强化湖水分层，进而创造更有利于有机质保存的条件。

3.7.4 小结

为了解 BCP 成因的湖泊内源有机碳的有效沉积量及其潜在机制，本研究利用沉积物捕获器在抚仙湖开展了全年四个季度（2017 年 1 月~2018 年 1 月）的现代沉积过程研究，主要结果如下：

捕获器沉积物中 C/N 值较低，而 $\delta^{13}C_{org}$ 与周围流域有机物质的 $\delta^{13}C_{org}$ 难以区分。利用 C/N 端元法得知，内源有机碳占总有机碳的比例在 30%~100%，表明抚仙湖有机碳以内源为主，也因此很大程度上受到 BCP 效应的影响。同时，计算得出抚仙湖内源有机碳沉积通量在 2017 年为 20.43 g/(m²·a)，其主要受营养元素输入和温度等协同效应的影响。

耦联水生光合作用的碳酸盐风化碳汇形成的内源有机碳可能是一个潜在的重要碳汇，可能对解决全球碳循环中遗失碳汇问题做出重要贡献。如果这一机制适用于全球所有湖泊，那么目前的挑战是，如何通过调控 BCP 效应来增强碳的封存能力。

3.8 近百年来云南抚仙湖生物碳泵效应的沉积记录

研究发现，基于 H_2O-$CaCO_3$-CO_2-水生光合生物相互作用的碳酸盐风化碳汇作用被严重低估。水生光合生物对溶解无机碳的利用及其形成的有机碳（内源）埋藏（即生物碳泵效应），模型计算达到 0.7 Pg/a（Liu et al., 2018），使得碳酸盐风化碳汇无论在任何时间尺度气候变化的控制上可能都是重要的，这挑战了学界普遍认为的只有硅酸盐风化碳汇才能控制长时间尺度气候变化的观点（Berner et al., 1983）。水生生态系统碳循环研究存在两大问题：碳源和汇的通量估算存在高度不确定性，而且缺乏相关机制的认识。尽管一些研究认为水生生态系统中埋藏的有机碳可作为一种碳汇（Cole et al., 2007；Battin et al., 2009），但该有机碳的来源仍有待确定。前面通过沉积物捕获器对水生生态系统中由 BCP 效应形成的内源有机碳进行了定量计算，并就其对气候和土地利用变化的响应开展了初步研究，证实了 BCP 效应在稳定碳酸盐风化碳汇中有重要作用。然而，碳酸盐风化碳汇固碳的稳定性及其对气候和土地利用变化的响应机制需要得到更长时间尺度上的验证。因此，本章节我们将通过近百年来的湖泊沉积物记录来探讨这一问题。

湖泊沉积物是用于古环境重建最具价值的环境档案之一。其快速的累积过程（Dean and Gorham 1998；Cole et al., 2007；Mendonça et al., 2017）和埋藏效率（Einsele et al., 2001；Tranvik et al., 2009）使湖泊沉积物中埋藏有大量的有机碳。因此，开展湖泊碳埋藏的研究对于全面认识湖泊碳循环及寻找遗失碳汇具有重要作用。本研究利用在云南抚仙湖钻取的三根沉积物柱芯，研究近百年来抚仙湖生物碳泵效应的沉积记录，量化沉积物中内源有机碳的来源比例，量化内源有机碳埋藏量在历史时期的变幅，建立内源有机碳埋藏与气候变化及土地利用方式之间的响应关系。

3.8.1 抚仙湖沉积物矿物组成

本研究团队于 2017 年 1 月 20 日在抚仙湖的 FX-1、FX-2 和 FX-3 获取了三根沉积物柱芯。通过对沉积物（FX-3-1）进行 X 射线衍射（XRD）测试分析，观察到沉积物中的矿物包含有方解石、白云石、石英、高岭石、蒙脱石等（图 3.24）。因此，与捕获器沉积物一致，本研究聚焦的碳酸盐矿物主要为方解石和白云石。

3.8.2 抚仙湖沉积物年代序列的建立

加剧的人为活动，导致湖泊沉积过程发生了显著变化。恒定供给速率（CRS）模型因为其考虑到沉降速率随深度而变化等因素，且可直接获得每一层对应的沉积年代，适应于目前湖泊学研究高分辨率的要求，因此，本研究采用 CRS 模型推算湖泊沉积物年代，建立沉积层年代序列。如图3.25所示，抚仙湖沉积物柱芯 FX-1、FX-2 和 FX-3 的 $^{210}Pb_{ex}$ 比活度随质量深度的增加呈指数衰减，其范围是（32.78±12.99）~（397.62±40.08）Bq/kg，平均值为（105.81±20.34）Bq/kg。这种指数衰减与之前在抚仙湖的计年研究类似（Liu et al.，2009；Li et al.，2011；Wang et al.，2018），表明 CRS 模型具有可靠的年代学意义。基于此，三根沉积物柱芯计算出的沉积年代均超过百年（1910 年至 2017 年）（图3.25）。

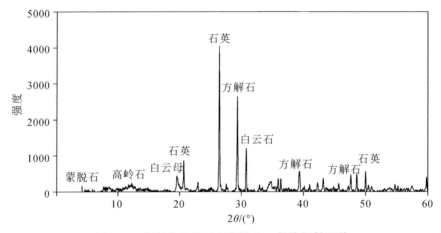

图 3.24　抚仙湖柱芯沉积物样品 X 射线衍射图谱

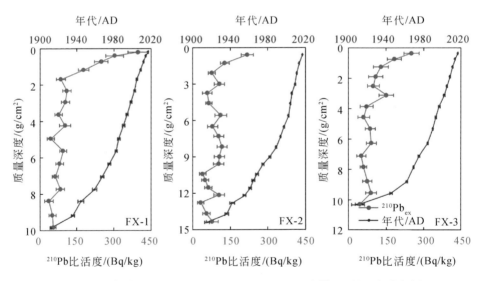

图 3.25　抚仙湖沉积物柱芯 FX-1、FX-2 和 FX-3 中 $^{210}Pb_{ex}$ 的垂直分布剖面
沉积物定年基于 $^{210}Pb_{ex}$ CRS 模型和 ^{137}Cs

3.8.3 抚仙湖柱芯沉积物中内源有机碳的来源比例变化

3.8.3.1 C/N 和 $\delta^{13}C_{org}$ 的分布特征

总体而言，抚仙湖柱芯 FX-1、FX-2 和 FX-3 的 C/N 值基本上低于 10，为 5.80 ~ 10.71，并且从 1910 年至今呈现出不断增加的趋势（表 3.8，图 3.26）。由于沉积物中的氮组分往往优先被矿化，因此其 C/N 值通常随着成岩作用和深度的增加而增加（Meyers，1997）。然而抚仙湖柱芯 C/N 值随深度的增加而减小，表明成岩作用的影响较小，可能是有机质来源改变带来的影响。

表 3.8 抚仙湖柱芯沉积物中的 TOC 和 TIC 含量、C/N 值、$\delta^{13}C_{carb}$、$\delta^{13}C_{org}$、OCAR 和 ICAR

采样点	TOC /(mg/g)	TIC /(mg/g)	C/N	$\delta^{13}C_{carb}$ /‰	$\delta^{13}C_{org}$ /‰	OCAR/ [g/(m²·a)]	ICAR/ [g/(m²·a)]
FX-1	8.75 ~ 31.22 (13.78)① [1.83]②	3.43 ~ 18.79 (7.93) [0.98]	7.54 ~ 10.71 (8.76) [0.24]	−0.67 ~ −0.31 (−0.47) [0.02]	−28.07 ~ −24.77 (−26.13) [0.26]	2.35 ~ 36.44 (16.68) [2.25]	1.19 ~ 25.74 (10.33) [1.55]
FX-2	6.23 ~ 18.22 (7.92) [0.62]	11.65 ~ 18.92 (14.25) [0.53]	7.53 ~ 9.89 (8.14) [0.14]	−0.49 ~ 0.27 (0.00) [0.05]	−27.71 ~ −24.87 (−25.60) [0.15]	2.33 ~ 41.64 (16.98) [2.73]	4.55 ~ 83.07 (31.03) [5.14]
FX-3	4.54 ~ 23.07 (8.27) [1.20]	12.83 ~ 24.88 (19.55) [0.85]	5.80 ~ 7.74 (6.64) [0.18]	0 ~ 0.98 (0.52) [0.08]	−27.39 ~ −24.24 (−25.75) [0.20]	1.06 ~ 26.28 (12.38) [1.83]	2.72 ~ 48.89 (29.78) [3.49]

①平均值；②标准差。

如前面所述，陆生植物因其蛋白质含量低，C/N 值通常>20（Meyers，2003）。浮游生物含有少量纤维和高蛋白，C/N 值通常<10（Meyers，2003）。Tyson（2012）列出了一系列有机物的特定 C/N 值，其中浮游生物的 C/N 平均值约为 6；硅藻的 C/N 平均值在 5 ~ 8；沉水植物的 C/N 平均值约为 12 或更高。在本研究中，对抚仙湖流域不同植物及土壤样品进行了采集。其中陆生植被的 C/N 值在 24.45 ~ 25.03，沉水植物均值为 9.92，浮游植物均值为 6.69。先前的一项研究（Chen et al., 2015）发现，自 20 世纪 50 年代以来，抚仙湖的初级生产力和物种丰度呈正相关，且在生物量组成上显示底栖生物相对于浮游生物的比例有所升高。又因抚仙湖柱芯沉积物的 C/N 值落在内源有机碳端元（以水生植物为代表）范围内，明显不同于外源有机质（以陆生植物为代表）（图 3.27）。因此，抚仙湖沉积物有机碳以内源为主，且湖中水生生物群落的演替可能是造成 C/N 值变化的真正原因。

一个有趣的发现是，三根柱芯沉积物的 C/N 值从 1910 年到 2017 年增加了 1.94 ~ 3.17 倍，这与挪威卑尔根大学 Espegrend 海洋生物站（60.3°N，5.2°E）的模拟实验结果相似，后者的 C/N 值从 6.0 增加到 8.0（Riebesell et al., 2007）。而引起这种变化的原因是浮游生物群落在 CO_2 分压增加的情况下消耗了更多的 DIC，从而导致 C/N 值的升高（Riebesell

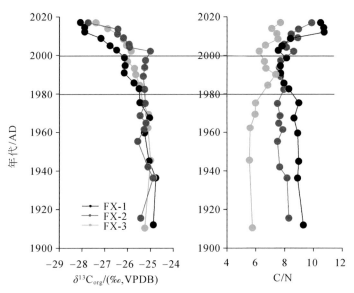

图 3.26　抚仙湖沉积物柱芯 FX-1、FX-2 和 FX-3 中 $\delta^{13}C_{org}$ 和 C/N 的时间序列分布

1950 年、1980 年和 2000 年前后变化显著

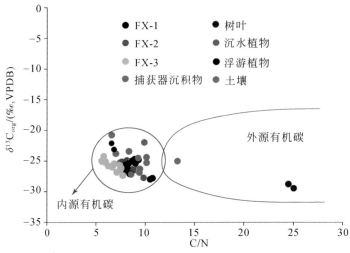

图 3.27　抚仙湖柱芯和捕获器沉积物、土壤、树叶、沉水和浮游植物的 C/N 值

及 $\delta^{13}C_{org}$ 的来源组合划分（据 Meyers，1994）

et al.，2007）。这一过程强化了"DIC 施肥效应"（Yang et al.，2016），并提高了有机碳的内源比例。

抚仙湖柱芯沉积物 FX-1、FX-2 和 FX-3 的 $\delta^{13}C_{org}$ 随深度增加呈指数增长，分别为 $-28.07‰\sim-24.77‰$、$-27.71‰\sim-24.87‰$ 和 $-27.39‰\sim-24.24‰$（表 3.8，图 3.26），这与先前在抚仙湖测得的 $\delta^{13}C_{org}$ 变化趋势相似（Zhang et al.，2015）。近百年来，$\delta^{13}C_{org}$ 持续偏负的原因可能是：①湖水不断增强的水生生物光合作用，产生的同位素分馏使有机物

中的 $\delta^{13}C_{org}$ 偏负（Falkowski and Raven，2013）；②湖泊富营养化不断加剧，与光合作用相比，自养微生物群落的扩大使得分馏效应加剧（Kelley et al.，1998）；③陆生 C_3 植物（$-35‰ \sim -22‰$）输入的增加，使沉积物有机质 $\delta^{13}C_{org}$ 不断偏负（Sharp，2007）；④有机质分解的增加，所产生的 $^{12}CO_2$ 不断被水生生物吸收，导致有机物 $\delta^{13}C_{org}$ 更负（Chen et al.，2018）；⑤过去 200 年来化石燃料燃烧和森林砍伐率的增加，致使大气 CO_2 的 $\delta^{13}C_{org}$ 不断偏负（Verburg，2007）。

此外，与 $\delta^{13}C_{org}$ 类似，柱芯沉积物 FX-1、FX-2 和 FX-3 的 $\delta^{13}C_{carb}$ 随深度增加也呈指数增长，分别为 $-0.67‰ \sim -0.31‰$、$-0.49‰ \sim 0.27‰$ 和 $0 \sim 0.98‰$（表3.8）。回归模型显示，FX-2 和 FX-3 的 $\delta^{13}C_{org}$ 和 $\delta^{13}C_{carb}$ 之间存在显著的正相关性（FX-2，$R^2 = 0.55$，$P < 0.0004$，$n = 19$；FX-3，$R^2 = 0.82$，$P < 0.0001$，$n = 15$）（图3.28）。Meyer 等（2013）认为 $\delta^{13}C_{org}$ 和 $\delta^{13}C_{carb}$ 之间的正相关关系表明有机碳和无机碳同位素记录反映了同期 DIC 同位素组成的变化。因此，这也表明抚仙湖沉积物有机碳的来源主要为内源有机碳，即由 BCP 效应产生的有机碳埋藏可能在抚仙湖碳循环中起到重要作用。

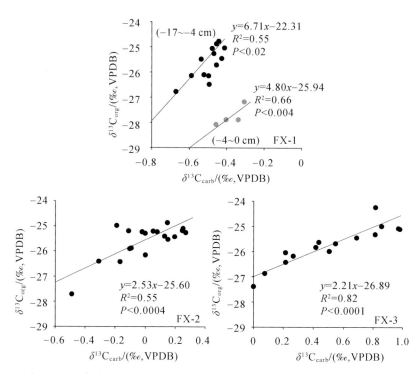

图 3.28　抚仙湖柱芯 FX-1、FX-2 和 FX-3 中 $\delta^{13}C_{org}$ 和 $\delta^{13}C_{carb}$ 之间的相关性
FX-1 分为两部分（$-4 \sim 0$ cm；$-17 \sim -4$ cm）

必须注意的是，对于柱芯 FX-1，整段记录并没有明显的正相关（$R^2 = 0.04$，$P < 0.5$，$n = 17$）。但当 FX-1 被拆分为两部分（$-4 \sim 0$ cm；$-17 \sim -4$ cm）时，其相关系数（R^2）分别达到 0.66 和 0.55，呈现显著的正相关（图 3.28）。$\delta^{13}C_{org}$ 在柱芯上部 -4 cm 位置突然降低至 $<-27‰$，并在沉积物最表层（0 cm）继续下降至 $-28‰$（图 3.28），其原因可能是外

源物质输入的突然增加造成的。自 2009 年以来，抚仙湖流域大规模的土地开发造成土壤侵蚀加剧，外源有机质（$\delta^{13}C_{org}$偏负）流失严重，从而导致沉积物中记录的$\delta^{13}C_{org}$在短时间内突然降低。

3.8.3.2 正构烷烃的来源分布

传统的地球化学方法（$\delta^{13}C_{org}$、C/N）在水生环境中易受微生物降解作用的影响，存在指向性重叠、模糊的局限（Cloern et al., 2002），需多指标综合判断，进而才可更为全面地辨别湖泊沉积物有机碳来源。相比于捕获器沉积物受有机质分解的影响较小，柱芯沉积物很容易受此影响，因此，传统的地球化学法的使用往往受限。如抚仙湖流域土壤有机质的 C/N 值和$\delta^{13}C_{org}$均接近水生生物（图3.27）。相比之下，湖泊沉积物中的生物标记化合物，由于其来源特异性和对细菌降解的较高抵抗性而被广泛用作有机物来源的示踪剂（Eglinton and Hamilton, 1967; Blumer et al., 1971; Volkman et al., 1980; Meyers, 2003; Schefuß et al., 2003; Fokin et al., 2012）。正构烷烃（n-alkanes）作为一种生物标志物，可以从分子水平上为有机质的来源和生物地球化学转化提供更为细致的特征信息，其包含识别有机碳来源的"指纹"信息，能够更加灵敏、准确地溯源。所以，近来更多研究者使用类脂生物标志物（如正构烷烃）探讨有机物的来源、迁移和埋藏问题（Yunker et al., 2005; Waterson and Canuel, 2008; Tue et al., 2012; Rao et al., 2014; Yang et al., 2016; Huang et al., 2017）。

在所有抚仙湖柱芯沉积物样品中，检测出的正构烷烃碳数分布范围是$nC_{12} \sim nC_{39}$，其浓度范围是 295~56237 ng/g，平均值为 20161 ng/g。从总体碳数分布特征看，短链正构烷烃占优。沉积物的正构烷烃呈现双峰碳数分布，在高碳数（$nC_{25} \sim nC_{33}$）范围内奇偶优势并不显著。碳数在nC_{20}以下的短链正构烷烃的相对丰度较高，主要由nC_{17}（349~8846 ng/g；平均值为 1898 ng/g）、nC_{18}（333~7230 ng/g；平均值为 1673 ng/g）构成主峰碳，没有明显的奇数优势。

抚仙湖柱芯沉积物 FX-1、FX-2 和 FX-3 的正构烷烃各指标特征如表 3.9 所示。高碳优势指数（carbon preference index, CPI）（>5）表明更多来自维管植物表皮蜡质的贡献，而低 CPI 可能表明藻类和细菌等的贡献相对较高（Tolosa et al., 2004; Tareq et al., 2005; Seki et al., 2006）。CPI1 变幅在 0.78~1.12，平均值为 0.93；CPI2 为 0.82~1.44，平均值为 1.06（表 3.9），表明正构烷烃以水生生物源为主。正烷烷烃平均链长（average chain length, ACL）指数是沉积物样品中正构烷烃含量的加权平均碳链长，可以反映外源有机质和内源有机质的相对丰度情况，也可反映陆源生物中木本植物相对于草本植物的输入情况。通常，高等植物的 ACL 高于低等植物和水生藻类（Poynter and Eglinton, 1990）。抚仙湖的 ACL 为 29.08~30.48，平均值为 29.57（表 3.9），说明水生生物所占的比例高于陆生植物。Paq（Pmar-aq）指数主要用于区分湖泊沉积物中来自陆生植物和中链正构烷烃中淡水植物的输入（Ficken et al., 2000; Zhang et al., 2004; Zheng et al., 2007）。高 Paq 值（范围从 0.1 到 1）对应于来自水生生物源，特别是沉水和浮游植物的贡献增加；Paq < 0.1，表明来自陆生植物的输入为主（Ficken et al., 2000; Zhang et al., 2004; Zheng et al., 2007）。抚仙湖沉积物中的 Paq 值范围在 0.18~0.48，均值为 0.39（表 3.9），表明

沉水/浮游植物的相对丰度较高。奇偶优势（odd even preference，OEP）指数反映有机物的成熟度。随着成熟度的增加，正构烷烃在成岩过程中逐渐丧失其特定的奇偶性（Meyers and Ishiwatari，1993；Snedaker et al.，1995），来自陆源植物的碳氢化合物组分其 OEP 在 2~10，且呈奇碳数优势。抚仙湖沉积物样品中的 OEP 在 0.26~1.38，平均值为 0.78（表 3.9），表明来自陆源高等植物的未成熟有机质较少。

表3.9 抚仙湖柱芯沉积物中正构烷烃各指标平均值及有机碳内外源比例

位置	CPI1	CPI2	ACL	Paq	OEP	$R_{auto}/\%$	$R_{allo}/\%$
FX-1	0.90~1.12 (0.95)① [0.02]②	0.92~1.44 (1.10) [0.04]	29.17~29.94 (29.57) [0.08]	0.27~0.48 (0.39) [0.02]	0.75~1.38 (0.93) [0.06]	47.55~70.97 (60.85) [0.03]	29.03~52.45 (39.15) [0.03]
FX-2	0.92~1.06 (0.95) [0.01]	1.02~1.12 (1.07) [0.01]	29.08~29.77 (29.52) [0.08]	0.41~0.48 (0.44) [0.01]	0.72~1.23 (0.87) [0.05]	61.37~83.82 (68.48) [0.03]	16.18~38.63 (31.52) [0.03]
FX-3	0.77~1.00 (0.89) [0.02]	0.82~1.33 (1.00) [0.04]	29.18~30.48 (29.62) [0.11]	0.18~0.44 (0.33) [0.03]	0.26~0.88 (0.55) [0.06]	46.86~71.27 (59.83) [0.02]	28.73~53.14 (40.17) [0.02]
平均值	0.93	1.06	29.57	0.39	0.78	63.05	36.95

①平均值；②标准差。

注：CPI1 = $\sum odd(nC_{15}-nC_{34})/\sum even(nC_{15}-nC_{34})$；CPI2 = $1/2[(nC_{25}+nC_{27}+nC_{29}+nC_{31}+nC_{33})/(nC_{24}+nC_{26}+nC_{28}+nC_{30}+nC_{32})+(nC_{25}+nC_{27}+nC_{29}+nC_{31}+nC_{33})/(nC_{26}+nC_{28}+nC_{30}+nC_{32}+nC_{34})]$；ACL = $[25(nC_{25})+27(nC_{27})+29(nC_{29})+31(nC_{31})+33(nC_{33})]/(nC_{25}+nC_{27}+nC_{29}+nC_{31}+nC_{33})$；Paq = $(nC_{23}+nC_{25})/(nC_{23}+nC_{25}+nC_{29}+nC_{31})$；OEP = $(nC_{25}+6nC_{27}+nC_{29})/(4nC_{26}+4nC_{28})$（Jeng et al.，2006；Sojinu et al.，2010；Ortiz et al.，2011）。R_{auto} 代表内源有机碳比例；R_{allo}（外源有机碳比例） = $1-R_{auto}$。

本研究将代表水生藻类的短链正构烷烃（nC_{15}、nC_{17} 和 nC_{19}）和代表沉水植物的中链正构烷烃（nC_{21}、nC_{23} 和 nC_{25}）归为内源，外源有机碳主要来自长链正构烷烃（nC_{27}、nC_{29} 和 nC_{31}），通过建立一个简单混合模型 [式（3.10）]，计算得出抚仙湖沉积物 FX-1、FX-2 和 FX-3 的内源有机碳占总有机碳的比例平均约为 61%、68% 和 60%（表 3.9），表明内源有机碳对抚仙湖沉积物的贡献比重很大。

3.8.4 生物碳泵效应对湖泊沉积物有机碳埋藏的重要作用

3.8.4.1 BCP 效应引起的 OCAR$_{auto}$ 和 ICAR 同步增加

抚仙湖柱芯沉积物 FX-1、FX-2 和 FX-3 的 TOC 含量变化范围分别为 8.75~31.22 mg/g、6.23~18.22 mg/g 和 4.54~23.07 mg/g（表 3.8）。虽然均表现出 TOC 含量随深度的增加呈指数型下降的趋势，但 FX-1 的平均 TOC 含量（13.78 mg/g）显著高于 FX-2

(7.92 mg/g) 和 FX-3 (8.27 mg/g) (表 3.8)。与之类似, FX-1、FX-2 和 FX-3 的 TIC 含量在垂直剖面上随深度的增加呈指数下降, 其范围分别为 3.43~18.79 mg/g、11.65~18.92 mg/g 和 12.83~24.88 mg/g。沉积物 TOC 和 TIC 之间存在明显的正相关性 (FX-1, $R^2=0.81$, $P<0.0001$, $n=17$; FX-2, $R^2=0.56$, $P<0.0003$, $n=19$; FX-3, $R^2=0.40$, $P<0.02$, $n=15$)。同时, FX-1、FX-2 和 FX-3 的 OCAR 从沉积物柱芯底部到顶部的值域范围分别是 2.35~36.44 g/(m²·a)、2.33~41.64 g/(m²·a) 和 1.06~26.28 g/(m²·a)。ICAR 的值域区间分别是 1.19~25.74 g/(m²·a) (FX-1)、4.55~83.07 g/(m²·a) (FX-2) 和 2.72~48.89 g/(m²·a) (FX-3) (表 3.8)。对于内源有机碳埋藏速率 ($OCAR_{auto}$), 沉积物 FX-1、FX-2 和 FX-3 的 $OCAR_{auto}$ 随着时间的推移不断增加, 尤其在 20 世纪 50 年代、80 年代和 2000 年这几个时间节点, 其增速更是明显 (图 3.29)。$OCAR_{auto}$ 分别从 1.13 g/(m²·a) 增加至 19.88 g/(m²·a) (FX-1)、1.43 g/(m²·a) 增加至 29.01 g/(m²·a) (FX-2) 和 0.61 g/(m²·a) 增加至 16.33 g/(m²·a) (FX-3) (图 3.29)。

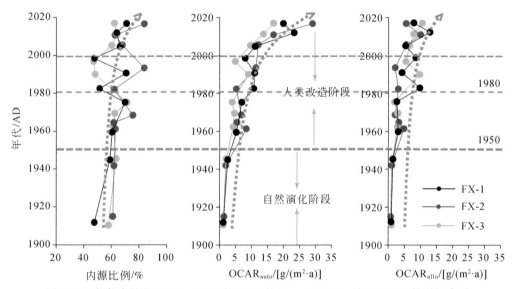

图 3.29 抚仙湖柱芯 FX-1、FX-2 和 FX-3 的 R_{auto}、$OCAR_{auto}$ 和 $OCAR_{allo}$ 的时间序列

1950 年、1980 年和 2000 年前后变化显著

如式 (3.18) 所示, 在水生生态系统中, 当 BCP 效应发生时, $OCAR_{auto}$ 和 ICAR 将同步增加。Kelts 和 Hsü (1978) 发现水生生物的光合作用强度可以在一定程度上影响 $CaCO_3$ 的沉积。湖泊水生生物的生长将从湖水中吸收大量的 CO_2 并在短期内造成方解石过饱和。因此, $OCAR_{auto}$ 和 ICAR 的同步增加应该是由水生生物光合作用的增强所致 (Dittrich and Obst, 2004; Kelts and Hsü, 1978)。然而, 在一些湖泊沉积物中发现 $OCAR_{auto}$ 和 ICAR 往往呈负相关。Dean (1999) 认为沉积物中若有机碳含量较高 (>12%), 有机碳分解作用加强导致间隙水 pH 降低, 将反过来溶解碳酸盐, 因此造成二者的反相位关系。在本研究中, 沉积物中的有机碳含量均小于 12% (柱芯沉积物: 0.45%~3.12%), 这表明有机碳分解对碳酸盐沉积的影响很小。自 20 世纪初至今, 抚仙湖柱芯沉积物记录观察到 $OCAR_{auto}$ 和 ICAR 具有明显的正相关性 (图 3.30), 而 BCP 效应应该是造成其共同增加的

主要原因。

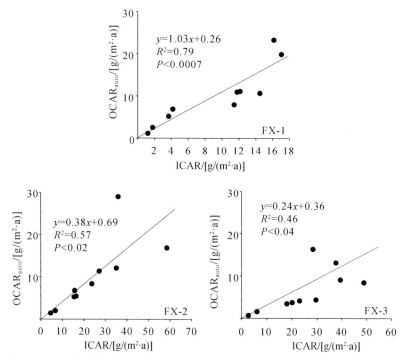

图 3.30 抚仙湖柱芯 FX-1、FX-2 和 FX-3 中 $OCAR_{auto}$ 和 ICAR 之间的相关性

3.8.4.2 内外源有机碳埋藏速率的变化

抚仙湖柱芯沉积物 FX-1 和 FX-2（靠近人口稠密地区）的 $OCAR_{auto}$ 具有相似的值和趋势，且略高于 FX-3（图 3.29），这表明人类活动强度对湖泊内源有机碳埋藏产生了重要影响。在湖泊自然演化阶段（1910～1950 年），湖泊沉积物记录了相对稳定和缓慢的沉积过程；有机碳埋藏以内源为主，该时段的 $OCAR_{auto}$ 为 1.53 g/(m²·a)（图 3.29）。然而，进入新中国成立后的湖泊人为改造阶段（1950～2017 年），平均 $OCAR_{auto}$ 增加到 10.56 g/(m²·a)；特别是自 1978 年改革开放以来，$OCAR_{auto}$ 的增加更是迅速，平均为 13.11 g/(m²·a)（图 3.29）。1950 年以后的 $OCAR_{auto}$ 其平均值大约是 1950 年之前的 6.90 倍。这些记录表明，过去近 100 年的人类活动和（或）气候变化使湖泊（内源）有机碳埋藏量明显增加。而同样地，最近的研究发现，欧洲湖泊的 OCAR 在 1950 年后与 1850～1950 年相比，增加了 1.5 倍（Anderson et al., 2014），北美湖泊增加了 1.6～4 倍（Anderson et al., 2013; Dietz et al., 2015; Heathcote et al., 2015），说明人类活动对湖泊有机碳埋藏产生了直接或间接的影响。

3.8.5 气候和土地利用变化对内源有机碳沉积速率的影响

湖泊有机碳埋藏是陆地碳循环的重要组成部分，在减缓气候变化的战略中必须予以充分的考虑（Battin et al.，2009）。然而，对于埋藏速率如何响应人类活动和气候变化上仍缺乏认识，因此，在接下来的部分，本研究将尝试建立 OCAR$_{auto}$ 与气候及土地利用方式各主要因子之间的关系并讨论其内部机制。

3.8.5.1　对气候变化的响应

自 20 世纪初以来，抚仙湖 OCAR$_{auto}$ 的增加可能与气候因素有关，如温度变化的影响（Brothers et al.，2008；Sobek et al.，2014；Huang et al.，2017）。在全球变暖的背景下，大量的现代监测资料表明，北美、欧洲地区的河流和湖泊 DOC 浓度在最近几十年显著增加（Monteith et al.，2007），这似乎可以将气温与 DOC 建立关联。随着温度的增加，湖泊初级生产力增强，有机埋藏量增加。过去在太湖的研究证实，在 10～30 ℃，湖泊初级生产力随着温度的增加呈指数性增长（张运林等，2004）。在更长的时间尺度上，全新世大暖期阶段青海湖的碳埋藏效率达到最高（An et al.，2012），尤其在人类影响较小的中国西北地区，全新世大暖期的湖泊碳埋藏速率明显高于近现代（张风菊等，2013）。尽管温度的增加在一定程度上会加速有机质的矿化作用（Gudasz et al.，2010），但由温度升高带来的有机碳埋藏速率的增加可能超过其矿化速度。从 1961 年到 2017 年，抚仙湖的气温从 15.1 ℃升至 17.2 ℃，与 OCAR$_{auto}$ 呈正相关（图 3.31）。温度每升高 1 ℃，OCAR$_{auto}$ 增加 6.15 g/(m^2·a)，这些均表明温度的增加会提高有机碳埋藏速率。

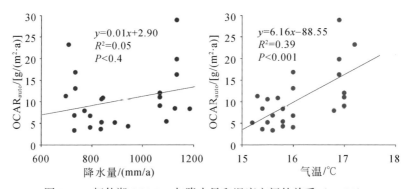

图 3.31　抚仙湖 OCAR$_{auto}$ 与降水量和温度之间的关系（$n=24$）

研究整理了本地区从 1961 年到 2017 年的降水量数据，发现过去几十年来降水量波动较小，且与 OCAR$_{auto}$ 之间没有相关性（图 3.31），说明降水并不是影响近百年来抚仙湖有机碳埋藏速率的因素。然而值得注意的是，OCAR$_{auto}$ 和 OCAR$_{allo}$ 在 1998 年之后都出现了较大幅度的增长。而最近二十年来，本地区降水量持续增加，并伴随多发的强降水天气。强降水冲刷地表并通过河流向湖泊输送大量陆源有机物，甚至能够控制湖泊的碳通量（Dhillon and Inamdar，2013），从而导致抚仙湖沉积物中 OCAR$_{allo}$ 在 1998 年之后增加明显。另外，强降水可通过河流携带大量营养元素进入湖泊，增加湖泊 BCP 效应的强度，从而使沉积物中的 OCAR$_{auto}$ 得到显著增加。

3.8.5.2 对土地利用变化的响应

在过去一百年间，抚仙湖有机碳累计埋藏量约为 0.35 Tg。在气候环境背景一致且距离抚仙湖仅 20 km 的富营养化湖泊——滇池，其 1900~2012 年间储存的有机碳约为 0.94 Tg（Huang et al.，2017），是抚仙湖的 2.69 倍。这一证据表明人为活动的增强将增加沉积物中有机碳的埋藏量，并且可能比气候变化如温度升高带来的影响更为显著。对比全球其他湖泊，抚仙湖平均 OCAR [15.53 g/(m²·a)] 在全球平均 OCAR 范围 [11~26 g/(m²·a)] 内（Kastowski et al.，2011），但低于北美和欧洲富营养化湖泊的记录 [>50 g/(m²·a)]（Dean and Gorham，1998；Heathcote and Downing，2012；Anderson et al.，2014），尤其在一些受农业活动严重影响的富营养化水库，可能高达 200 g/(m²·a)（Heathcote and Downing，2012），甚至达 17000 g/(m²·a)（Downing et al.，2008）。对比国内湖泊，抚仙湖平均 OCAR 与西藏高原湖区 [14.3 g/(m²·a)] 相似，但显著地低于中国东部平原湖区 [30.6 g/(m²·a)] 和东北山地和平原湖区 [25.4 g/(m²·a)]（Zhang et al.，2017）。作为高原贫营养化湖泊，抚仙湖的 OCAR 与世界上其他贫营养湖相似（Downing et al.，2008）。对比分析的结果表明，对众多湖泊而言，农业活动显然是影响 OCAR 的主控因素（Anderson et al.，2013；Huang et al.，2017）。而森林用地向农业用地的转变，将增强土壤侵蚀使土壤淋溶释放出更多的养分，导致氮和磷等养分在湖泊中富集，有助于提高湖泊的初级生产力（Schelske et al.，1988）。类似这种土地利用方式的变化被认为是影响湖泊有机碳埋藏的最重要的人类活动之一（Anderson et al.，2013）。

在密西西比河进行的一项研究表明，重碳酸氢根离子和水径流量的增加主要是由于来自农业区域的补给增加（Raymond et al.，2008），而这些可能会增强水体中的 BCP 效应进而提高有机碳埋藏效率（Yang et al.，2016；Chen et al.，2017；Liu et al.，2018）。最近的研究认为，耦联水生光合作用的碳酸盐风化作用可能对有机碳埋藏通量产生影响（Liu et al.，2018），而其又往往受控于不同的土地利用方式。来自中国西南普定沙湾岩溶水-碳循环大型模拟试验场的研究证实，在耕地条件下，较强的微生物活动和根呼吸作用，导致土壤 CO_2 增加并进一步增加 DIC 浓度，最终导致耦联水生光合作用的碳酸盐风化碳汇量的增加（Chen et al.，2017）。本研究团队在珠江流域也发现了上述提及的"DIC 施肥效应"，即水体中 DIC 浓度越高产生的内源有机碳越多（Yang et al.，2016）。

自 1974 年以来，抚仙湖流域的森林面积持续减少，人口密度和耕地面积不断增加（Li et al.，2017）。而抚仙湖的沉积物记录显示，$OCAR_{auto}$ 在近百年来也持续地增加（图 3.29）。从图 3.32 可以看出，$OCAR_{auto}$ 与人类活动代理指标表现出良好的相关性。我们估计，耕地面积每增加 1 km² 将导致 $OCAR_{auto}$ 增加 0.11 g/(m²·a)；人口密度每平方千米每增加 1 人导致 $OCAR_{auto}$ 增加 0.18 g/(m²·a)；总氮含量每增加 1 mg/g，导致 $OCAR_{auto}$ 增加 7.23 g/(m²·a)；而森林面积每增加 1 km²，将导致 $OCAR_{auto}$ 减少 0.10 g/(m²·a)。因此，我们有理由相信，在森林砍伐不断加剧和农业活动不断发展的人为改造阶段，抚仙湖的 $OCAR_{auto}$ 显然高于其自然演化阶段。Anderson 等（2013）甚至得出结论，土地利用变化控制着湖泊中的有机碳埋藏，而不是由气候控制。遗憾的是，该项研究没有区分有机碳埋藏的内外源，而这是理解碳循环及其潜在机制所必需的。

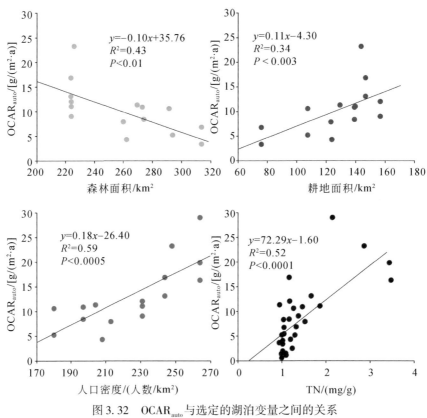

图 3.32　$OCAR_{auto}$ 与选定的湖泊变量之间的关系

TN，$n=30$；森林和耕地面积，$n=15$；人口密度，$n=16$；李石华等，2017

此外，通过计算，自 20 世纪初至今，抚仙湖内源有机碳占总有机碳的比例平均值为 63.05%（46.86%~83.82%），埋藏量达到 0.21 Tg。Tranvik 等（2009）估计，大约有 0.6 Pg/a 有机碳埋藏在湖泊和水库沉积物中。若以最低的内源有机碳比例计算，即 46.86%，则全球湖泊和水库中的内源有机碳埋藏量约为 0.28 Pg/a，这与估算的地表水系统（湖泊、水库、河流等）中由 BCP 效应形成的内源有机碳埋藏量（0.27 Pg/a）接近（Liu et al.，2018）。这表明湖泊可能是一个重要的碳汇。同时，基于 H_2O-$CaCO_3$-CO_2-水生光合作用的碳酸盐风化稳定碳汇被大大低估，随着富营养化的加剧，未来湖泊有机碳埋藏量将更多。

3.8.6　小结

为理解 CCW 碳汇对气候和土地利用变化的响应机制，本研究通过对抚仙湖岩心沉积物的分析，得到以下结论。

（1）抚仙湖柱芯沉积物低的 C/N 值和 $\delta^{13}C_{org}$ 表明了较多的内源有机碳贡献，通过生物标志物法（正构烷烃）计算显示出三根岩心沉积物中内源有机碳占总有机碳比例达 60%~68%。

（2）抚仙湖柱芯沉积物内源有机碳沉积速率的增加伴随无机碳沉积速率的增加。尤其在 1950 年之后，$OCAR_{auto}$ 是自然演化阶段（1910~1950 年）的 6.9 倍。

（3）抚仙湖柱芯沉积物中的 $OCAR_{auto}$ 随全球变暖和土地利用变化显著增加，从 1910 年的 1.06 g/($m^2 \cdot a$) 上升到 2017 年的 21.74 g/($m^2 \cdot a$)。如果全球湖泊都保持这种趋势，那么增加的碳汇可能对全球变暖起到重要的负反馈作用。

总之，在耦联水生光合作用的碳酸盐风化作用下，湖泊内源有机碳埋藏可能是一个重要的碳汇。本研究首次定量计算出 BCP 成因的湖泊内源有机碳埋藏通量，这有助于全球碳循环中遗失碳汇问题的解决。

3.9　结论与展望

本项研究运用多种地球化学手段，通过 ^{210}Pb 年代学、水化学指标（T、pH、EC、DO、$[Ca^{2+}]$、$[HCO_3^-]$、SI_C 和 pCO_2）、元素组成（OC、IC、C/N）和碳稳定同位素组成（$\delta^{13}C_{DIC}$、$\delta^{13}C_{carb}$ 和 $\delta^{13}C_{org}$）分析，揭示了水生生物对湖泊水化学、同位素季节和昼夜尺度变化的影响，定量计算出由 BCP 效应形成的内源有机碳沉积或埋藏量，并进一步分析其对气候和土地利用变化的响应机制。通过本项研究，对湖泊碳循环尤其是沉积物中内源有机碳埋藏获得了一些重要认识，同时也发现了一些仍然还存在的问题，还有待在今后更进一步的研究。

3.9.1　结论及创新点

3.9.1.1　结论

1. 抚仙湖水化学和同位素特征

（1）通过在中国云南抚仙湖开展为期一年的水化学现代监测（2017 年 1~10 月），发现抚仙湖水温季节性变化较大，在 2017 年 4~10 月，垂直剖面存在明显的热分层现象，温跃层分布深度在 20~50 m，且随着时间变化而变化。

（2）抚仙湖水化学类型为舒卡列夫分类法中的 HCO_3^--Ca-Mg 型，是典型的喀斯特水。其水化学特征受到碳酸盐矿物和硅酸盐矿物风化的影响，但来自碳酸盐矿物风化的贡献可能占据主导地位。

（3）抚仙湖的 T、pH、EC、DO、$[Ca^{2+}]$、$[HCO_3^-]$、SI_C、pCO_2 和 $\delta^{13}C_{DIC}$ 体现出明显的深度和季节变化。夏秋季节 T、pH、DO、SI_C 和 $\delta^{13}C_{DIC}$ 升高，而 EC、$[HCO_3^-]$、$[Ca^{2+}]$ 和 pCO_2 均下降，冬季与之相反；但无论是分层还是混合期，表水层相较深水层其 pH、DO、SI_C 和 $\delta^{13}C_{DIC}$ 均较高，EC、$[HCO_3^-]$、$[Ca^{2+}]$ 和 pCO_2 则相对较低；此外，pCO_2 和 DO 在不同水深和季节均表现出明显的负相关，这些均表明水生光合生物对抚仙湖水化学和同位素季节变化的显著影响。

（4）不同季节抚仙湖湖北 LWHK 和湖南 JL 两个样点的 T、pH、EC、DO、$[Ca^{2+}]$、

[HCO_3^-]、SI_C 和 pCO_2 均表现出显著的昼夜变化动态。白天湖水水生生物光合作用强烈，pH、DO 和 SI_C 增加，而 [Ca^{2+}]、[HCO_3^-] 和 pCO_2 降低；晚上呼吸速率超过光合作用速率，[Ca^{2+}]、[HCO_3^-] 和 pCO_2 增加，pH、DO 和 SI_C 降低；抚仙湖昼夜尺度的 pCO_2 和 DO 表现出相反的趋势关系，这些特征表明水生生物光合和呼吸作用对水化学的影响非常显著。

（5）在 2017 年 1 月和 4 月昼夜监测期间，抚仙湖的 $\delta^{13}C_{DIC}$ 呈现出白天高晚上低的特点。而在 7 月和 10 月，却表现出截然不同的趋势，整体上呈现白天低晚上高的特点。前者主要归因于白天水生生物光合作用期间，其对 $^{12}CO_2$ 的吸收快于 $^{13}CO_2$ 导致的 $\delta^{13}C_{DIC}$ 通常偏正。而造成后者的因素可能与白天湖水微生物活动加剧、有机质降解强烈、大气 CO_2 的入侵及其产生的动力学分馏有关。

2. 抚仙湖捕获器和柱芯沉积物特征

（1）捕获器沉积物中 C/N 值较低，而 $\delta^{13}C_{org}$ 与周围流域有机物质的 $\delta^{13}C_{org}$ 难以区分。因此利用 C/N 端元法得知，内源有机碳占总有机碳的比例在 30%~100%，表明抚仙湖有机碳以内源为主，也因此很大程度上受到 BCP 效应的影响。同时，计算得出抚仙湖内源有机碳沉积通量在 2017 年为 20.43 g/($m^2 \cdot a$)，其主要受营养元素输入和温度等协同效应的影响。

（2）抚仙湖柱芯沉积物低 C/N 值和 $\delta^{13}C_{org}$ 表明了较多的内源有机碳贡献，通过生物标志物法（正构烷烃），计算出三根岩心沉积物中内源有机碳占总有机碳比例达 60%~68%。

（3）抚仙湖柱芯沉积物内源有机碳沉积速率的增加伴随无机碳沉积速率增加。尤其在 1950 年之后，$OCAR_{auto}$ 是自然演化阶段（1910~1950 年）的 6.9 倍。

（4）抚仙湖柱芯沉积物中的 $OCAR_{auto}$ 随全球变暖和土地利用变化显著增加，从 1910 年的 1.1 g/($m^2 \cdot a$) 上升到 2017 年的 21.7 g/($m^2 \cdot a$)。如果全球湖泊都保持这种趋势，那么增加的碳汇可能对全球变暖起到重要的负反馈作用。

3.9.1.2 研究创新点

本研究基于水-岩（土）-气-生相互作用的有机-无机过程耦合分析的思路，首次深入开展百年来耦联生物泵的碳酸盐风化碳汇重要性的研究，这是研究思路的重要创新。在耦联水生光合作用的碳酸盐风化作用下，湖泊内源有机碳埋藏可能是一个重要的碳汇。研究首次通过传统地球化学方法和生物标志物法定量计算出 BCP 成因的湖泊内源有机碳埋藏通量，这有助于全球碳循环中遗失碳汇问题的解决。

3.9.2 本研究存在的问题与展望

3.9.2.1 存在问题

本项研究从多个角度对生物碳泵效应的湖泊沉积记录进行了分析。虽然对理解碳酸盐风化碳汇对气候及土地利用变化的响应机制等方面都获得了一些重要认识，但也存在一些明显的不足之处，有待今后更深入的研究。

（1）现代监测工作还不够系统和全面。例如，大气粉尘是驱动气候变化的重要因子，对全球水循环和碳循环具有重要影响，而湖泊的生物地球化学过程与粉尘活动之间联系的相关信息还了解较少。

（2）有些方面的地球化学指标分析还不够完善。例如，本研究发现 [HCO_3^-] 和水生生物作用密切相关，但有研究认为 DIC 的另一个重要组分——溶解 CO_2 可能是喀斯特水生生物生长的主要碳源，因此，针对这一指标还需要后续深入的挖掘。

（3）在野外沉积物捕获器的放置中，多次受到人为活动的破坏，影响了沉积物现代沉积过程的完整记录。

（4）在捕获器沉积物有机碳来源的定量分析中，本研究对流域内陆生和水生植物及土壤的样品采集密度还不够，限制了端元值的典型性。

（5）在对柱芯沉积物有机碳来源的定量计算中，虽然生物标志物（正构烷烃）法应用在不少研究中，但仍存在一些争议。因此，将生标法与 $\delta^{13}C-\delta^{14}C$ 法等其他方法结合来综合评估有机碳内外源比例可能更为精确。

3.9.2.2 展望

今后的研究工作将弥补上述不足。一方面，是加强对大气沉降、现代沉积过程等的现代观测；另一方面，则是要针对某些研究，进行更加系统和全面的样品采集、分析和测试。如对湖泊沉积物进行更长时间尺度的研究；开展与富营养化湖泊及水库的对比研究；生物碳泵效应的富营养化缓解机制研究；外源和自生碳酸盐的区分研究等。

参 考 文 献

陈留美, 金章东. 2013. 沉积物捕获器及其在海洋与湖泊沉降颗粒物研究中的应用. 地球环境学报, 4（3）：1346-1354.

陈小林, 陈光杰, 卢慧斌, 等. 2015. 抚仙湖和滇池硅藻生物多样性与生产力关系的时间格局. 生物多样性, 23（1）：89-100.

程三友, 李英杰. 2010. 抚仙湖流域地貌特征及其构造指示意义. 地质力学学报, 16（4）：383-392.

丁薇, 陈敬安, 杨海全, 等. 2016. 云南抚仙湖主要入湖河流有机碳来源辨识. 地球与环境, 44（3）：290-296.

付朝晖. 2015. 抚仙湖水温跃层研究. 海洋湖沼通报, 1：9-12.

郭军明, 康世昌, 张强弓, 等. 2012. 青藏高原纳木错湖水主要化学离子的时空变化特征. 环境科学, 33（7）：2295-2302.

侯长定. 2001. 抚仙湖富营养化现状、趋势及其原因分析. 环境科学导刊, 20（3）：39-41.

胡春华, 周文斌, 夏思奇. 2011. 鄱阳湖流域水化学主离子特征及其来源分析. 环境化学, 30（9）：1620-1626.

李键, 张维, 陈敬安, 等. 2011. 一种可实现不同水深条件下采样的湖泊沉积物柱芯采样装置. 地球与环境, 39（1）：121-124.

李石华, 周峻松, 王金亮. 2017. 1974~2014 年抚仙湖流域土地利用/覆盖时空变化与驱动力分析. 国土资源遥感, 29（4）：135-142.

李荫玺, 刘红, 陆娅, 等. 2003. 抚仙湖富营养化初探. 湖泊科学, 15（3）：285-288.

梁红, 黄林培, 陈光杰, 等. 2018. 滇东湖泊水生植物和浮游生物碳、氮稳定同位素与元素组成特征. 湖泊科学, 30 (5): 1400-1412.

刘再华. 2012. 岩石风化碳汇研究的最新进展和展望. 科学通报, 57 (2): 95-102.

刘再华, Dreybrodt W, 王海静. 2007. 一种由全球水循环产生的可能重要的 CO_2 汇. 科学通报, 52 (20): 2418-2422.

莫美仙, 张世涛, 叶许春, 等. 2007. 云南高原湖泊滇池和星云湖 pH 值特征及其影响因素分析. 农业环境科学学报, 26 (s1): 269-273.

潘继征, 熊飞, 李文朝, 等. 2009. 抚仙湖浮游甲壳动物群落结构与空间分布. 湖泊科学, 21 (3): 408-414.

万国江. 1997. 现代沉积的 ^{210}Pb 计年. 第四纪研究, 17 (3): 230-239.

王鹏, 尚英男, 沈立成, 等. 2013. 青藏高原淡水湖泊水化学组成特征及其演化. 环境科学, 34 (3): 874-881.

王苏民, 窦鸿身. 1998. 中国湖泊志. 北京: 科学出版社.

吴丰昌, 万国江. 1994. 淡水湖泊碳酸钙自生沉淀生物成因新证据和成因解释. 矿物岩石地球化学通报, 2: 71-72.

熊飞, 李文朝, 潘继征. 2008. 云南抚仙湖外来鱼类现状及相关问题分析. 江西农业学报, 20 (2): 92-94.

袁希功, 黄文敏, 毕永红, 等. 2013. 香溪河库湾春季 pCO_2 与浮游植物生物量的关系. 环境科学, 34 (5): 1754-1760.

曾海鳌, 吴敬禄. 2007. 近50年来抚仙湖重金属污染的沉积记录. 第四纪研究, 27 (1): 128-132.

曾庆睿, 刘再华. 2017. 玄武岩风化是重要的碳汇机制吗?. 科学通报, (10): 1041-1049.

张风菊, 薛滨, 姚书春, 等. 2013. 全新世大暖期中国湖泊碳埋藏速率初步研究. 第四纪研究, 33 (2): 401-402.

张运林, 秦伯强, 陈伟民, 等. 2004. 太湖梅梁湾浮游植物叶绿素 a 和初级生产力. 应用生态学报, 11: 2127-2131.

中国科学院南京地理与湖泊研究所. 1990. 抚仙湖. 北京: 海洋出版社.

Alin S R, Johnson T C. 2007. Carbon cycling in large lakes of the world: A synthesis of production, burial, and lake-atmosphere exchange estimates. Global Biogeochemical Cycles, 21 (3): GB3002.

An Z, Colman S M, Zhou W, et al. 2012. Interplay between the Westerlies and Asian monsoon recorded in Lake Qinghai sediments since 32 ka. Scientific Reports, 2: 619.

Anderson N J, Dietz R D, Engstrom D R. 2013. Land-use change, not climate, controls organic carbon burial in lakes. Proceedings of the Royal Society B: Biological Sciences, 280 (1769): 20131278.

Anderson N J, Bennion H, Lotter A F. 2014. Lake eutrophication and its implications for organic carbon sequestration in Europe. Global Change Biology, 20 (9): 2741-2751.

Arnaud F, Magand O, Chapron E, et al. 2006. Radionuclide dating (^{210}Pb, ^{137}Cs, ^{241}Am) of recent lake sediments in a highly active geodynamic setting (Lakes Puyehue and Icalma-Chilean Lake District). Science of the Total Environment, 366 (2-3): 837-850.

Atekwana E A, Krishnamurthy R V. 1998. Seasonal variations of dissolved inorganic carbon and $\delta^{13}C$ of surface waters: Application of a modified gas evolution technique. Journal of Hydrology, 205 (3-4): 265-278.

Ballestra S, Hamilton T. 1994. Basic Procedures Manual Radiochemistry. IAEA-Marine Environment Laboratory, Monaco, 75-79.

Banks D, Frengstad B. 2006. Evolution of groundwater chemical composition by plagioclase hydrolysis in Norwegian anorthosites. Geochimica et Cosmochimica Acta, 70 (6): 0-1355.

Battin T J, Luyssaert S, Kaplan L A, et al. 2009. The boundless carbon cycle. Nature Geoscience, 2 (9): 598.

Benson L V, Meyers P A, Spencer R J. 1991. Change in the size of Walker Lake during the past 5000 years. Palaeogeography, Palaeoclimatology, Palaeoecology, 81 (3-4): 189-214.

Benson S M, Bennaceur K, Cook P, et al. 2012. Carbon capture and storage. Global energy assessment—Toward a sustainable future. Cambridge: Cambridge University Press.

Berner R A, Lasaga A C, Garrels R M, 1983. The carbonate-silicate geochemical cycle and its effect on atmospheric carbon dioxide over the past 100 million years. America Journal of Science, 283: 641-683.

Bianchi T S, Canuel E A. 2011. Chemical biomarkers in aquatic ecosystems. New Jersey: Princeton University Press.

Bianchi T S, Rolff C, Widbom B, et al. 2002. Phytoplankton pigments in Baltic Sea seston and sediments: Seasonal variability, fluxes, and transformations. Estuarine, Coastal and Shelf Science, 55 (3): 369-383.

Bloesch J. 1996. Towards a new generation of sediment traps and a better measurement/understanding of settling particle flux in lakes and oceans: A hydrodynamical protocol. Aquatic Sciences, 58 (4): 283-296.

Bloesch J. 2004. Sedimentation and lake sediment formation. The Lakes Handbook—Limnology and Limnetic Ecology, 1: 207-239.

Bloesch J, Burns N M. 1980. A critical review of sedimentation trap technique. Schweizerische Zeitschrift für Hydrologie, 42 (1): 15-55.

Blumer M, Guillard R R L, Chase T. 1971. Hydrocarbons of marine phytoplankton. Marine Biology, 8 (3): 183-189.

Bonk A, Tylmann W, Amann B J F, et al. 2015. Modern limnology, sediment accumulation and varve formation processes in Lake żabińskie, northeastern Poland: Comprehensive process studies as a key to understand the sediment record. Journal of Limnology, 74 (2): 358-370.

Bormann F H, Likens G E, Siccama T G, et al. 1974. The export of nutrients and recovery of stable conditions following deforestation at Hubbard Brook. Ecological Monographs, 44 (3): 255-277.

Bourbonniere R A, Meyers P A. 1996. Sedimentary geolipid records of historical changes in the watersheds and productivities of Lakes Ontario and Erie. Limnology and Oceanography, 41 (2): 352-359.

Brenner M, Whitmore T J, Curtis J H, et al. 1999. Stable isotope (δ^{13}C and δ^{15}N) signatures of sedimented organic matter as indicators of historic lake trophic state. Journal of Paleolimnology, 22 (2): 205-221.

Brothers S, Vermaire J C, Gregory-Eaves I. 2008. Empirical models for describing recent sedimentation rates in lakes distributed across broad spatial scales. Journal of Paleolimnology, 40 (4): 1003-1019.

Butman D, Raymond P A. 2011. Significant efflux of carbon dioxide from streams and rivers in the United States. Nature Geoscience, 4 (12): 839.

Canuel E A, Freeman K H, Wakeham S G. 1997. Isotopic compositions of lipid biomarker compounds in estuarine plants and surface sediments. Limnology and Oceanography, 42 (7): 1570-1583.

Carpenter S R, Fisher S G, Grimm N B, et al. 1992. Global change and freshwater ecosystems. Annual Review of Ecology and Systematics, 23 (1): 119-139.

Castañeda I S, Schouten S. 2011. A review of molecular organic proxies for examining modern and ancient lacustrine environments. Quaternary Science Reviews, 30 (21): 2851-2891.

Cerling T E. 1984. The stable isotopic composition of modern soil carbonate and its relationship to climate. Earth and Planetary science letters, 71 (2): 229-240.

Cerling T E, Solomon D K, Quade J A Y, et al. 1991. On the isotopic composition of carbon in soil carbon dioxide. Geochimica et Cosmochimica Acta, 55 (11): 3403-3405.

Chen B, Yang R, Liu Z, et al. 2017. Coupled control of land uses and aquatic biological processes on the diurnal hydrochemical variations in the five ponds at the Shawan Karst Test Site, China: Implications for the carbonate weathering-related carbon sink. Chemical Geology, 456: 58-71.

Chen J, Yang H, Zeng Y, et al. 2018. Combined use of radiocarbon and stable carbon isotope to constrain the sources and cycling of particulate organic carbon in a large freshwater lake, China. Science of the Total Environment, 625: 27-38.

Chen X, Chen G, Lu H, et al. 2015. Long-term diatom biodiversity responses to productivity in lakes of Fuxian and Dianchi. Biodiversity Science, 23 (1): 89-100.

Clark I D, Fritz P. 1997. Environmental Isotopes in Hydrogeology. New York: Lewis Publishers.

Cloern J E, Canuel E A, Harris D. 2002. Stable carbon and nitrogen isotope composition of aquatic and terrestrial plants of the San Francisco Bay estuarine system. Limnology and oceanography, 47 (3): 713-729.

Clow D W, Stackpoole S M, Verdin K L, et al. 2015. Organic carbon burial in lakes and reservoirs of the conterminous United States. Environmental Science & Technology, 49 (13): 7614-7622.

Cole J J, Caraco N F, Kling G W, et al. 1994. Carbon dioxide supersaturation in the surface waters of lakes. Science, 265 (5178): 1568-1570.

Cole J J, Prairie Y T, Caraco N F, et al. 2007. Plumbing the global carbon cycle: Integrating inland waters into the terrestrial carbon budget. Ecosystems, 10 (1): 172-185.

Costa H H, De Silva S S. 1969. Hydrobiology of Colombo (Beira) Lake, 1. Diurnal variations in temperature, hydrochemical factors and zooplankton. Bulletin of the Fisheries Research Station, Ceylon, 20 (2): 141-149.

Cui Y, Liu X, Wang H. 2008. Macrozoobenthic community of Fuxian Lake, the deepest lake of southwest China. Limnologica, 38 (2): 116-125.

Das A, Krishnaswami S, Bhattacharya S K. 2005. Carbon isotope ratio of dissolved inorganic carbon (DIC) in rivers draining the Deccan Traps, India: Sources of DIC and their magnitudes. Earth and Planetary Science Letters, 236 (1-2): 419-429.

de Montety V, Martin J B, Cohen M J, et al. 2011. Influence of diel biogeochemical cycles on carbonate equilibrium in a karst river. Chemical Geology, 283 (1-2): 31-43.

Dean W E. 1999. The carbon cycle and biogeochemical dynamics in lake sediments. Journal of paleolimnology, 21 (4): 375-393.

Dean W E, Gorham E. 1998. Magnitude and significance of carbon burial in lakes, reservoirs, and peatlands. Geology, 26 (6): 535-538.

Dhillon G S, Inamdar S. 2013. Extreme storms and changes in particulate and dissolved organic carbon in runoff: Entering uncharted waters? . Geophysical Research Letters, 40 (7): 1322-1327.

Dietz R D, Engstrom D R, Anderson N J. 2015. Patterns and drivers of change in organic carbon burial across a diverse landscape: Insights from 116 Minnesota lakes. Global Biogeochemical Cycles, 29 (5): 708-727.

Dittrich M, Obst M. 2004. Are picoplankton responsible for calcite precipitation in lakes? . AMBIO: A Journal of the Human Environment, 33 (8): 559-565.

Doctor D H, Kendall C, Sebestyen S D, et al. 2008. Carbon isotope fractionation of dissolved inorganic carbon (DIC) due to outgassing of carbon dioxide from a headwater stream. Hydrological Processes, 22 (14): 2410-2423.

Dokulil M T. 2014. Impact of climate warming on European inland waters. Inland Waters, 4 (1): 27-40.

Downing J A. 2009. Global limnology: up-scaling aquatic services and processes to planet Earth. SIL Proceedings,

1922-2010, 30 (8): 1149-1166.

Downing J A, Cole J J, Middelburg J J, et al. 2008. Sediment organic carbon burial in agriculturally eutrophic impoundments over the last century. Global Biogeochemical Cycles, 22 (1): GB1018.

Drever J I. 1982. The geochemistry of natural waters. Upper Saddle River: Prentice Hall.

Duarte C M, Prairie Y T. 2005. Prevalence of heterotrophy and atmospheric CO_2 emissions from aquatic ecosystems. Ecosystems, 8 (7): 862-870.

Ducklow H W, Steinberg D K, Buesseler K O. 2001. Upper ocean carbon export and the biological pump. Oceanography, 14 (4): 50-58.

Edinger J E, Duttweiler D W, Geyer J C. 1968. The response of water temperatures to meteorological conditions. Water Resources Research, 4 (5): 1137-1143.

Eglinton G, Hamilton R J. 1967. Leaf epicuticular waxes. Science, 156 (3780): 1322-1335.

Einsele G, Yan J, Hinderer M. 2001. Atmospheric carbon burial in modern lake basins and its significance for the global carbon budget. Global and Planetary Change, 30 (3-4): 167-195.

Falkowski P G, Raven J A. 2013. Aquatic photosynthesis. New Jersey: Princeton University Press.

Ficken K J, Li B, Swain D L, et al. 2000. An n-alkane proxy for the sedimentary input of submerged/floating freshwater aquatic macrophytes. Organic Geochemistry, 31 (7-8): 745-749.

Finlay J C. 2003. Controls of streamwater dissolved inorganic carbon dynamics in a forested watershed. Biogeochemistry, 62 (3): 231-252.

Flanagan K M, Mccauley E, Wrona F. 2006. Freshwater food webs control carbon dioxide saturation through sedimentation. Global Change Biology, 12 (4): 644-651.

Fokin A A, Chernish L V, Gunchenko P A, et al. 2012. Stable alkanes containing very long carbon-carbon bonds. Journal of the American Chemical Society, 134 (33): 13641-13650.

Forget M H, Carignan R, Hudon C. 2009. Influence of diel cycles of respiration, chlorophyll, and photosynthetic parameters on the summer metabolic balance of temperate lakes and rivers. Canadian Journal of Fisheries and Aquatic Sciences, 66 (7): 1048-1058.

Gaillardet J, Dupré B, Louvat P, et al. 1999. Global silicate weathering and CO_2 consumption rates deduced from the chemistry of large rivers. Chemical Geology, 159 (1-4): 3-30.

Galy V, Eglinton T, France-Lanord C, et al. 2011. The provenance of vegetation and environmental signatures encoded in vascular plant biomarkers carried by the Ganges-Brahmaputra rivers. Earth and Planetary Science Letters, 304 (1-2): 1-12.

Gammons C H, Babcock J N, Parker S R, et al. 2011. Diel cycling and stable isotopes of dissolved oxygen, dissolved inorganic carbon, and nitrogenous species in a stream receiving treated municipal sewage. Chemical Geology, 283 (1-2): 44-55.

Gibbs R J. 1970. Mechanisms controlling world water chemistry. Science, 170 (3962): 1088-1090.

Giger W, Schaffner C, Wakeham S G. 1980. Aliphatic and olefinic hydrocarbons in recent sediments of Greifensee, Switzerland. Geochimica et Cosmochimica Acta, 44 (1): 119-129.

Gireeshkumar T R, Deepulal P M, Chandramohanakumar N. 2015. Distribution and sources of aliphatic hydrocarbons and fatty acids in surface sediments of a tropical estuary south west coast of India (Cochin estuary). Environmental Monitoring & Assessment, 187 (3): 1-17.

Goñi M A, Teixeira M J, Perkey D W. 2003. Sources and distribution of organic matter in a river-dominated estuary (Winyah Bay, SC, USA). Estuarine, Coastal and Shelf Science, 57 (5-6): 1023-1048.

Guasch H, Armengol J, Martí E, et al. 1998. Diurnal variation in dissolved oxygen and carbon dioxide in two low-order streams. Water Research, 32 (4): 1067-1074.

Gudasz C, Bastviken D, Steger K, et al. 2010. Temperature-controlled organic carbon mineralization in lake sediments. Nature, 466 (7305): 478.

Han G, Tang Y, Wu Q. 2010. Hydrogeochemistry and dissolved inorganic carbon isotopic composition on karst groundwater in Maolan, southwest China. Environmental Earth Sciences, 60 (4): 893-899.

Hancock G J, Hunter J R. 1999. Use of excess ^{210}Pb and ^{228}Th to estimate rates of sediment accumulation and bioturbation in Port Phillip Bay, Australia. Marine and Freshwater Research, 50 (6): 533-545.

Hanna M. 1990. Evaluation of models predicting mixing depth. Canadian Journal of Fisheries and Aquatic Sciences, 47 (5): 940-947.

Hanson P C, Hamilton D P, Stanley E H, et al. 2011. Fate of allochthonous dissolved organic carbon in lakes: A quantitative approach. PLoS One, 6 (7): e21884.

Hargrave B T. 1973. Coupling carbon flow through some pelagic and benthic communities. Journal of the Fisheries Board of Canada, 30 (9): 1317-1326.

Heathcote A J, Downing J A. 2012. Impacts of eutrophication on carbon burial in freshwater lakes in an intensively agricultural landscape. Ecosystems, 15 (1): 60-70.

Heathcote A J, Anderson N J, Prairie Y T, et al. 2015. Large increases in carbon burial in northern lakes during the Anthropocene. Nature communications, 6: 10016.

Hedges J I, Keil R G. 1995. Sedimentary organic matter preservation: An assessment and speculative synthesis. Marine Chemistry, 49 (2-3): 81-115.

Herczeg A L, Fairbanks R G. 1987. Anomalous carbon isotope fractionation between atmospheric CO_2 and dissolved inorganic carbon induced by intense photosynthesis. Geochimica et Cosmochimica Acta, 51 (4): 895-899.

Hieber M, Robinson C T, Uehlinger U. 2003. Seasonal and diel patterns of invertebrate drift in different alpine stream types. Freshwater Biology, 48 (6): 1078-1092.

Hoffer-French K J, Herman J S. 1989. Evaluation of hydrological and biological influences on CO_2 fluxes from a karst stream. Journal of Hydrology, 108: 189-212.

Hollander D J, Mckenzie J A. 1991. CO_2 control on carbon-isotope fractionation during aqueous photosynthesis: A paleo-pCO_2 barometer. Geology, 19 (9): 929.

Huang C, Yao L, Zhang Y, et al. 2017. Spatial and temporal variation in autochthonous and allochthonous contributors to increased organic carbon and nitrogen burial in a plateau lake. Science of the Total Environment, 603: 390-400.

Jeng W L. 2006. Higher plant n-alkane average chain length as an indicator of petrogenic hydrocarbon contamination in marine sediments. Marine Chemistry, 102 (3-4): 242-251.

Jiang Y, Hu Y, Schirmer M. 2013. Biogeochemical controls on daily cycling of hydrochemistry and $\delta^{13}C$ of dissolved inorganic carbon in a karst spring-fed pool. Journal of Hydrology, 478: 157-168.

Kano A, Matsuoka J, Kojo T, et al. 2003. Origin of annual laminations in tufa deposits, southwest Japan. Palaeogeography, Palaeoclimatology, Palaeoecology, 191 (2): 243-262.

Kastowski M, Hinderer M, Vecsei A. 2011. Long-term carbon burial in European lakes: Analysis and estimate. Global Biogeochemical Cycles, 25 (3): GB3019.

Kelley C A, Coffin R B, Cifuentes L A. 1998. Stable isotope evidence for alternative bacterial carbon sources in the Gulf of Mexico. Limnology and Oceanography, 43 (8): 1962-1969.

Kelts K, Hsü K J. 1978. Freshwater carbonate sedimentation//Lerman A. Lakes. New York: Springer: 295-323.

Kilham P. 1990. Mechanisms controlling the chemical composition of lakes and rivers: Data from Africa. Limnology and Oceanography, 35 (1): 80-83.

King J R, Shuter B J, Zimmerman A P. 1997. The response of the thermal stratification of South Bay (Lake Huron) to climatic variability. Canadian Journal of Fisheries and Aquatic Sciences, 54 (8): 1873-1882.

Kump L R, Brantley S L, Arthur M A. 2000. Chemical weathering, atmospheric CO_2, and climate. Annual Review of Earth and Planetary, 28 (1): 611-667.

Lamb H F, Leng M J, Telford R J, et al. 2007. Oxygen and carbon isotope composition of authigenic carbonate from an Ethiopian lake: A climate record of the last 2000 years. The Holocene, 17 (4): 517-526.

Leider A, Hinrichs K U, Schefuß E, et al. 2013. Distribution and stable isotopes of plant wax derived n-alkanes in lacustrine, fluvial and marine surface sediments along an Eastern Italian transect and their potential to reconstruct the hydrological cycle. Geochimica et Cosmochimica Acta, 117 (5): 16-32.

Leng M J, Lamb A L, Marshall J D, et al. 2006. Isotopes in lake sediments. Isotope in Palaeoenvironmental Reasearch, 10: 147-184.

Lewis W. 2011. Global primary production of lakes: 19th Baldi Memorial Lecture. Inland Waters, 1 (1): 1-28.

Li S, Jin B, Zhou J, et al. 2017. Analysis of the spatiotemporal land-use/land-cover change and its driving forces in fuxian lake watershed, 1974 to 2014. Polish Journal of Environmental Studies, 26 (2): 671-681.

Li Y, Gong Z, Xia W, et al. 2011. Effects of eutrophication and fish yield on the diatom community in Lake Fuxian, a deep oligotrophic lake in southwest China. Diatom Research, 26 (1): 51-56.

Lisitzin A P. 2004. Sediment fluxes, natural filtering, and sedimentary systems of a "living ocean". Geologiya I Geofizika, 45 (1): 15-48.

Liu G, Liu Z, Li Y, et al. 2009. Effects of fish introduction and eutrophication on the cladoceran community in Lake Fuxian, a deep oligotrophic lake in southwest China. Journal of Paleolimnology, 42 (3): 427-435.

Liu H, Liu Z, Macpherson G L, et al. 2015. Diurnal hydrochemical variations in a karst spring and two ponds, Maolan Karst Experimental Site, China: Biological pump effects. Journal of Hydrology, 522: 407-417.

Liu W, Li X, An Z, et al. 2013. Total organic carbon isotopes: A novel proxy of lake level from Lake Qinghai in the Qinghai-Tibet Plateau, China. Chemical Geology, 347: 153-160.

Liu Z, Dreybrod W. 1997. Dissolution kinetics of calcium carbonate minerals in H_2O-CO_2 solutions in turbulent flow: The role of the diffusion boundary layer and the slow reaction $H_2O + CO_2 = H^+ + HCO_3^-$?. Geochimica et Cosmochimica Acta, 61 (14): 0-2889.

Liu Z, Dreybrodt W. 2015. Significance of the carbon sink produced by H_2O-carbonate-CO_2-aquatic phototroph interaction on land. Science Bulletin, 60 (2): 182-191.

Liu Z, Li Q, Sun H, et al. 2006. Diurnal variations of hydrochemistry in a travertine-depositing stream at Baishuitai, Yunnan, SW China. Aquatic Geochemistry, 12 (2): 103-121.

Liu Z, Li Q, Sun H, et al. 2007. Seasonal, diurnal and storm-scale hydrochemical variations of typical epikarst springs in subtropical karst areas of SW China: soil CO_2 and dilution effects. Journal of Hydrology, 337 (1-2): 207-223.

Liu Z, Liu X, Liao C. 2008. Daytime deposition and nighttime dissolution of calcium carbonate controlled by submerged plants in a karst spring-fed pool: Insights from high time-resolution monitoring of physico-chemistry of water. Environmental geology, 55 (6): 1159-1168.

Liu Z, Dreybrodt W, Wang H. 2010. A new direction in effective accounting for the atmospheric CO_2 budget: Considering the combined action of carbonate dissolution, the global water cycle and photosynthetic uptake of DIC by aquatic organisms. Earth-Science Reviews, 99 (3-4): 162-172.

Liu Z, Dreybrodt W, Liu H. 2011. Atmospheric CO_2 sink: Silicate weathering or carbonate weathering?. Applied

Geochemistry, 26: S292-S294.

Liu Z, Macpherson G L, Groves C, et al. 2018. Large and active CO_2 uptake by coupled carbonate weathering. Earth-Science Reviews, 182: 8-49.

Loperfido J V, Just C L, Schnoor J L. 2009. High-frequency diel dissolved oxygen stream data modeled for variable temperature and scale. Journal of Environmental Engineering, 135 (12): 1250-1256.

Ludwig W, Probst J L, Kempe S. 1996. Predicting the oceanic input of organic carbon by continental erosion. Global Biogeochemical Cycles, 10 (1): 23-41.

Ma H, Allen H E, Yin Y. 2001. Characterization of isolated fractions of dissolved organic matter from natural waters and a wastewater effluent. Water Research, 35 (4): 985-996.

Matzinger A, Schmid M, Muller B, et al. 2007. Eutrophication of ancient Lake Ohrid: Global warming amplifies detrimental effects of increased nutrient inputs. Limnology and Oceanography, 52 (1): 338-353.

Matzinger A, Spirkovski Z, Patceva S, et al. 2006. Sensitivity of ancient Lake Ohrid to local anthropogenic impacts and global warming. Journal of Great Lakes Research, 32 (1): 158-179.

Mazumder A, Taylor W D. 1994. Thermal structure of lakes varying in size and water clarity. Limnology and Oceanography, 39 (4): 968-976.

McKenzie J A. 1985. Carbon isotopes and productivity in the lacustrine and marine environment. Chemical Processes in Lakes, 99-118.

Mendonça R, Müller R A, Clow D, et al. 2017. Organic carbon burial in global lakes and reservoirs. Nature Communications, 8 (1): 1694.

Meyer K M, Yu M, Lehrmann D, et al. 2013. Constraints on Early Triassic carbon cycle dynamics from paired organic and inorganic carbon isotope records. Earth and Planetary Science Letters, 361: 429-435.

Meyers P A. 1994. Preservation of elemental and isotopic source identification of sedimentary organic matter. Chemical Geology, 114: 289-302.

Meyers P A. 1997. Organic geochemical proxies of paleoceanographic, paleolimnologic, and paleoclimatic processes. Organic Geochemistry, 27 (5-6): 213-250.

Meyers P A. 2003. Applications of organic geochemistry to paleolimnological reconstructions: A summary of examples from the Laurentian Great Lakes. Organic Geochemistry, 34 (2): 261-289.

Meyers P A, Ishiwatari R. 1993. Lacustrine organic geochemistry—an overview of indicators of organic matter sources and diagenesis in lake sediments. Organic Geochemistry, 20 (7): 867-900.

Monteith D T, Stoddard J L, Evans C D, et al. 2007. Dissolved organic carbon trends resulting from changes in atmospheric deposition chemistry. Nature, 450 (7169): 537.

Mortillaro J M, Abril G, Moreira-Turcq P, et al. 2011. Fatty acid and stable isotope ($\delta^{13}C$, $\delta^{15}N$) signatures of particulate organic matter in the lower Amazon River: Seasonal contrasts and connectivity between floodplain lakes and the mainstem. Organic Geochemistry, 42 (10): 1159-1168.

Mulholland P J, Elwood J W. 1982. The role of lake and reservoir sediments as sinks in the perturbed global carbon cycle. Tellus, 34 (5): 490-499.

Nimick D A, Gammons C H, Parker S R. 2011. Diel biogeochemical processes and their effect on the aqueous chemistry of streams: A review. Chemical Geology, 283 (1-2): 3-17.

Odum H T. 1956. Primary production in flowing waters. Limnology and Oceanography, 1 (2): 102-117.

Ortiz J E, Díaz-Bautista A, Aldasoro J J, et al. 2011. n-Alkan-2-ones in peat-forming plants from the Roñanzas ombrotrophic bog (Asturias, northern Spain). Organic Geochemistry, 42 (6): 586-592.

O'Reilly S S, Szpak M T, Flanagan P V, et al. 2014. Biomarkers reveal the effects of hydrography on the sources and fate of marine and terrestrial organic matter in the western Irish Sea. Estuarine, Coastal and Shelf Science, 136: 157-171.

Pacheco F S, Roland F, Downing J A. 2014. Eutrophication reverses whole-lake carbon budgets. Inland Waters, 4 (1): 41-48.

Parker S R, Gammons C H, Poulson S R, et al. 2010. Diel behavior of stable isotopes of dissolved oxygen and dissolved inorganic carbon in rivers over a range of trophic conditions, and in a mesocosm experiment. Chemical Geology, 269 (1-2): 22-32.

Parkhurst D L, Appelo C A J, 1999. User's guide to PHREEQC (version 2) —a computer program for speciation, batch-reaction, one-dimensional transport, and inverse geochemical calculations//U. S. Geological Survey Water Resources Investigations Report, 17: 259-279.

Passow U, Carlson C A. 2012. The biological pump in a high CO_2 world. Marine Ecology Progress Series, 470: 249-271.

Plummer L N, Wigley T M L, Parkhurst D L. 1978. The kinetics of calcite dissolution in CO_2-water systems at 5℃ to 60℃ and 0.0 to 1.0 atm CO_2. American Journal of Science, 278 (2): 179-216.

Poynter J, Eglinton G. 1990. Molecular composition of three sediments from hole 717c: The Bengal fan// Proceedings of the Ocean Drilling Program: Scientific Results, 116: 155-161.

Rao Z, Jia G, Qiang M, et al. 2014. Assessment of the difference between mid- and long chain compound specific δDn-alkanes values in lacustrine sediments as a paleoclimatic indicator. Organic Geochemistry, 76: 104-117.

Raymond P A, Caraco N F, Cole J J. 1997. Carbon dioxide concentration and atmospheric flux in the Hudson River. Estuaries, 20 (2): 381-390.

Raymond P A, Oh N H, Turner R E, et al. 2008. Anthropogenically enhanced fluxes of water and carbon from the Mississippi River. Nature, 451: 449-452.

Raymond P A, Hartmann J, Lauerwald R, et al. 2013. Global carbon dioxide emissions from inland waters. Nature, 503 (7476): 355.

Reinfelder J R. 2011. Carbon concentrating mechanisms in eukaryotic marine phytoplankton. Annual Review of Marine Science, 3 (1): 291.

Riebesell U, Schulz K G, Bellerby R G J, et al. 2007. Enhanced biological carbon consumption in a high CO_2 ocean. Nature, 450 (7169): 545.

Sanchez-Cabeza J A, Masqué P, Ani-Ragolta I, et al. 1999. Sediment accumulation rates in the southern Barcelona continental margin (NW Mediterranean Sea) derived from ^{210}Pb and ^{137}Cs chronology. Progress in Oceanography, 44 (1-3): 313-332.

Schefuß E, Ratmeyer V, Stuut J B W, et al. 2003. Carbon isotope analyses of n-alkanes in dust from the lower atmosphere over the central eastern Atlantic. Geochimica et Cosmochimica Acta, 67 (10): 1757-1767.

Schelske C L, Robbins J A, Gardner W S, et al. 1988. Sediment record of biogeochemical responses to anthropogenic perturbations of nutrient cycles in Lake Ontario. Canadian Journal of Fisheries and Aquatic Sciences, 45 (7): 1291-1303.

Schindler D W. 1999. The mysterious missing sink. Nature, 398: 105-107.

Schindler D W, Beaty K G, Fee E J, et al. 1990. Effects of climatic warming on lakes of the central boreal forest. Science, 250 (4983): 967-970.

Schlacher T A, Wooldridge T H. 1996. Origin and trophic importance of detritus-evidence from stable isotopes in the benthos of a small, temperate estuary. Oecologia, 106 (3): 382-388.

Seki O, Yoshikawa C, Nakatsuka T, et al. 2006. Fluxes, source and transport of organic matter in the western Sea of Okhotsk: Stable carbon isotopic ratios of n-alkanes and total organic carbon. Deep Sea Research Part I: Oceanographic Research Papers, 53 (2): 253-270.

Sharp Z. 2007. Principles of stable isotope geochemistry. New Jersey: Prentice Hall.

Sikes E L, Uhle M E, Nodder S D, et al. 2009. Sources of organic matter in a coastal marine environment: Evidence from n-alkanes and their $\delta^{13}C$ distributions in the Hauraki Gulf, New Zealand. Marine Chemistry, 113 (3-4): 149-163.

Silva T R, Lopes S R P, Spörl G, et al. 2012. Source characterization using molecular distribution and stable carbon isotopic composition of n-alkanes in sediment cores from the tropical Mundaú-Manguaba estuarine-lagoon system, Brazil. Organic Geochemistry, 53: 25-33.

Snedaker S C, Glynn P W, Rumbold D G, et al. 1995. Distribution of n-alkanes in marine samples from southeast Florida. Marine Pollution Bulletin, 30 (1): 83-89.

Sobek S, Anderson N J, Bernasconi S M, et al. 2014. Low organic carbon burial efficiency in arctic lake sediments. Journal of Geophysical Research: Biogeosciences, 119 (6): 1231-1243.

Sobek S, Tranvik L J, Cole J J. 2005. Temperature independence of carbon dioxide supersaturation in global lakes. Global Biogeochemical Cycles, 19 (2): GB2003.

Sobek S, Zurbrügg R, Ostrovsky I. 2011. The burial efficiency of organic carbon in the sediments of Lake Kinneret. Aquatic Sciences, 73 (3): 355-364.

Sojinu O S S, Wang J Z, Sonibare O O, et al. 2010. Polycyclic aromatic hydrocarbons in sediments and soils from oil exploration areas of the Niger Delta, Nigeria. Journal of Hazardous Materials, 174 (1-3): 641-647.

Stallard R F, Edmond J M. 1987. Geochemistry of the Amazon: 3. Weathering chemistry and limits to dissolved inputs. Journal of Geophysical Research: Oceans, 92: 8293-8302.

Steinberg D K, Carlson C A, Bates N R, et al. 2001. Overview of the US JGOFS Bermuda Atlantic Time-series Study (BATS): A decade-scale look at ocean biology and biogeochemistry. Deep Sea Research Part II: Topical Studies in Oceanography, 48 (8-9): 1405-1447.

Stumm W, Morgan J J. 1970. Aquatic chemistry—an introduction emphasizing chemical equilibria in natural waters. New York: Wiley-Interscience.

Sweers H E. 1976. A nomogram to estimate the heat-exchange coefficient at the air-water interface as a function of wind speed and temperature: a critical survey of some literature. Journal of Hydrology, 30: 375-401.

Tareq S M, Tanoue E, Tsuji H, et al. 2005. Hydrocarbon and elemental carbon signatures in a tropical wetland: Biogeochemical evidence of forest fire and vegetation changes. Chemosphere, 59 (11): 1655-1665.

Telmer K, Veizer J. 1999. Carbon fluxes, pCO_2 and substrate weathering in a large northern river basin, Canada: Carbon isotope perspectives. Chemical Geology, 159 (1-4): 61-86.

Tolosa I, de Mora S, Sheikholeslami M R, et al. 2004. Aliphatic and aromatic hydrocarbons in coastal Caspian Sea sediments. Marine Pollution Bulletin, 48 (1-2): 44-60.

Tranvik L J, Downing J A, Cotner J B, et al. 2009. Lakes and reservoirs as regulators of carbon cycling and climate. Limnology and Oceanography, 54: 2298-2314.

Tue N T, Quy T D, Hamaoka H, et al. 2012. Sources and exchange of particulate organic matter in an estuarine mangrove ecosystem of Xuan Thuy National Park, Vietnam. Estuaries and Coasts, 35: 1060-1068.

Tylmann W, Szpakowska K, Ohlendorf C, et al. 2012. Conditions for deposition of annually laminated sediments in small meromictic lakes: A case study of Lake Suminko (northern Poland). Journal of Paleolimnology, 47 (1): 55-70.

Tyson R V. 2012. Sedimentary organic matter: Organic facies and palynofacies. Springer Science & Business Media.

Usbeck R, Schlitzer R, Fischer G, et al. 2003. Particle fluxes in the ocean: Comparison of sediment trap data with results from inverse modeling. Journal of Marine Systems, 39 (3-4): 167-183.

Valero-Garcés B L, Delgado-Huertas A, Ratto N, et al. 1999. Large ^{13}C enrichment in primary carbonates from Andean Altiplano lakes, northwest Argentina. Earth and Planetary Science Letters, 171 (2): 253-266.

Verburg P. 2007. The need to correct for the Suess effect in the application of δ^{13}C in sediment of autotrophic Lake Tanganyika, as a productivity proxy in the Anthropocene. Journal of Paleolimnology, 37 (4): 591-602.

Volkman J K, Johns R B, Gillan F T, et al. 1980. Microbial lipids of an intertidal sediment—I. Fatty acids and hydrocarbons. Geochimica et Cosmochimica Acta, 44 (8): 1133-1143.

Wachniew P, Różański K. 1997. Carbon budget of a mid-latitude, groundwater-controlled lake: Isotopic evidence for the importance of dissolved inorganic carbon recycling. Geochimica et Cosmochimica Acta, 61 (12): 2453-2465.

Wang X, Yang H, Gu Z, et al. 2018. A century of change in sediment accumulation and trophic status in Lake Fuxian, a deep plateau lake of Southwestern China. Journal of Soils and Sediments, 18 (3): 1133-1146.

Wang Z, Liu W. 2012. Carbon chain length distribution in n-alkyl lipids: A process for evaluating source inputs to Lake Qinghai. Organic geochemistry, 50: 36-43.

Waterson E J, Canuel E A. 2008. Sources of sedimentary organic matter in the Mississippi River and adjacent Gulf of Mexico as revealed by lipid biomarker and $\delta^{13}C_{TOC}$ analyses. Organic Geochemistry, 39 (4): 422-439.

White A F, Bullen T D, Vivit D V, et al. 1999. The role of disseminated calcite in the chemical weathering of granitoid rocks. Geochimica et Cosmochimica Acta, 63 (13-14): 1939-1953.

Woodwell G M, Whittaker R H, Reiners W A, et al. 1978. The biota and the world carbon budget. Science, 199 (4325): 141-146.

Xu H, Ai L, Tan L, et al. 2006. Stable isotopes in bulk carbonates and organic matter in recent sediments of Lake Qinghai and their climatic implications. Chemical Geology, 235 (3-4): 262-275.

Xu Z, Liu C. 2007. Chemical weathering in the upper reaches of Xijiang River draining the Yunnan-Guizhou Plateau, Southwest China. Chemical Geology, 239 (1-2): 83-95.

Yang H, Xing Y, Xie P, et al. 2008. Carbon source/sink function of a subtropical, eutrophic lake determined from an overall mass balance and a gas exchange and carbon burial balance. Environmental Pollution, 151 (3): 559-568.

Yang M, Liu Z, Sun H, et al. 2016. Organic carbon source tracing and DIC fertilization effect in the Pearl River: Insights from lipid biomarker and geochemical analysis. Applied Geochemistry, 73: 132-141.

Yang R, Chen B, Liu H, et al. 2015. Carbon sequestration and decreased CO_2 emission caused by terrestrial aquatic photosynthesis: Insights from diel hydrochemical variations in an epikarst spring and two spring-fed ponds in different seasons. Applied Geochemistry, 63: 248-260.

Yao B, Liu Q, Hu C, et al. 2017. Distribution characteristics of phosphorus in the water of Lake Fuxian and its influencing factors. Science & Technology Review, 35 (3): 66-71.

Yunker M B, Belicka L L, Harvey H R. 2005. Tracing the inputs and fate of marine and terrigenous organic matter in Arctic Ocean sediments: A multivariate analysis of lipid biomarkers. Deep-Sea Research, 39 (4): 3478-3508.

Zhang F, Yao S, Xue B, et al. 2017. Organic carbon burial in Chinese lakes over the past 150 years. Quaternary International, 438: 94-103.

Zhang Y, Su Y, Liu Z, et al. 2015. Sediment lipid biomarkers record increased eutrophication in Lake Fuxian (China) during the past 150 years. Journal of Great Lakes Research, 41 (1): 30-40.

Zhang Z, Zhao M, Yang X, et al. 2004. A hydrocarbon biomarker record for the last 40 kyr of plant input to Lake Heqing, southwestern China. Organic Geochemistry, 35 (5): 595-613.

Zheng Y, Zhou W, Meyers P A, et al. 2007. Lipid biomarkers in the Zoigê-Hongyuan peat deposit: Indicators of Holocene climate changes in West China. Organic Geochemistry, 38 (11): 1927-1940.

附录 A 碳酸盐风化碳汇研究期间（2007 年至今）相关的资助项目

A.1 国家级项目

（1）国家自然科学基金面上项目（40572107）"高分辨率钙华的古环境记录与全球变化研究"（刘再华，2006~2008）

（2）国家自然科学基金面上项目（40872168）"世界遗产－黄龙钙华景观退化的人为和自然影响机理研究"（刘再华，2009~2011）

（3）国家自然科学基金面上项目（41172232）"我国岩溶地区两大类钙华的气候环境指代意义研究"（刘再华，2012~2015）

（4）国家重大科学研究计划（2013CB956700）"基于水－岩－土－气－生相互作用的喀斯特地区碳循环模式及调控机理"第三课题（2013CB956703）"水循环驱动的流域喀斯特作用碳循环过程与碳通量变化"（刘再华，2013~2017）

（5）国家自然科学基金重点项目（41430753）"基于 $H_2O-CaCO_3-CO_2$ －水生光合生物相互作用的碳酸盐风化碳汇研究"（刘再华，2015~2019）

（6）国家自然科学基金委员会－贵州喀斯特科学研究中心联合基金重大项目（U1612441）"喀斯特筑坝河流水安全与调控对策"（刘再华，2017~2021）

A.2 省部级项目

（1）中国科学院"百人计划"项目（2006-067）"高分辨率的钙华记录与全球变化和岩溶石漠化过程研究"（刘再华，2006~2011）

（2）中国科学院战略性先导科技专项（B 类）"亚太多尺度气候环境变化动力学"（XDB40000000）项目二（XDB40020000）"季风区近代环境变化的人与自然相互作用"（刘再华，金章东，2020~2024）

附录 B 碳酸盐风化碳汇研究期间（2007 年至今）发表的系列代表性论文

B.1 中文期刊论文

陈崇瑛，刘再华. 2017. 喀斯特地表水生生态系统生物碳泵的碳汇和水环境改善效应. 科学通报，62（30）：3440-3450.

刘再华. 2011. 土壤碳酸盐是重要的大气 CO_2 汇吗？. 科学通报，56（26）：2209-2211.

刘再华. 2012. 岩石风化碳汇研究的最新进展和展望. 科学通报，57（2-3）：95-102.

刘再华. 2014. 表生和内生钙华的气候环境指代意义研究进展. 科学通报，59（23）：2229-2239.

刘再华，Dreybrodt W，王海静. 2007. 一种由全球水循环产生的可能重要的 CO_2 汇. 科学通报，52（20）：2418-2422.

曾庆睿，刘再华. 2017. 玄武岩风化是重要的碳汇机制吗？. 科学通报，62（10）：1041-1049.

B.2 英文期刊论文

Bao Q, Liu Z, Zhao M, et al. 2020. Primary productivity and seasonal dynamics of planktonic algae species composition in karst surface waters under different land uses: A case study from the Shawan Karst Test Site, Puding, SW China. Journal of Hydrology, 591: https://doi.org/10.1016/j.jhydrol.2020.125295.

Chen B, Yang R, Liu Z, et al. 2017. Coupled control of land uses and aquatic biological processes on the diurnal hydrochemical variations infive ponds at the Shawan Karst Test Site: Implications for the carbonate weathering-related carbon sink. Chemical Geology, 456: 58-71.

Liu H, Liu Z, Macpherson G, et al. 2015. Diurnal hydrochemical variations in a karst spring and two ponds, Maolan karst experimental site, China: Biological pump effects. Journal of Hydrology, 522: 407-417.

Liu Z, Dreybrodt W. 2015. Significance of the carbon sink produced by H_2O-carbonate-CO_2-aquatic phototroph interaction on land. Science Bulletin, 60（2）：182-191.

Liu Z, Li Q, Sun H, et al. 2007. Seasonal, diurnal and storm-scale hydrochemical variations of typical epikarst springs in subtropical karst areas of SW China: Soil CO_2 and dilution effects. Journal of Hydrology, 337（1-2）：207-223.

Liu Z, Dreybrodt W, Wang H. 2010. A new direction in effective accounting for the atmospheric

CO_2 budget: Considering the combined action of carbonate dissolution, the global water cycle and photosynthetic uptake of DIC by aquatic organisms. Earth-Science Reviews, 99 (3-4): 162-172.

Liu Z, Dreybrodt W, Liu H. 2011. Atmospheric CO_2 sink: Silicate weathering or carbonate weathering? . Applied Geochemistry, 26: 292-294.

Liu Z, Zhao M, Yang R, et al. 2017. "Old" carbon entering the South China Sea from the carbonate-rich Pearl River Basin. Applied Geochemistry, 78: 96-104.

Liu Z, Macpherson G L, Groves G, et al. 2018. Large and active CO_2 uptake by coupled carbonate weathering. Earth-Science Reviews, 182: 42-49.

Yang M, Liu Z, Sun H, et al. 2016. Organic carbon source tracing and DIC fertilization effect in the Pearl River: insights from lipid biomarker and geochemical analysis. Applied Geochemistry, 73: 132-141.

Yang R, Chen B, Liu H, et al. 2015. Carbon sequestration and decreased CO_2 emission caused by terrestrial aquatic photosynthesis: insights from diurnal hydrochemical variations in an epikarst spring and two spring-fed ponds in different seasons. Applied Geochemistry, 63 (3): 248-260.

Zeng C, Liu Z, Yang J, et al. 2015. A groundwater conceptual model and karst-related carbon sink for a glacierized alpine karst aquifer, Southwestern China. Journal of Hydrology, 529: 120-133.

Zeng C, Liu Z, Zhao M, et al. 2016. Hydrologically-driven variation in karst process-related carbon sink flux: Insights from high-resolution monitoring of three typical karst catchments in the subtropical karst area of SW China. Journal of Hydrology, 533: 74-90.

Zeng Q, Liu Z, Chen B, et al. 2017. Carbonate weathering-related carbon sink fluxes under different land uses: A case study from the Shawan Simulation Test Site, Puding, Southwest China. Chemical Geology, 474: 58-71.

Zeng S, Jiang Y, Liu Z. 2016. Assessment of climate impacts on the karst-related carbon sink in SW China using MPD and GIS. Global and Planetary Change, 144: 171-181.

Zeng S, Liu H, Chen B, et al. 2019. Seasonal and diurnal variations in DIC, NO_3^- and TOC concentrations of spring-pond ecosystems under different land-uses at Shawan Karst Test Site, SW China: Carbon limitation of aquatic photosynthesis. Journal of Hydrology, 574: 811-821.

Zeng S, Liu Z, Kaufmann G. 2019. Sensitivity of global carbonate weathering carbon-sink flux to climate and land-use changes. Nature Communications, 10: 5749.

Zeng S, Liu Z, Goldscheider N, et al. 2020. Control of temperature, runoff and land-cover on carbonate weathering: Comparisons between different karst catchments. Hydrogeology Journal, https://doi.org/10.1007/s10040-020-02252-5.

Zhao M, Hu Y, Zeng C, et al. 2018. Effects of land cover on variations in stable hydrogen and oxygen isotopes in karst groundwater—A comparative study of three karst catchments in Guizhou Province, Southwest China. Journal of Hydrology, 565: 374-385.

Zhao M, Liu Z, Li H, et al. 2015. Response of dissolved inorganic carbon (DIC) and $\delta^{13}C_{DIC}$ to changes in climate and land cover in SW China karst catchments. Geochimica et Cosmochimica Acta, 165: 123-136.

Zhao M, Zeng C, Liu Z, et al. 2010. Effect of different land use/land cover on karst hydrogeochemistry: A paired catchment study of Chenqi and Dengzhanhe, Puding, Guizhou, SW China. Journal of Hydrology, 388 (1-2): 121-130.